国家自然科学基金面上项目(41471032)
贵州省水利厅自然科学基金项目(KT200802、KT201010)
资助出版

# 喀斯特流域洪、枯水资源化机理与遥感应用模型研究

贺中华　梁　虹　著



科学出版社
北　京

## 内 容 简 介

本书主要从流域结构与功能关系论述喀斯特流域水资源、枯水资源及洪水资源的开发利用和评价研究，内容包括：水资源、枯水资源及洪水资源概念，水资源、枯水资源遥感信息识别，水资源、枯水资源及地下水资源承载力评价，洪水资源化机理、洪水资源利用等。

本书体系新颖，内容丰富，概念清晰，写作严谨，语言流畅。可供从事水文水资源、水利工程、遥感信息工程、地理信息科学、地理科学、环境科学等专业的科研工作者和工程技术人员参考，并可作为这些专业的大学本科生或研究生的选修教材或教学参考书。

**图书在版编目(CIP)数据**

喀斯特流域洪、枯水资源化机理与遥感应用模型研究/贺中华，梁虹著. —北京:科学出版社，2022.9

ISBN 978-7-03-071346-9

Ⅰ.①喀… Ⅱ.①贺… ②梁… Ⅲ.①喀斯特地区-应用模型-研究 Ⅳ.①P931.5

中国版本图书馆 CIP 数据核字（2022）第 016845 号

责任编辑：孟　锐 / 责任校对：彭　映
责任印制：罗　科 / 封面设计：墨创文化

科学出版社 出版
北京东黄城根北街16号
邮政编码：100717
http://www.sciencep.com

成都锦瑞印刷有限责任公司印刷
科学出版社发行　各地新华书店经销

*

2022 年 9 月第 一 版　开本：787×1092 1/16
2022 年 9 月第一次印刷　印张：11 3/4
字数：267 000

**定价：89.00 元**

（如有印装质量问题，我社负责调换）

# 前　言

《喀斯特流域洪、枯水资源化机理与遥感应用模型研究》是在国家自然科学基金项目“中国南方喀斯特流域结构的水文干旱驱动机制研究”(41471032)、“喀斯特流域地貌结构与造峰效应研究”(59569001)、“喀斯特流域结构与枯水径流特征分析”(40061001)、贵州省科技厅自然科学基金项目“中国南方喀斯特流域枯水与枯水资源承载力研究”(黔科合人字〔2003〕0315 号)、“基于高光谱技术湖泊富营养化遥感监测机理研究——以贵阳市两湖一库为示范区”(黔科合 J 字〔2010〕2026 号)，以及贵州省水利厅自然科学基金项目(KT201105，KT201010，KT200802)、贵州省教育厅自然科学基金项目(黔教科 20090039，黔教科 2006307，黔科教办〔2003〕04)等支持下完成的一项学术研究成果。参加本项目研究的成员有：贺中华、梁虹、陈晓翔、焦树林、祝安、黄法苏、顾小林、周亮广、戴洪刚、陈栋为、杨秀英、张美玲等。

本项目的研究目的是运用系统论的思想和方法，从系统结构和功能角度出发，把流域水文学和流域地貌学有机结合起来，系统、全面、深入地探讨和揭示喀斯特流域结构与降雨径流的关系，试图在研究内容、研究方法和手段等方面探索新的领域、新的途径，填补系统研究喀斯特流域枯水径流、洪水资源化的空白，使喀斯特流域水文水资源研究的成果和水平上一个新的台阶，也使喀斯特极值水文学研究得到进一步的完善和发展。

本项目研究主要选取贵州喀斯特典型分布区，采用野外调研、室内图上统计以及生产部门提供的大量资料数据，并结合现代数学分析方法(如：分形理论、多元统计、灰色系统理论、人工神经网络技术等)和遥感与 GIS 技术综合研究。本项目研究成果主要在《自然资源学报》《测绘科学》《中国岩溶》等学术期刊发表论文 20 篇。

本项目在编写过程中还参考并引用了有关院校及生产科研单位编写的教材和科研文献，除部分已经列出外，其余未能一一注明，在此一并致谢。在资料的搜集和整理中，贵州省水利厅、贵州省水文水资源局给予了大力的支持和帮助，在此致以诚挚的感谢。

最后，我们恳切地希望各校师生及同行读者对本书存在的缺点和错误随时提出批评和指正。

编者

2021 年 7 月

# 目　　录

# 第1章　绪　论

喀斯特地区无论在我国还是在全球其他国家和地区，都是一类主要的生态脆弱区，因而引起了国内外学术界的广泛关注。我国的喀斯特地貌不仅分布广泛，且类型之多为世界罕见。据不完全统计，我国以碳酸盐岩石为物质基础的喀斯特地貌发育总面积达200万$km^2$，其中裸露的碳酸盐类岩石面积约130万$km^2$，约占全国总面积的1/7；埋藏的碳酸盐岩石面积约70万$km^2$。碳酸盐岩石在全国各省份均有分布，以广西、贵州和云南东部地区分布最广。贵州地处我国西南部，东连湖南、南邻广西、西接云南、北濒四川和重庆，位于云贵高原东斜坡地带，全省总面积176167$km^2$，江河湖泊分属长江流域和珠江流域。

贵州作为我国喀斯特面积分布最广的省份之一，其碳酸盐岩出露面积占全省总面积的73%。在喀斯特地区，地表崎岖，地下洞隙纵横交错，水文动态变化剧烈，地表水渗漏严重，地下持水、保水能力差；土层薄、肥力低、植被生长困难、石漠化严重，形成了独特的、脆弱的喀斯特自然景观，严重地制约了喀斯特流域的持水、供水能力。贵州常年受西南季风的影响，降水量丰富(即多年平均降水量达2076.353亿$m^3$)，按一般的理论，其水资源丰富；但贵州很多地方山高谷深，已严重影响了降水的空间分布，并呈现出西南部和东北部地区降水量最大，从西南部向西部、中部及东南部递减，从东北部向北部和东部递减的空间分布格局。全年降水时间分布不均，降水集中在5～9月，占全年降水量的63%，10月至次年4月降水量偏低，仅占全年降水量的27%。由于贵州受地形及经济条件的限制，大量的水资源不能被人们所利用，其中地表水资源1035亿$m^3$(多年平均)，占全年降水量的49.8%，地下水资源274.7亿$m^3$(多年平均)，占全年降水量的13.2%；水资源开发利用难度大，地表水资源总供水量73.22亿$m^3$，占水资源总量的5.59%，地下水资源供水量8.58亿$m^3$，占水资源总量的0.7%。全年水资源利用时间分配不均，5～9月，工业用水占全年用水量的18.59%，农业用水占全年用水量的15.12%，城镇用水占全年用水量的5.23%，农村用水占全年用水量的1.53%；10月至次年4月，工业用水占全年用水量的25.02%，农业用水占全年用水量的20.19%，城镇用水占全年用水量的9.36%，农村用水占全年用水量的4.25%。水资源利用方式不合理，大量水资源被浪费，其中全年总耗水量34.76亿$m^3$，占全年总供水量的34.76%。因此，在贵州喀斯特地区，人类与水资源的矛盾日益突出，尤其是在需水量大的枯水季节，人水矛盾更加突出，已严重制约了贵州经济的发展。如2010年中国西南地区百年一遇的特大旱灾，就发生于需水量大的枯水季节，主要分布在贵州、云南、广西、四川及重庆5个省份。据不完全统计，这次西南大旱5个省份的受灾人数高达6130万人，直接经济损失达236亿元。其中，贵州省的88个县(市)中有86个县(市)不同程度受灾，灾情严重的有54个县(市)、482个乡镇。全省受灾人口达1868.9万人，695.0万人和503.5万头大牲畜饮水困难；农作物受灾面积145.5万$hm^2$，其中成灾

93.93 万 $hm^2$，绝收 39.3 万 $hm^2$。百年一遇的持续旱灾造成全省直接经济损失达 112.4 亿元，其中农业直接经济损失 61.86 亿元。贵州地区虽降雨量丰富，但因特殊的喀斯特流域结构，出现了严重的“工程性”缺水。因此，在喀斯特化的贵州地区，要想充分发展经济，赶上并超过经济发达的东部沿海城市，就必须在现有的经济技术条件下，以先进的遥感技术为手段，最大限度地开发利用枯水资源和实现洪水资源化。

遥感是以电磁波与地球表面物质相互作用为基础，探测、分析和研究地球资源与环境，揭示地球表面各要素的空间分布特征与时空变化规律的一门科学技术。遥感过程是一个信息传递过程，一个从地表信息(多维、无限、连续的真实体)到遥感信息(二维、有限、离散化的模拟信息)的数据获取及成像过程。遥感成像过程十分复杂，经历从辐射源—大气层—地球表面—大气层—探测器等一系列复杂过程，这一过程中的每个环节都受到多种因素的干扰，需要对这些过程进行定量描述，即遥感建模。遥感模型大体可分为遥感反演模型和遥感应用模型两种。目前国内外对遥感应用模型的研究主要有土壤含水量遥感应用模型、水体叶绿素含量遥感应用模型、水体悬浮物含量遥感应用模型、植被覆盖度遥感应用模型、地表区域水分蒸发-蒸腾量遥感应用模型、湖泊水色遥感参数获取、水稻叶面积指数和叶绿素含量的遥感估算模型、太湖悬浮物遥感应用模型、森林覆盖度遥感应用模型、农作物遥感应用模型、植物含水量遥感应用模型、地表温度参数遥感应用模型等。

本书从系统论的角度，首先探讨喀斯特流域的结构与功能，分析喀斯特枯水径流与洪水径流特征，提出枯水资源化与洪水资源化的概念；其次，根据地物赋水光谱特征，提取喀斯特流域赋水遥感信息，分析喀斯特枯水资源影响因素，探讨洪水资源化机理，建立喀斯特流域赋水遥感反演模型；最后，根据灰色理论原理，计算喀斯特枯水资源与洪水资源，对喀斯特水资源的承载力进行综合评价。因此，本研究能为很好地掌握水资源时空分布以及合理开发利用水资源提供一定的理论指导，对缓解或抑制喀斯特干旱具有重要的指导意义。

# 第 2 章　喀斯特流域结构、功能与喀斯特枯水、洪水

## 2.1　喀斯特及喀斯特流域

喀斯特一词原是南斯拉夫伊斯特里亚(Istria)半岛上石灰岩高原的地名，即石头之意。它是指具有一种特殊水文现象和特殊地貌现象的地形，其水文和地貌的特性就在于具有地表地下水系塑造的地貌。科学家把对可溶性岩石以化学或生物过程为主，以机械过程为辅的破坏和改造作用的水文现象称为喀斯特水文作用，由这种作用产生的地下管道称为喀斯特洞穴，它们统称为喀斯特。在可溶岩广泛分布的地区，喀斯特作用明显，喀斯特地貌广泛发育，其水文特征受地表、地下喀斯特系统影响显著的流域，称为喀斯特流域。一般在喀斯特地区，有喀斯特发育的流域都可以称为喀斯特流域。本研究所指的喀斯特流域是指由特殊的含水介质(可溶岩双重含水介质)和具有特殊的流域边界(地表、地下双重分水岭)、独特的地貌-水系结构及水文动态过程耦合的地域综合体。根据其水量平衡划分为：盈水流域、亏水流域和平衡流域。

## 2.2　喀斯特流域结构

### 2.2.1　喀斯特流域结构类型

根据系统论的观点，结构就是一种不同要素的组合，不同的组合形式形成不同的结构类型。本研究在前人研究流域地貌系统的基础上提出喀斯特流域结构的概念并将其分为两个大类和六个亚类(图 2-1)。

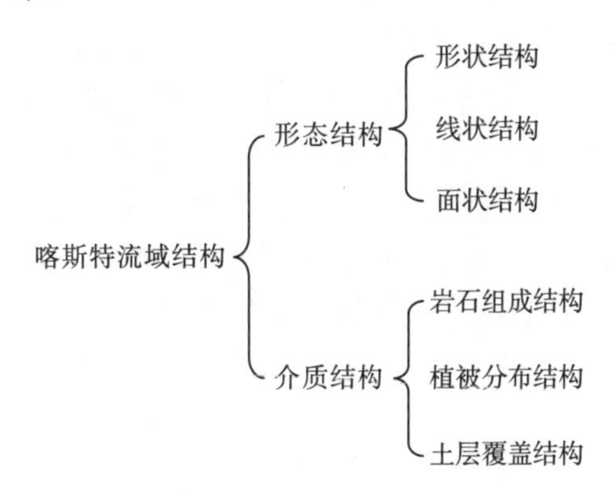


图 2-1　喀斯特流域结构分类图

### 1. 喀斯特流域形态结构

1) 形状结构

喀斯特流域的形状结构是指流域边界不同形状的组合，其形状可划分为长条形、椭圆形、扇形和圆形等。而流域边界控制了流域系统洪、枯水的形成和运动范围，由于存在形状的几何相似性和划分的模糊性问题，所以对流域形状结构的研究应该着重于流域边界几何参数的确定。许多学者已经对流域边界参数作了大量的定量描述，认为其中常用的有：形状系数、紧度系数、流域圆度、流域狭长度、曲度、拉长度和流域的不对称系数。可以根据研究区的特点和研究目的选择特定的几何参数来对流域边界进行描述。

2) 线状结构

水系是流域线状结构的表现，是不同大小、不同数量、不同长度河段的组合。由于水系在发育过程中受到气候、流域原始坡度、岩性、地质构造和地貌历史的影响，其形式各种各样，如放射状水系、辐合状水系、树枝状水系、平行水系、格状水系、倒钩式水系、直角状水系、羽状水系等。喀斯特流域的线状形态结构按其水文功能主要表现为干谷水系、地表水系和地下水系，并有其自身的运动和演化规律。

3) 面状结构

面状结构是指流域内不同起伏状况地表在空间上的组合，这种地表的不同空间组合形式构成了流域内不同的地貌类型。因而喀斯特流域的面状形态结构可通过地表的不同地貌类型来表现，例如，峰丛洼地和峰林溶原即为地表形态面状结构的两种不同表现。我们可以通过地表形态径流强度系数(地貌水文参数)来定量刻画流域面状结构的水文特征。

### 2. 喀斯特流域介质结构

1) 岩石组成结构

岩石是喀斯特流域系统的物质组成部分，在喀斯特地区分布了广泛的碳酸盐岩，构成了喀斯特流域系统中的一个子系统。在这个子系统中各种岩石都具有自身的特性，从而控制流水溶蚀和侵蚀作用，使得喀斯特流域表现出自身的结构特征，也就是说岩性不同喀斯特流域的结构也就不同。从喀斯特流域的整体看，在岩性构造控制下，由于运动水的差别溶蚀和侵蚀在岩石内部形成了大量的次生溶孔、溶隙和溶道(溶管和溶洞系统)，构成了喀斯特流域的地下通道，形成了地下水系；另外，还影响着岩溶裂隙的发育程度和规模，导致排水通道和透水性的差异，使喀斯特流域形成了不均一的双重含水介质结构。

2) 植被分布结构

植被影响水文过程、促进降雨再分配、影响土壤水分运动，是喀斯特流域系统的有机组成部分。在流域中，各种植被类型形成多个子系统，组合在一起构成了植被结构，植被结构和该系统中的其他要素结合在一起构成流域。在喀斯特地区，受地形多样、地表起伏大、坡度大等的影响，植被对水文过程的影响也较大，植被结构表现出了与流域水文更为密切的关系。

3) 土层覆盖结构

流域土层是指分布在流域上的，具有一定规模的未固结沉积物。这些沉积物通常覆盖在基岩的表面，来源于母岩原地风化形成的表层土、风化壳，或是在河流动力顺坡移动等作用下从异地搬运形成的松散沉积物。由于下伏有低渗透率岩石(通常这些沉积物渗透率较下层岩石大 2～3 个数量级)，土层有时可确定为一个相对独立的水文地质单元。土层是喀斯特流域系统的组成部分，也是作为一个子系统存在于喀斯特流域中，与岩石系统、植被系统、地貌形态系统等相互协同构成流域。鉴于土层分布的空间结构受地貌、地势、地面坡度及物质组成的影响，使得喀斯特地区大部分流域内土层浅薄，零星分布，形成了岩溶地区独特的土层覆盖结构。

### 2.2.2　喀斯特流域结构特征

任何系统都有其特定的结构，结构是指系统中诸要素之间的关系及其内在的组织形式。系统的结构作用于输入系统的物质流、能量流和信息流，使系统产生特定的功能。不仅如此，物质、能量、信息流在系统中的作用、运动和传递同样使得喀斯特流域结构在空间和时间上表现出从发育、形成到演化有规律的运动，呈现了自身的特点。

1. 不均一的双重含水介质结构

在喀斯特流域，广泛分布着碳酸盐岩的非均质含水体，水文运动在岩性的控制作用下发育了大量次生的溶孔、裂隙和洞道子系统，形成了一个复杂的、有机联系的、在空间上分布不均一的贮水空间系统，并产生了不同的贮水形式、水流运动状态和水力学特性。

2. 二元流场形态结构

喀斯特流域发育形成了地表和地下两个水系、两个分水岭和两个流域。在流场上地表、地下两个流域常呈复杂的边界不重合关系，但又通过水力联系构成一个密不可分的整体，在宏观流场上表现为一个二元形态结构。近年通过对喀斯特流域特性的深入研究，发现正是由于此结构导致产生了亏水流域和盈水流域。

3. 三维空间地域结构

喀斯特流域在空间上是一个三维空间。该系统单元内物质、能量的传递过程是在三维空间内进行的，如水流传输、三水转化及水文循环等。

4. 功能上的耗散结构

喀斯特流域是一个非线性时变的开放系统，在功能上表现出耗散结构的特征，即它是远离平衡态，不断与外界环境进行物质、能量和信息交换的系统，并且在负熵流的作用下通过系统内部各要素的联合协同作用产生自组织过程，使流域从一种低级状态转变为一种高级有序的状态。

## 2.3 喀斯特流域功能

系统的结构和功能是系统的两个基本概念，结构反映了系统内部各要素的组成关系，功能反映了系统内部各要素之间的活动关系。两者从不同方面规定了系统内部各要素之间的联系。系统结构作用于一切输入系统的物质、能量和信息，并输出一定的物质、能量和信息，对外就表现出一定的功能，在整个过程中物质、能量和信息以流的形式进行传递。

从结构与功能关系看：结构与功能相互依存，结构决定功能，功能反作用于结构，结构与功能相对应。在现实系统中结构和功能的对应关系存在“一对多”“多对一”等形式。

### 2.3.1 结构与功能相互依存

系统结构是系统功能的基础，系统功能是系统结构的外在表现。一定的系统结构总是表现为一定的系统功能，一定的系统功能总是由一定的系统结构产生的。没有结构的功能不存在，没有功能的结构也同样不存在。两者互为条件，不可分割。在喀斯特流域系统中，枯水径流就是流域结构的功能体现，要把握流域的枯水径流效应就必须深入研究喀斯特流域结构。只有从喀斯特流域结构出发，研究流域内岩石结构、地貌结构、植被结构、土层结构和流域功能的成因机理，才能真正把握枯水径流效应。另外，由于流域系统具有动态演化特征，在不同的演化阶段就必然形成与之对应的一套结构和功能。例如，喀斯特流域中的盈水流域和亏水流域就是由于流域的动态演化所致。

### 2.3.2 结构决定功能

由于结构是系统功能的基础，功能是其外在表现，是在物质流、能量流和信息流作用下的响应，所以结构必然决定功能。在喀斯特流域，岩石结构不同所表现出的枯水特征值就不同，灰岩比例越高的流域，枯水径流模数越小；白云岩比例越高的流域，枯水径流模数则越大；喀斯特流域不同的岩石结构控制着不同地貌类型的发育，这种地貌结构的差异也导致了不同的流域枯水水文特征。如集水面积增大，流域地表层调蓄水分的能力相应较大，丰水季节的降水量储存于地下，补给枯季河川径流的来源较广，而且随着集水面积的增大，河谷下切加深，补给河流枯水的含水层也较深，因而枯水流量也相应较大。

### 2.3.3 功能反作用于结构

功能与结构相比，功能是相对活跃的因素，结构是相对稳定的因素。在外界条件发生变化时，系统结构虽未变化，但系统功能会先发生变化，最终突破阈值引起系统结构的变化，这就是功能的反作用。河道内水流的运动是地貌结构形成的主要外营力之一，而喀斯特流域独特的地表地下结构的形成和水文过程也有一定关系，在岩性和地质构造的控制作用下，由于含有不同 $CO_2$ 量水的差别溶蚀和侵蚀，流域内发育形成了大量次生的溶孔、溶洞、溶道等地下结构；在地表河流的下蚀、侧蚀和侵蚀作用下形成了现今的地貌结构；流域系统水的输入使得流域内部要素得以维持，构成完整统一的系统。

### 2.3.4　结构和功能的对应关系

1. 同构异功

相同结构的系统在不同输入流的作用下具有不同功能的对应关系称为同构异功。不同物质、能量、信息流的输入就会输出不同的物质、能量、信息流，表现出不同的功能。例如：在枯季，降水较少，河道蓄水量小，此时地下水补给河道，形成枯水径流；在洪水季节，降水量大，地表水补给地下系统，从而导致河道系统的功能发生转化。

2. 异构同功

相同功能的系统具有不同结构的对应关系称为异构同功。在不同或相同的物质、能量、信息流输入条件下，系统不同的结构对输入流的作用虽不同，但所表现出的功能效应可能相同。从许多资料的计算结果中都可以看到，不同结构的流域却有相同的枯水径流模数。

3. 同构同功和异构异功

相同结构的系统具有相同功能的对应关系称为同构同功；不同结构的系统具有不同功能的对应关系称为异构异功。在喀斯特流域，这种现象很多，不同的岩石结构、不同的地貌结构、不同的植被结构和不同的土层结构都会产生不同的枯水径流效应。以灰岩为主的流域，枯水径流模数小；以白云岩为主的流域，枯水径流模数大。

## 2.4　喀斯特枯水

碳酸盐岩出露面积大的喀斯特广泛发育的地区，具有独特的地理环境和自然景观。喀斯特地区地表崎岖，地下洞隙纵横交错，水文动态变化剧烈，地表水渗漏严重，地下持水、保水能力差；土层薄、肥力低，导致植被生长困难，水土流失严重。这虽形成了独特的、脆弱的喀斯特自然景观，但严重制约着枯季喀斯特流域的持水、供水能力。

### 2.4.1　喀斯特枯水概念

对于喀斯特地区，国内外对枯水的研究极少，有关枯水的定义，至今也没有一个明确的解释。

顾慰祖等人(1984)认为枯水是一年中河流出现的最小径流，或遇到特殊气候条件的年份，汛期时发生伏旱而出现的最小流量甚至断流，同时指出枯水并非“枯竭之意”。黄锡荃将枯水定义为河流断面上较小流量的总称，且枯水经历的时期为枯水期。另有学者认为枯水一般发生在地表径流终了后，河流水量完全由地下水补给的时候。

上述学者对枯水的认识，都是对非喀斯特地区而言的，本研究将喀斯特枯水定义为喀斯特地区由于特殊的水文、地质、地貌条件而导致的河流径流量较小或在特殊气候条件下，汛期时发生伏旱而出现的最小流量甚至断流的总称。

### 2.4.2 喀斯特枯水的特性

由于受喀斯特地貌的影响，以峰丛洼地、峰林盆地等地貌类型为主的中、小喀斯特流域，必然会出现特殊的枯水流量变化规律。

(1)喀斯特地区枯水出现的时间要比非喀斯特地区的短，因为喀斯特地区表层溶蚀裂隙发育，且枯水径流模数较小，对降雨的响应特别灵敏，降雨常以快速流的形式通过落水洞、竖井、脚洞等溶蚀管道，以点状(灌入式、流入式)或线(带)状等方式迅速进入地下水系，故河流在降雨后不久即进入枯水期。

(2)喀斯特枯水出现的频率高且持续时间长，基本每月都可能发生枯水(表 2-1)，但从发生频率看，3 月发生频率最高，1 月次之，往后依次为 12 月、4 月、2 月。值得注意的是在 7 月和 8 月也常有枯水出现，其时间可延续几十天甚至几个月。

(3)喀斯特枯水发生的时空性显著。这主要表现在不同的地貌类型发生枯水的时间不尽相同。如黔东沅江中上游地区(峰丛谷地)，枯水期一般发生在 9 月至次年 3 月，而黔西南南北盘江流域(峰丛洼地、峰林盆地)，枯水期一般发生在 11 月至次年 5 月。

### 2.4.3 喀斯特枯水的影响因素

(1)喀斯特流域的二元流场结构。

(2)喀斯特流域尺度的大小。

(3)河流切割深度及河网密度。

(4)喀斯特流域地貌类型。

(5)岩石类型及性质。

(6)植物覆盖率。

(7)人类改造自然的活动。

### 2.4.4 喀斯特枯水分区

枯水变差系数表示的是历年枯水径流量中各项值对其均值的相对离散程度，用系列均方差与均值之比表示：

$$C_v = \frac{\alpha}{\bar{x}} = \frac{1}{\bar{x}}\sqrt{\frac{\sum_{i=1}^{m}\left(x_i - \bar{x}\right)^2}{n-1}} = \sqrt{\frac{\sum_{i=1}^{m}\left(\frac{x_i}{\bar{x}} - 1\right)^2}{n-1}} \tag{2-1}$$

式中：$\alpha$ 为均方差；$\bar{x}$ 为历年枯水平均流量；$x_i$ 为第 $i$ 年的枯水平均流量；$n$ 为枯水年数。

如果某一站点的枯水变差系数较大，即系列的离散程度较大，也就是说这一站点所控制的流域枯水偏少，属于枯水低值区。贵州喀斯特地区的枯水分区见表 2-2。

自然资源可分为可再生资源和不可再生资源，淡水资源总体上属于可再生资源。由于地球大气层是一个以太阳能为动力的庞大的蒸馏水工厂，源源不断地从海洋和地面把水蒸发到大气中，再以降水的形式向陆地提供淡水。平均每年陆地上的大气降水约 119 万亿 $m^3$，扣除蒸发蒸腾损失，每年仍有 42.7 万亿 $m^3$ 降水可转化为人类有可能利用的淡水资源，远远超过目前全人类每年约 4 万亿 $m^3$ 的用水量。因此，未来，人类完全可以依赖可再生的淡水资源满足可持续发展的需要。我们通常所说的水资源短缺是相对的，而不是绝对的。

表 2-1　喀斯特枯水水文特征值表

| 流域地貌类型 | 水文站 | 多年平均最小日流量/($m^3$/s) | 多发生月份 | 多年平均最小月流量/($m^3$/s) | 多发生月份 | 集水面积/$km^2$ | 变差系数 | 统计年数/a |
|---|---|---|---|---|---|---|---|---|
| 峰丛地貌 | 高车 | 4 | 2、3、4、5 | 5.7 | 2、3、4、12 | 2.252 | 0.29 | 24 |
| | 织金 | 0.036 | 12、1、3 | 0.054 | 12、1、2、3 | 66 | 0.54 | 18 |
| | 徐花屯 | 0.41 | 12、1、5 | 0.5 | 12、1、3、4 | 81 | 0.32 | 22 |
| | 荔波 | 1.86 | 1、2、3、12 | 2.63 | 1、12 | 1220 | 0.32 | 19 |
| | 官坝 | 5.66 | 12、1、3、4 | 6.6 | 12、1、2、3 | 1254 | 0.35 | 30 |
| | 旺草 | 0.76 | 2、3、4、9 | 1.84 | 1、2、3 | 406 | 0.35 | 23 |
| | 文峰塔 | 2.55 | 1、3、8 | 3.38 | 12、1、2、3 | 446 | 0.40 | 18 |
| 峰林地貌 | 麦翁 | 0.42 | 3、4、7 | 0.71 | 2、3、4 | 192 | 0.57 | 19 |
| | 高旺寨 | 3.14 | 2、4、5 | 3.36 | 12、1、2、4 | 914 | 0.26 | 36 |
| | 车边 | 3. 81 | 9、10、1、3 | 5.16 | 9、10、12、1 | 1244 | 0.33 | 21 |
| | 下司 | 9.65 | 12、1、3、4 | 13.1 | 12、1、3 | 2159 | 0.31 | 20 |
| 混合型地貌 | 土城 | 3.71 | 3、4、5 | 4.78 | 3、4 | 966 | 0.23 | 28 |
| | 石阡 | 2.46 | 12、1、2 | 3.1 | 12、1、9 | 722 | 0.28 | 25 |
| | 草坪头 | 2.22 | 4、5 | 3.24 | 2、3 | 1094 | 0.24 | 21 |
| 非喀斯特地貌 | 南哨 | 3.48 | 10、12、1 | 4.34 | 12、1、2 | 1171 | 0.20 | 25 |
| | 南花 | 1.21 | 12、1、9、10 | 1.7 | 12、1、2、9 | 466 | 0.21 | 20 |
| | 寨蒿 | 2.16 | 10、12、3 | 2.78 | 12、1、3 | 858 | 0.27 | 23 |

表 2-2　喀斯特地区枯水等级分布

| 枯水等级分区 | 枯水 $C_v$ 值 | 分布地区 |
|---|---|---|
| 枯水低值区 | ≤0.25 | 六冲河与三岔河之间的喀斯特山区；清水江、都柳江及清水河分水岭地区(都匀附近) |
| 枯水中值区 | 0.25～0.40 | 落脚河上游(毕节地区)；乌江中游河谷地区；都柳江中下游河谷地区(荔波、榕江等地)；北盘江、蒙江及曹渡河之间地区 |
| 枯水高值区 | ≥0.40 | 北盘江支流拖长江及乌都河流域(盘县附近)；清水江流域(凯里、锦屏地区) |

## 2.5 喀斯特洪水

喀斯特流域由于具有特殊的双重含水介质和独特的地表-地下水系，形成了独特的地貌与水系耦合结构的地域综合体。与常态流域相比，喀斯特流域具有特殊的滞洪、导洪或排洪、储洪功能，对水文过程产生特殊效应。

### 2.5.1 森林对洪水径流的影响

*1. 森林覆盖率与洪水径流*

关于森林植被在水土保持中的作用主要有以下几点。

无林不能蓄水保土，但有林也不一定能蓄水保土，那种认为造林就能保持水土的认识是片面的。水土保持林具有特定的内涵，营造水土保持林不等于一般意义上的造林。水土保持林虽有一般含义上森林的部分特征，但不等同于生产上一般营造的人工林。那种表面上貌似森林，但实际上并不具备原始森林环境和功能的“森林”，与原始森林的水土保持功能相差甚远。

水土保持林具有“迟效性”特征，其综合效益的发挥需要足够的时间和适当的自然环境条件。指望目前的造林成果在短期内发挥作用是不现实的。森林强大的水土保持功能已被人们所证实。但在黄土高原干旱-半干旱地区，由于植被类型选择不当、群落密度过大和群落生产力水平过高等原因，往往造成林地土壤干燥化。这一严重的土壤退化现象已成为林区植被建设的严重隐患，造成植被根际区土壤水分长时间持续亏缺，严重影响林木的生长。随着树龄的增长，根系分布范围的扩大和生物量的增加，林木的需水量比所有农作物都要高。森林强烈的蒸腾耗水作用，势必加重区域水资源的供需矛盾，形成新的水分环境态势。另外，森林下垫面状况与其他地类不同，其深厚的枯枝落叶层和根系-土壤层将强烈影响降雨的入渗、产流关系，改变地表水向地下水转化的数量，从而对区域河川径流产生影响。

我国有关森林对洪水的影响问题已基本定论。但同时认为森林这种作用不是无限的。如对 1981 年 7～9 月四川大暴雨洪水的分析，认为森林削减洪峰的作用只不过 10%～20%，最大也不超过 25%，森林对孤立洪峰效应明显，而对连续洪峰的调蓄作用则不明显。程根伟提出了森林与洪水的经验关系式，他认为随着森林面积的扩大，洪水径流系数将减少，其减少程度与暴雨量成反比。

*2. 采伐与洪水径流*

中野秀指出，森林采伐使洪峰流量增大，增加比率为 5%～90%。皆伐地直接径流量比林地多的现象，多出现在夏季或春季连续晴天之后降雨时，这个规律和洪峰流量规律是一致的。这一结论与在釜渊、费尔塔、科韦塔等地的试验中得到了证实。有学者在乔治州皮特蒙特东南部的流域试验中发现，在 4 年的采伐、整地和机械化栽植循环周期内，每当采取森林经营措施，都会使洪峰流量增加 30%～45%。马雪华在岷江上游调查发现：岷江上游的原始森林，从 20 世纪 50～70 年代，经过 28 年采伐，森林覆被率下降 10%～15%，在此期间，岷江主流上游，洪水量增加了 38.27m$^3$/s。

3. 造林与洪水径流

美国田纳西流域松树支流按照单独流域法做了试验。试验在荒芜散生林区进行，20 年后松树郁闭成林，结果直接径流量和流量峰值明显减少，出水时间大大延长，成林时的径流量只相当于荒芜时的 11%～48%，流量峰值减少到 10%～30%。日本多摩川上游主要是落叶松、柏树和幼壮人工林，一部分为混交天然阔叶林，经过多年的观测发现：随着森林的成长，径流量峰值已经下降，涨水持续时间延长，证明洪水逐渐缓和。周鸿歧在辽宁西部进行大面积造林试验研究后得出最大流量降低了 77.6%的结论。

4. 林相与洪水径流

林相与洪水径流的研究以日本为多。在本曾川中游，林相的不同表现在森林面积率、裸地面积率、幼龄林面积率等方面，在 30 个支流中的 17 个流域，在 3 年植物的生育期间进行了 25 次测定，结果裸地面积率大的流域，其洪峰流量比其他流域组略大，其差异不是很显著。森林面积率较小的低水比流量(各次降雨间的最小流量)比其他流域组明显小。

5. 森林的衰落对洪水径流的影响

森林衰落对年径流的影响幅度不及采伐，Rober 研究夏威夷岛森林衰落时发现，当地俄希阿森林衰落没有影响河川径流及水质，更没有对洪峰产生影响。Rosemann 用模型在阿尔卑斯山北部边缘小流域进行的研究得出，森林不断衰退不仅导致洪峰流量、洪水总量增加，而且导致洪水波的上升时间缩短。我国关于采伐、造林对洪水径流影响的研究较少。对于林相和森林衰落对洪水径流的影响基本没有开展研究。

### 2.5.2　流域面积对洪水径流影响

1. 流域面积 $F$ 与多年平均最大流量 $\bar{Q}_t$

计算并点绘各站多年平均最大瞬时洪峰流量 $\bar{Q}_{最}$ 和最大日洪峰流量 $\bar{Q}_{日}$ 与流域面积 $F$ 的关系图(图 2-2、图 2-3)，可以看出：$\lg\bar{Q}_t$ 与 $\lg F$ 仍表现为较好的线性正相关关系，即与枯水流量相似，$\bar{Q}_t$ 与 $F$ 具有幂函数关系 $\bar{Q}_t = \alpha F^{\beta}$。根据回归分析得 $\bar{Q}_{最} = 3.8029F^{0.7184}$ 及 $\bar{Q}_{日} = 1.0083F^{0.8270}$，相关系数分别为 0.8804 及 0.9345。但有一个重要的现象就是喀斯特流域和非喀斯特流域的最大洪峰流量 $\bar{Q}_t$ 与 $F$ 之间的关系不存在明显的差异。因此可以认为，至少大、中型喀斯特流域结构对洪峰流量表现不出特殊的水文效应。这一点对于水资源开发利用中进行的洪水设计和预报极为重要。

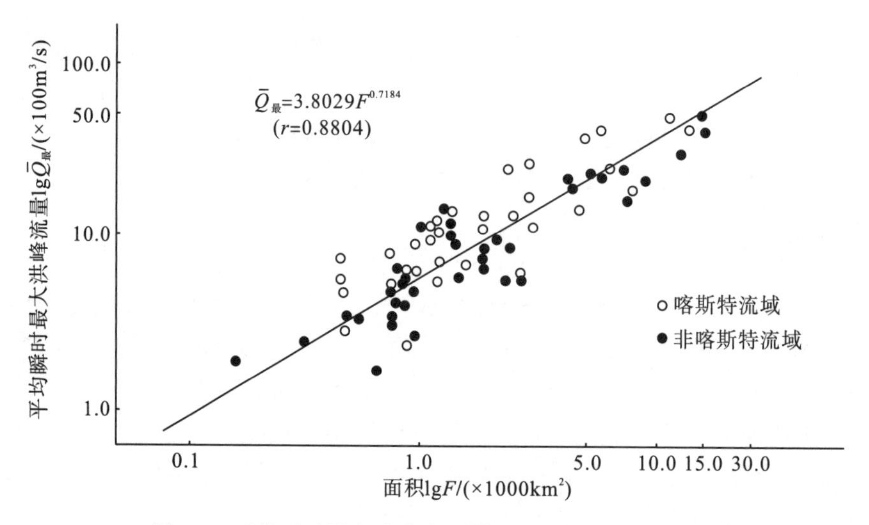


图 2-2 平均瞬时最大洪峰流量 $\bar{Q}_{最}$ 与流域面积 $F$ 的关系

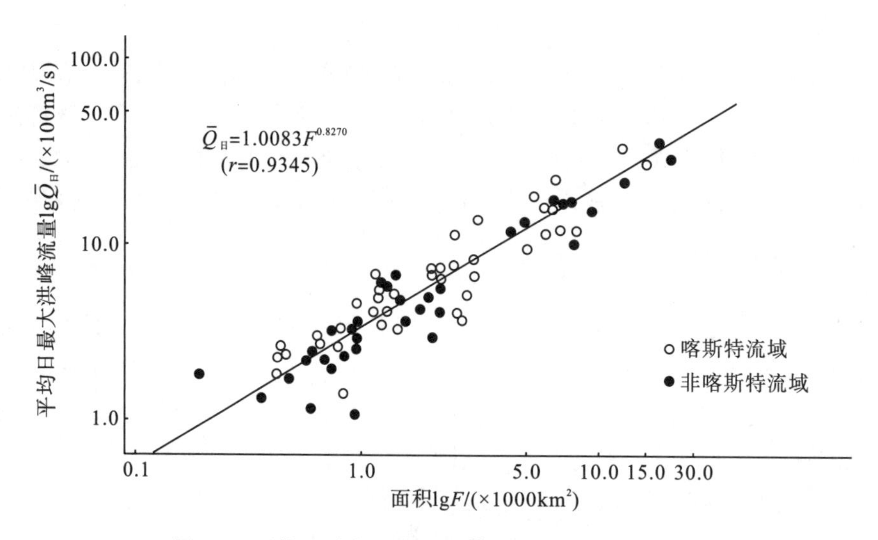


图 2-3 平均日最大洪峰流量 $\bar{Q}_{日}$ 与流域面积 $F$ 的关系

### 2. 流域面积 $F$ 与最大径流模数 $M_t$

将各断面最大峰值洪峰径流模数 $M_{最}$ 和最大日洪峰径流模数 $M_{日}$ 与流域面积 $F$ 间的关系点绘于图 2-4 和图 2-5 中，可以看出：不管是喀斯特流域还是非喀斯特流域，洪峰径流模数都将随流域面积的增大而趋向一个稳定值[$M_{最}$ 约为 220L/(km$^2$·s)，而 $M_{日}$ 约为 175L/(km$^2$·s)]；当流域面积较小时，$M_t$ 的变化幅度较大，但也看不出喀斯特流域和非喀斯特流域有何显著差异，说明洪峰值的大小受诸如流域地形坡度、流域闭合程度、流域河网密度、流域暴雨特性、流域自然植被等多种因素的影响；以 $M_t$ 与 $F$ 点绘的相关图外围线的形状看，洪水与枯水存在较大差异，特别是洪水的上外围线，流域愈小，弯曲程度愈大。因此，贵州中、小流域的洪水分析就较为复杂，流域地貌类型和发育过程等十分重要的影响因素必须加以考虑。

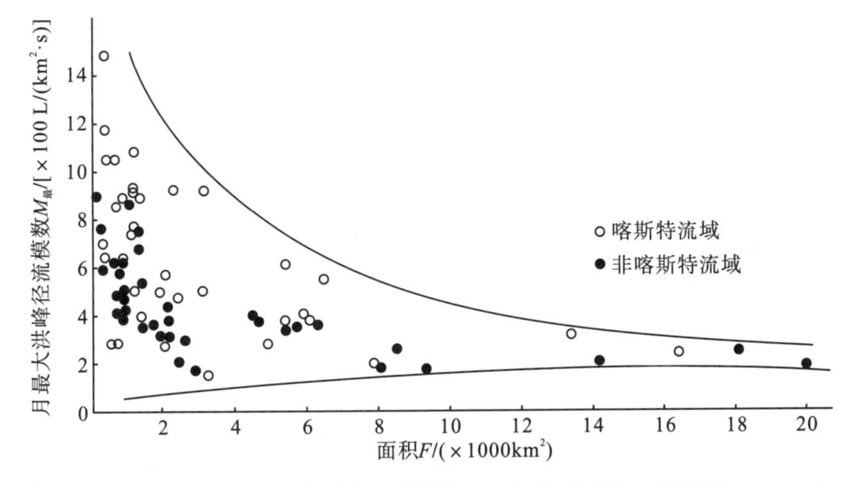


图 2-4　瞬时最大洪峰径流模数 $M_{最}$ 与流域面积 $F$ 的关系

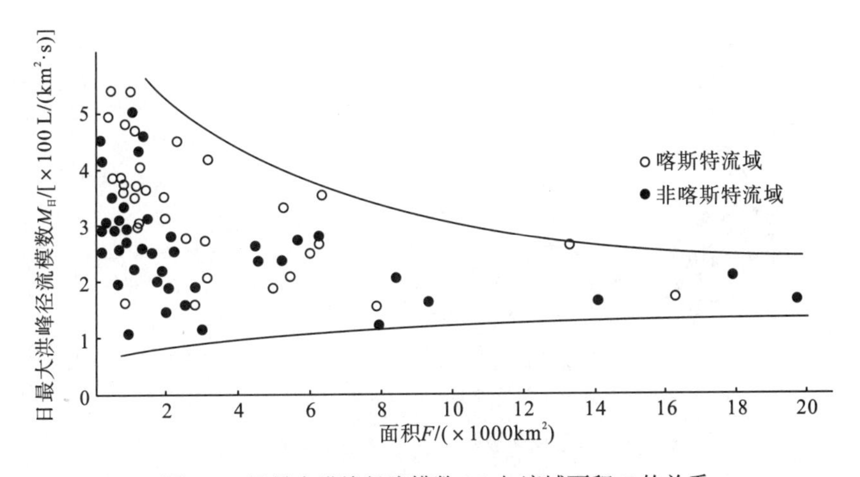


图 2-5　日最大洪峰径流模数 $M_{日}$ 与流域面积 $F$ 的关系

3. 流域面积 $F$ 与洪峰流量变差系数 $C_v$

在流域洪峰流量统计频率曲线的分析中，变差系数是一个非常重要的参数，还常常影响理论频率曲线的选配问题。根据点绘的洪峰流量 $C_v$ 值与 $F$ 对应点关系图（图 2-6、图 2-7），可以看出，随着 $F$ 的增大，各种性质流域的洪峰流量 $C_v$ 值也都趋向一个相对稳定的值，约等于 0.3，比枯水流量 $C_v$ 稍大些，并且看不出喀斯特流域和非喀斯特流域的洪峰 $C_v$ 值有何差异；从相关点的外围线形状看，其形状与枯水的也相似，只是在小流域区域，洪水的 $C_v$ 值较枯水的大，洪水特性显得更不稳定。

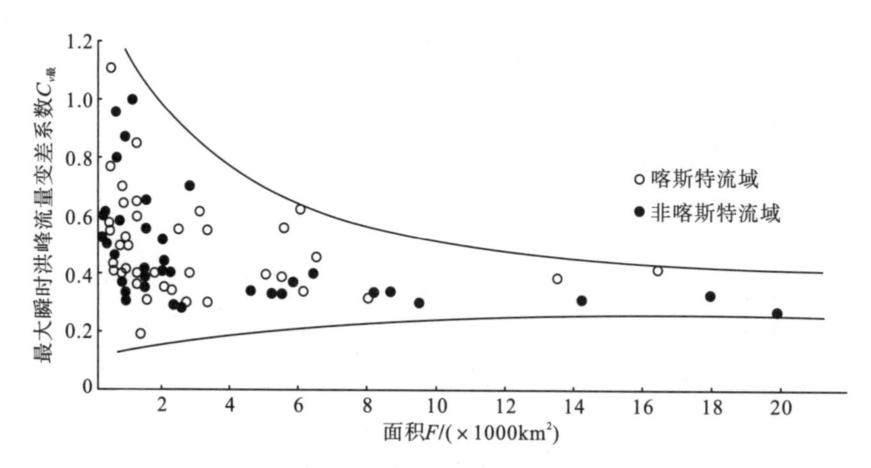


图 2-6 最大瞬时洪峰流量变差系数 $C_{v最}$ 与流域面积 $F$ 的关系

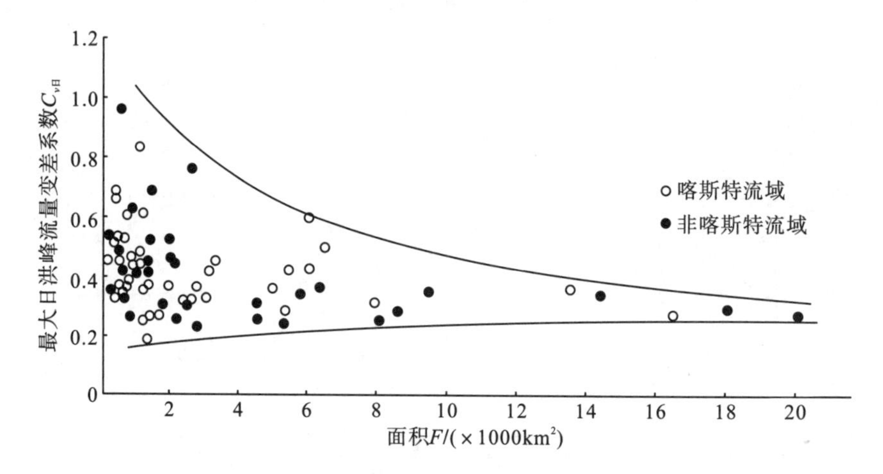


图 2-7 最大日洪峰流量变差系数 $C_{v日}$ 与流域面积 $F$ 的关系

# 第3章　喀斯特流域水资源、枯水资源与洪水资源

## 3.1　水资源的含义与属性

### 3.1.1　水资源的含义

水是人类赖以生存的且不可替代的重要物质和自然资源。随着时代的进步，人们对水资源一词的理解也在不断深化。水资源一词最早出现在正式机构中，是1894年美国地质调查局(United States Geological Sarvey，USGS)设立了水资源处(WRD)并一直延续到现在，其业务范围主要是地表河川径流和地下水的观测及其资料的整编和分析等，并未包括覆盖地球表面积约71%、占全球水储量约98%的海洋水。显然在这里水资源是作为陆面地表水和地下水的总称。在《不列颠百科全书》中，将水资源定义为：自然界一切形态(液态、固态和气态)的水的总量。由于《不列颠百科全书》的权威性，这个解释曾在许多地方被引用。但在1963年英国国会通过的《水资源法》中，却将水资源定义为“具有足够数量的可用水源”，即自然界中水的特定部分。

联合国教科文组织(United Nations Educational，Scientific and Cultural Organization，UNESCO)和世界气象组织(World Meteorological Organization，WMO)在1988年对水资源的定义是：作为资源的水应当是可供利用或有可能被利用，具有足够数量和可用质量，并可适合某地对水的需求而能长期供应的水源。这一定义的核心包括“足够的水量”和“可用水质”两个方面，有“量”无“质”，或有“质”无“量”都不能称为水资源。

在中国对水资源一词的理解也各有不同。具有一定权威性的《中国大百科全书》中出现了不同的解释，如在“大气科学、海洋科学、水文科学”卷中对水资源的定义是：“地球表层可供人类利用的水”，而在“水利”卷中则依照《不列颠百科全书》中的提法，定义水资源为“自然界各种形态(气态、液态或固态)的天然水”，并把可供人类利用的水作为“供评价的水资源”。多数人都认为可被利用这一点，应当是水资源具有的特征，而不是泛指地球上一切形态的水。可供利用就意味着水资源应当是可靠的，具有一定数量的，且可通过自然界水文循环不断更新补充的水，因此其补给来源是大气降水。

我国相关学者也从不同角度对“水资源的定义与内涵”进行了阐述，这里不再赘述。

综合专家学者的提法，作为维持人类存在和社会发展的重要自然资源之一的水资源应当具有以下几方面的特征。

(1)可以按照社会需求提供足够的水量。

(2)这个水量可以满足人类生产、生活中不同用途的水质要求。

(3)这部分水量、水质可以通过自然界水文循环得到更新或补充。

(4)附加了经济技术的限定条件，并可以通过人工措施加以调控。

### 3.1.2 水资源的属性

水资源作为自然的产物，具有天然水的特征和运动规律，表现出自然本质的一面，即水资源的自然属性。此外，水资源作为一种资源在开发利用过程中，还与社会、经济、科学技术发生联系，表现出参与人类活动的社会特征，即水资源的社会属性。

1. 水资源的自然属性

水是自然界的重要组成部分，是环境中最活跃的要素。它不停地运动着，表现出特有的自然特性。水资源的自然属性可以概括为以下几方面。

1)资源的循环性

水资源与固体资源的本质区别在于其具有流动性，它是在循环中形成的一种动态资源，具有循环性。水循环系统是一个庞大的天然水资源系统，水资源在开发利用后，能够得到大气降水的补给，处在不断地消耗、补给和恢复的循环中，可以不断地供人类利用和满足生态平衡的需要。

2)储量的有限性

水资源处在不断的消耗与补充过程中，在某种意义上具有“取之不竭，用之不尽”的特点，恢复性强。可实际上全球淡水资源的储量十分有限。全球的淡水资源仅占全球总水量的 2.5%，且大部分储存在极地冰川中，真正能被人类利用的淡水资源量仅占全球总水量的 0.796%。从水量动态平衡的观点看，某一时期的水量消耗量不能超过该时期的水量补给量，否则就会破坏水量平衡，造成一系列的环境问题。水循环过程是无限的，而水资源的储量是有限的，并非取之不竭，用之不尽。

3)分布的不均匀性

水资源在自然界中的时空分布不均匀性是其一大特性。全球水资源的分布表现为大洋洲的径流模数为 51.0L/(s·km$^2$)，澳大利亚仅为 1.3L/(s·km$^2$)，亚洲为 10.5L/(s·km$^2$)。最高和最低的相差数十倍。

我国水资源在区域上分布极不均匀。总的来说，东南多，西北少；沿海多，内陆少；山区多，平原少。在同一地区，水资源的时间分布差异性也很大，一般夏多冬少。水资源空间分布不均，特别是与人口和经济发展不一致，增加了远距离调水及供水的困难；水资源在时间分布上的不均，同样也增加了用水的难度。

4)利用的多样性

水资源是人类在生产和生活中广泛利用的资源，不仅广泛应用于农业、工业和生活，还用于发电、水运、水产养殖、旅游和环境改造等。在各种不同的用途中，有的是消耗性用水，有的是非消耗性或消耗很少的用水，并且对水质的要求各不相同。这体现了水资源利用的多样性。

5)利害的双重性

水资源与固体矿产资源相比，另一个最大区别是：水资源具有既可造福于人类，又可能危害人类生存的双重性。“水能载舟，亦能覆舟”，就是水作为资源既可造福于人类，又可能给人类带来危害的鲜明写照。当水资源质、量适宜，且时空分布均匀，将为区域经济发展、自然环境的良性循环和人类社会进步做出巨大贡献。当水量过多或过少，往往又会产生各种自然灾害。

当降水过大过猛，则会形成洪水泛滥；水量过少容易形成干旱等灾害。若水资源开发利用不当，又可引起土壤次生盐碱化、土壤恶化、水体污染等问题。这明显地表现出了双重性。

2. 水资源的社会属性

水资源的社会属性主要是水资源在开发利用过程中表现出的商品性、不可替代性、环境特性和多功能综合性等。

1) 商品性

水资源一旦被开发利用就成为商品，具备商品性。由于水的用途十分广泛，涉及人们的日常生活和国民经济的各个领域，在社会物资流通的整个过程中水资源流通的广泛性也许是其他任何商品都难以企及的。与其他商品一样，水的利用价值也遵循市场经济的价值规律，水资源稀缺程度的不同、投入的物化劳动多少以及取用手段的科技含量不同，水的价格也会因时因地而异。

2) 不可替代性

水资源是一种特殊商品，其特殊性在于：其他物质可以有替代品，而水则是人类生存和发展必不可少的物质。即使在经济全球化、商品交换十分活跃的今天，也不可能依赖水的进口，支撑一个国家的发展。水资源的短缺会制约社会经济的发展和人们生活的改善。

3) 环境特性

水资源的环境特性表现为两个方面。一是水资源开发利用对社会、经济的影响。水资源开发涉及人类能否持续发展的问题。区域的产业结构、种植结构、用水方式及经济发展模式都直接或间接地受到水资源数量、质量及时空分布的影响。二是水作为自然环境要素和一种地质营力，在自然条件下，水的运动维持着生态系统的相对稳定以及水、土、岩之间的力学平衡。水资源一旦被开发，这些稳定和平衡就有可能被破坏，甚至会产生一系列对人类不利的环境效应。例如，拦蓄河水，会使下游泥沙淤积、河道干枯；减少对地下水的补给，会引起行洪能力下降，地下水资源量减少，在干旱地区还会引起生态退化。需要指出水资源的开发利用和环境保护是相互矛盾的。一般而言，水资源的开发利用总会不同程度地改变原有的自然环境，付出一定的环境代价。问题的关键是如何找到水资源开发利用与环境保护两者协调发展的途径，既兼顾水资源的产水能力，科学合理地用水，又能尽可能减轻环境负效应造成的损失。

4) 多功能综合性

丰富的水量可以服务于工农业；河流具有高差和位能可以发电，成为工业能源；地面水体，既可开展交通运输，又可发展水产养殖；地下水体，既可用于城市供水，也可利用地下热水、矿水进行取暖和医疗保健等。

流动着的水体，只要水量和水质没有被消耗掉，从上游到下游都可以重复利用。工业、城市的废水，经适当处理后，可进行分质供水，重复利用，缓解供水紧张的形势。

## 3.2 喀斯特水资源

喀斯特水资源是在喀斯特地区特有的三水转化关系条件下，在现有的经济、技术条件下，通过投入人类劳动，能够调度和控制的那部分地表水、雨水、土壤水和主要赋存于喀斯特可溶性岩的裂隙、溶孔和管道中的地下水。在喀斯特地区，常采用地表河川径流量与地下径流量之和，并扣除二者重复计算部分，作为喀斯特水资源总量；在喀斯特地区，地表水和地下水频繁转换，喀斯特水资源总量在数值上约等于地表河川径流量。

### 1. 喀斯特流域特殊的三水转化关系

喀斯特流域的三水转换(大气降水、地表水及地下水)受控于流域地貌空间结构系统。不同的地貌类型影响着降水在不同水文作用带的水文运动。喀斯特地貌根据土层覆盖范围和厚度，大体可以分为两类：裸露型喀斯特(如峰丛洼地、峰丛峡谷)和覆盖型喀斯特(如峰林谷地、峰林盆地和峰丛谷地)。它们的三水转化关系如下。

#### 1)裸露型喀斯特区

裸露型喀斯特区的土层覆盖范围和厚度较小，其垂直剖面上有3个主要水文作用带：皮下带、渗流带和管流带，各具不同的水文特性。皮下带发育于包气带上部；渗流带位于包气带下部，皮下带之下，管流带之上；管流带为地下河系的组成部分，同落水洞、漏斗和溶隙相通，为地下径流的排泄通道。这3个水文作用带，在降雨过程中对雨水起不同的分配和调蓄作用。当雨水降落地表后，皮下带入渗能力大，大部分雨水渗入该带；只有出现暴雨时，部分超渗雨水沿坡面侧向运动，形成坡面流，直接向洼地内落水洞或漏斗汇集注入，以集中方式补给地下河。渗入皮下带的水量在满足该带持水量后，剩余水量中部分水量形成侧向流动皮下带流，流速较快称为快速裂隙流；如遇该带不发育地段，常溢出地表成泉，同坡面流一起流入落水洞或漏斗，补给地下河；部分水量继续向下部渗流带供水入渗。渗流带常在饱和状态，水量损失极小，渗漏水沿垂向裂隙、节理缓慢地向管流带渗漏，称为慢速裂隙流。当雨强很大时，形成大量超渗坡面流，洼地内漏斗，落水洞消水不及，出现积水，此时补给水流具有承压性质。当超渗坡面流补给地下河道水量过大，其补给强度超过裂隙流补给强度时，管道迅速充水，可临时反补给管壁周围的裂隙；雨止或雨强小时，管道流泄出部分水量，裂隙流补给管道，形成管道流和裂隙流在雨洪过程中相互补给和交换的过程。雨后，贮蓄在皮下带的水量，部分以蒸散发形式返回大气。以峰丛洼地组合类型为代表的裸露型喀斯特径流补给，以裂隙流分散渗漏补给和落水洞、漏斗集中灌入补给为主。

#### 2)覆盖型喀斯特区

覆盖型喀斯特区的土层厚度大、分布广，垂直剖面上有4个水文作用带：土层带、皮下带、渗流带和管流带，其水文作用较前类型区复杂。包气带顶部的土层与其下的皮下带的持水能力和入渗能力决然不同，形成土层与皮下带间一介面，土层持水容量大，下渗能力小，入渗水量受其控制。

当雨水降落到地面，满足土层持水量后，土层内部分水量侧向运动形成壤中流，部分水量向皮下带供水；雨量稍大时，易出现坡面流。渗入皮下带的水量，满足该带持水量后，部分水量仍垂向渗透，向渗流带供水；部分水量形成侧向运动的皮下带流；遇到较大裂隙时，又继续作垂向渗透，渗流带内水量向管流带供水。坡面超渗雨水所形成的坡面流同样向出露于地表的落水洞、漏斗汇集，以集中方式补给其中，最后由地下河调蓄排泄，或直接由地表河调蓄排泄。同样，地下河管道水流和管壁周围裂隙流互相补给和交换。雨后，贮蓄在土层、皮下带及渗流带内的水量，以蒸散发形式返回大气。以峰丛谷地组合类型为代表的覆盖型喀斯特区的补给是以分散渗透和集中灌入的补给方式为主。

喀斯特流域不同的地貌类型区，有着不同的水文作用带，对三水转化形式和水资源补给方式起着不同的“过滤器”作用，加之地表、地下河网展布格局，最终决定了水资源的形成过程(图 3-1)。

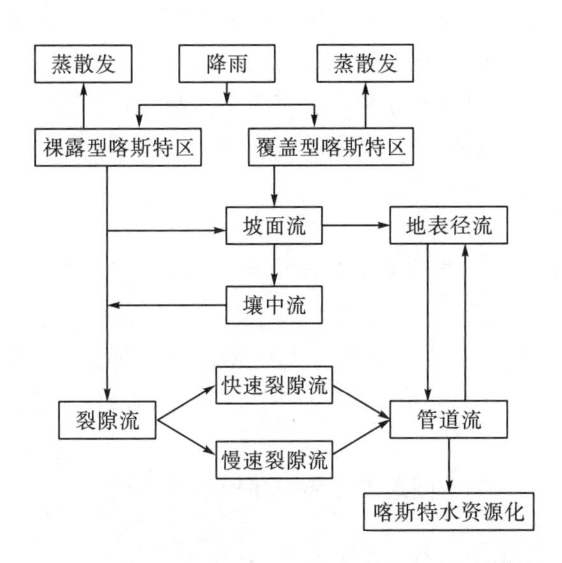


图 3-1 喀斯特三水转化关系及水资源化过程简图

## 3.3 喀斯特枯水资源

### 3.3.1 喀斯特枯水资源的概念

随着人类社会的不断发展，人类活动遍布自然界的每一个角落，喀斯特流域系统也因为人类活动的“干扰”受到了一定程度的影响，喀斯特流域的枯水和洪水也不例外。在可持续发展观的指导下，实现了枯水和洪水功能属性的转化，转变为了枯水资源和洪水资源。

在喀斯特流域内，地表崎岖，地下洞隙纵横交错，水文动态变化剧烈，地表水渗漏严重，地下持水、保水能力差；土层薄、肥力低、植被生长困难，水土流失严重，形成了独特的、脆弱的喀斯特自然景观，严重地制约了喀斯特流域的持水、供水能力。因此，喀斯特流域与正常流域特别是湿润地区常态流域相比，其流域空间结构、水系发育、地貌景观、水文动态规律都有明显的差异，这种差异严重影响了喀斯特流域水资源的开发，尤其是枯水资源。喀斯特流域枯水资源是指在现有的经济技术条件下，喀斯特流域枯水季节可开发利用的水资源量。目前，国内外对非喀斯特流域水资源遥感反演模型的研究相对较多，而对喀斯特流域枯水资源的研究，除本课题组有相关研究外，至今国内外尚未见有相关的研究报道。

### 3.3.2 喀斯特枯水资源的演化特征

#### 1. 喀斯特枯水资源的时空演化特征

1) 动态性

一是枯水资源本身质的变化；二是社会经济发展对枯水利用引起的枯水资源量的变化。枯水资源系统是一个动态概念，由于其量和质的不断变化，导致该系统的演变也相应发生变化，而经济的发展也使得社会对枯水资源的需求不断发生变化。随着现代经济的发展和科技的进步，人类开发利用枯水资源的能力越来越强。例如，随着节水技术的进步，单位水的利用效率越来越高，同时，由于喀斯特地上、地下河交互转换，使得枯水资源污染传播的速度加快，水质变化较快。

2) 振荡性

由于社会经济发展与环境之间的平衡存在振荡的特性，因而一个地区枯水资源的演变也不一定总是持续朝一个方向发展，而是具有一种振荡的特性。贵阳近年来一直注重枯季节水和年度调水等措施的实施，这些措施可能使枯水资源向良性方向发展，也可能在大力发展经济的同时进一步破坏原本脆弱的喀斯特生态环境，使枯水资源向恶性方向发展。

3) 时空性

在不同的时间、空间以及不同的生态环境和社会经济状况下，枯水资源的演变规律是不同的。

首先，它有明显的空间内涵，表现在两方面：①枯水资源具有相应的空间，一般在没有外流域调水的情况下，枯水资源是指某流域(某地区)可利用的水资源量；②流域(地区)内部不同的喀斯特地貌类型对枯水资源的影响不同。其次，枯水资源具有时间内涵。虽然喀斯特地貌结构在短时间内难以变化，但水资源开发利用水平和社会经济发展是日新月异的，因此它具有特定的时间内涵，即使在未来的不同时段，枯水资源的外延和内涵也都会有不同程度的发展。

#### 2. 喀斯特枯水资源时空演化分析

在充分考虑贵阳地区枯水资源的演变情况下，以贵州省地矿局编印的贵州省 1∶20 万综合水文地质图和 1∶20 万的贵州省水文站分布图为基础，在流域水系图中确定控制水文站；并根据贵阳地区河流水系分布状况、地形地貌及水文地质特点，将全市分为 6 个水资源区：乌江干流区、清水河区、南明河区、涟江河区、红枫湖区、百花湖区。采用水文资料如下：乌江干流区、百花湖区采用修文站作控制站；清水河区采用洞头站作控制站；

南明河区采用贵阳站作控制站；红枫湖区采用黄猫村站作控制站；涟江河区采用惠水站作控制站。以这些控制站为控制断面重点对贵阳地区流域的降水资源以及天然河川径流进行分析。由于贵阳的枯水期一般发生在 11 月至次年 4 月，所以一般取 1 月、2 月、3 月、4 月、11 月、12 月的降水与径流资料。

1）降水时空演化分析

（1）年际变化。通过分析贵阳地区 1966～1995 年的降水量（图 3-2、图 3-3），不难发现，贵阳地区的降水在不同年份，因受大气环流的影响及当时大气状况的差异，降水量的年际变化很大。降水量丰缺的长期变化是不同周期、不同振幅的振动相互叠加的结果。但总体上看，流域内降水量有 4～5 年（平均 4.5 年）的周期性变化，20 世纪 80 年代以后降水量的周期变为 2～3 年（平均 2.5 年），这与厄尔尼诺现象的变化周期相一致。以记录时间最长的贵阳站的记录为例：在 30 年中，枯季最多年降水量达 423.5mm（1991 年），最少年降水量仅为 25.6mm（1976 年），其余年份降水量均在此区间上下波动，降水量的年变率为 25.7%。

（2）空间差异。由于受到气候及地形地貌的影响，贵阳地区降水量的区域分布不均匀，其降水分布规律是北部多于南部、西部多于东部。尤其是在北至东南走向的宽谷丘陵地带，由于雨云顺槽滑行，雨水较多，如朱昌、贵阳、花溪、青岩一带枯季年平均降水量为 256mm，是贵阳枯季降水较为丰富的地区。

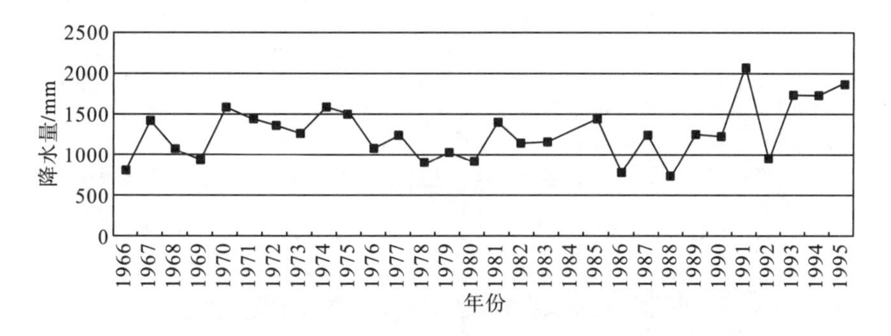


图 3-2　贵阳地区 1966～1995 年枯季降水总量变化曲线

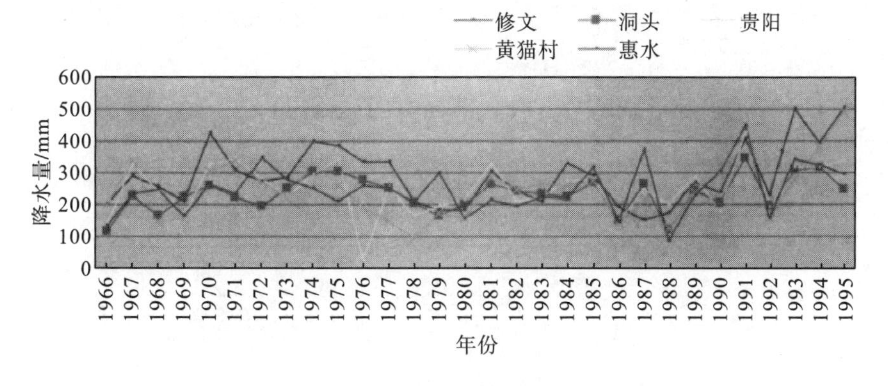


图 3-3　各控制水文站 1966～1995 年枯季降水量变化曲线

2）径流时空演化分析

（1）径流的空间分异。

贵阳枯季多年平均径流量为 111.77m$^3$/s，径流的区域分布趋势与降水量的分布不同。清水河流域及百花湖区属峰林溶原为主的流域，有较为平缓的凹状平原，盆地上常具有一定厚度的土层覆盖，具有较大的蓄水能力，故枯水径流量较大，多年枯季平均径流量为 442.74m$^3$/s，占贵阳枯季总径流量的 79.08%；其次是南明河及涟江流域，多年枯季平均径流量为 95.41m$^3$/s，占枯季总径流量的 17.04%；红枫湖流域最少，多年枯季径流量为 21.70m$^3$/s，仅占枯季长径流量的 3.88%。

由图 3-4 可以看出，由于洞头水文站所控制的清水河流域分布于河谷两侧岸坡地带，降水量及径流量曲线呈锯齿状，有时形成尖峰，说明此流域的多年枯季径流量反映降水灵敏、快涨快落，水位滞后时间短，并随降水而涨落频繁，属谷岸型流域；南明河区与红枫湖区分布于宽平的剥夷面所在的分水岭区，水文动态比较稳定，变幅较小，流量与降水有明显的滞后性，变化曲线比较平缓，属分水岭平稳动态型流域；而涟江河区和乌江干流区、百花湖区分布于深切河谷与分水岭之间的谷坡地带，其水文动态具有明显的过渡性，降水及径流曲线无明显的高峰，也无稳定的低谷，水位涨落与降水强度、间隔关系较明显，属谷坡型流域。

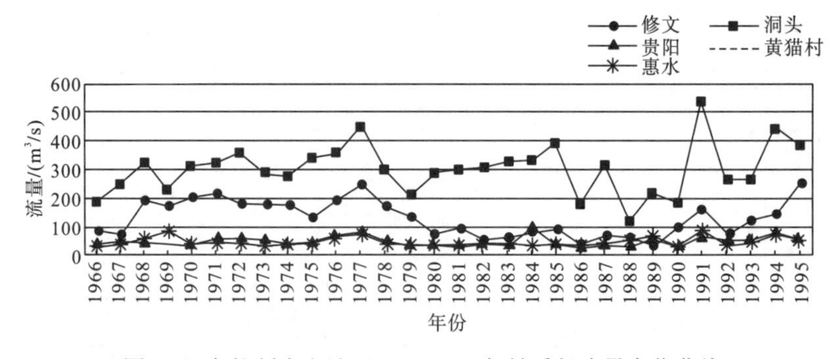


图 3-4 各控制水文站 1966～1995 年枯季径流量变化曲线

（2）年际变化。

为了进一步分析贵阳地区枯季径流的多年变化，绘制了枯季 11 月至次年 4 月平均径流量和年平均径流量的年变率曲线（图 3-5）。

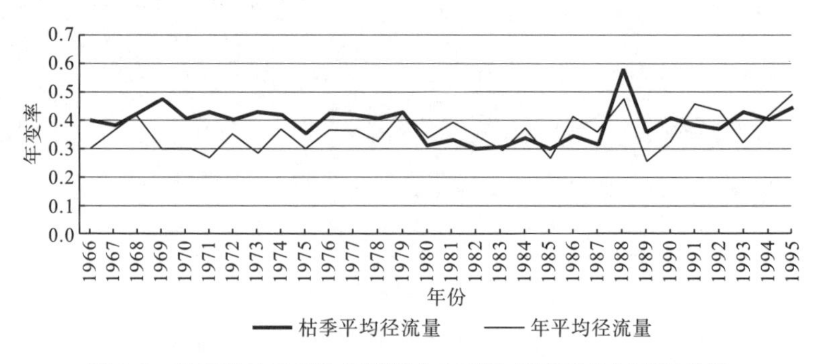


图 3-5 贵阳站枯季平均径流量与年平均径流量的年变率曲线

两曲线的变化过程基本一致，表明贵阳枯季径流量的变化与前一年水资源量的大小有关，这主要是由于发育在碳酸盐岩地区的河系，具有地表、地下两个水系，其水文动态与非喀斯特地区相比，具有流量变幅小、枯季流量较大、径流模数较高的特点。枯季的水资源量主要来源于地下河蓄水量的补给，当前一年降水量或水资源量大时，降水入渗补给量大，地下蓄水量大，次年枯水期的水资源相应就较大，反之则较小。

根据贵阳地区流域主要控制水文站历年的枯水径流量统计(表 3-1)，贵阳枯季最小日平均径流量与最小月平均径流量的变化特征及地区分布规律有以下特点。

**表 3-1　贵阳地区流域主要水文站年最小日平均径流量与最小月平均径流量统计表**

| 河名 | 站名 | 面积/$km^2$ | 年平均月径流量/($m^3$/s) | 日平均径流量 | | | 月平均径流量 | | | | 最低水位/m | 最高水位/m |
|---|---|---|---|---|---|---|---|---|---|---|---|---|
| | | | | 多年日平均径流量/($m^3$/s) | $C_v$ | 最小日流量/($m^3$/s) | 多年月平均径流量/($m^3$/s) | $C_v$ | 最小月径流量/($m^3$/s) | 与年平均径流量之比 | | |
| 乌江干流与百花湖区 | 修文 | 2145 | 36.3 | 1.94 | 0.25 | 0.00 | 10.8 | 0.27 | 0.81 | 0.637 | 1086.85 | 1100.11 |
| 清水河 | 洞头 | 6164 | 138 | 27.78 | 0.22 | 15.4 | 34.6 | 0.23 | 20.6 | 0.297 | 565.66 | 576.92 |
| 南明河 | 贵阳 | 757 | 13.6 | 2.45 | 0.54 | 0.76 | 3.56 | 0.48 | 2.33 | 0.274 | 1050.00 | 1053.26 |
| 红枫湖 | 黄猫村 | 765 | 15.1 | 0.687 | 0.43 | 0.00 | 1.78 | 0.36 | 0.27 | 0.048 | 1240.37 | 1247.10 |
| 涟江 | 惠水 | 908 | 20.8 | 2.94 | 0.32 | 1.95 | 4.01 | 0.30 | 2.31 | 0.204 | 956.59 | 961.80 |

(1) 各主要控制水文站最小日平均径流量和最小月平均径流量的变差系数较小，同样，通过计算可得出贵阳地区枯季径流量的年际变差系数为 0.30，可见其年际变化较小。

(2) 各水文站平均径流量与流域面积呈现良好的线性正相关关系，随着流域面积的增加，枯水径流量的增长幅度减小，而 $C_v$ 也随流域面积的增大而减小。

(3) 枯水位变化在 3.26～13.26m，变幅为 10m，变幅较大。而在修文及黄猫村站有时会出现断流现象。贵阳地区多年枯季(11 月至次年 4 月)平均径流量占多年总平均径流量的 20.4%，由此可认为贵阳地区枯水资源具有相对较少但较稳定的特点。

### 3. 建议

贵阳既是贵州省的政治文化中心又是经济中心，因此，如何充分合理地开发利用枯水资源，解决枯季水资源问题，对发展贵阳乃至贵州省的经济具有重要意义。

1) 开发水源以提高枯季供水量

由于枯季降水量少，工农业生产主要集中分布在地表缺水的近分水岭的高原台面上，而地表水又多集中分布于斜坡区深切的河谷中，人、地、水空间分布极不匹配，因此贵阳地表水工程的实际效益往往达不到预期效果，导致供水量相对不足。但贵阳地区浅层岩溶地下水储量丰富，据 2003 年贵阳水资源公报统计，贵阳市的地下水可开采量为 2.57 亿 $m^3$，城区(不含三县一市)仅开发利用 3057 万 $m^3$(贵阳市 1996～2000 年总体规划报告成果)，具有较大的可开发利用空间，因此开发岩溶地下水是缺水地区既经济又可靠的途径。

2) 大力加强水利基础设施建设

贵阳地区的枯水径流少，而且灰岩分布面积广，地表、地下径流循环复杂且渗漏严重，给水利基础设施建设带来了很大困难，因此必须大力加强水利基础设施建设，切实解决因设施不足而造成的工程性缺水问题。建设区域调水工程，以协调年内水量的分配，保证枯季水资源量。此外还要充分开发利用地下水资源，建设枯季供水应急工程，作为贵阳地区较稳定和便于调节的重要枯水资源储备。

3) 建立贵阳地区枯水资源信息系统，做好枯水资源的预报工作

利用 GIS 和 RS，结合贵阳地区的水文地质、地貌条件以及社会经济生态因子建立枯水资源管理信息系统。与此同时分析研究贵阳地区水文气象、水文地质的客观规律，掌握流域的退水过程以及枯水径流形成和演变的基本规律，利用人工神经网络模型、多元自回归分析模型、遗传算法和时间序列分析对枯水进行实时预测，从而更好地保护、开发和利用枯水资源。

4) 建立节水型污水资源化社会，提高枯水资源的利用效率和效益

农业是贵阳地区的用水大户，也是用水浪费最大的行业，在地形平坦、水利条件优越的平坝区，宜加强商品粮生产；山丘陵区水源缺乏，灌溉条件较差，应重视发展耗水少的作物。而在工业方面应着力整治高耗水量工业，大力发展节水型工业，提高水资源的利用率，同时建设城市清洁排水设施、雨污分流、污水处理等工程，提升污水收集处理能将经处理的工业废水和生活污水用于工业的冷却水、循环水及农田灌溉和生态环境用水，以解决枯季水资源不足的问题，最终建立起水源—供水—排水—污水处理—污水回用等与区域经济枯水资源承载力相适应的经济结构体系。

### 3.3.3 喀斯特枯水资源的演化趋势

1. 喀斯特枯水资源演化的理论基础

1) 耗散结构

耗散结构理论 (dissipative structure theory) 是比利时著名物理学家普里高津 (Prigogine) 于 1969 年提出的。他认为一个远离平衡的开放系统，在外界条件变化达到某一特定值时，系统通过不断地与外界环境交换能量和物质，其要素自动产生一种自组织现象，形成一种互相协同的作用，从而可能从原来的无序状态转变为一种时空上或功能上的有序状态，形成新的稳定的有序结构。这种有序结构即为耗散结构。枯水资源系统就是一种耗散结构。

首先，产生耗散结构的系统都包含大量的系统基元和多层次的宏观组分，如贵阳地区的枯水资源是生态、经济、社会等相耦合的系统。生态系统、经济系统和社会系统还存在着错综复杂的相互作用，其中尤为重要的是相互之间的正反馈机制和非线性作用。正反馈可以看作枯水资源系统自我复制、自我放大的机制，是“序”产生的重要因素，而作为耗散结构的枯水资源系统本身就是一个非线性系统。

其次，枯水资源系统是个开放系统，在所处的环境中存在物质流、能量流、信息流，也即存在负熵流。贵阳地区的枯水资源通过南明河、鸭池河、猫跳河、乌江等地表河以及

地下暗河与外界进行物质和能量交换，从而使系统进入或维持相对有序的状态。

再次，枯水资源系统是远离平衡态的有序结构系统，它能在时间上、空间上和功能上保持有序。随着贵阳现代经济的发展和科技的进步，开发利用枯水资源的能力也越来越强，势必引起枯水资源量和质的变化，导致枯水资源系统远离平衡状态，当它远离至一定程度，就会越过非平衡的线性区，即进入非线性区，也即枯水资源系统内各用水部门之间有着相互制约、相互推动的非线性关系。

此外，枯水资源系统还通过某种突变过程产生无数个微小的涨落。如 1998 年贵阳地区的降雨量明显少于水平年、工农业经济发展不景气、污水排放严重超标等，这些微小的涨落能不断地被放大，使系统进入新的更有序的耗散结构分支，从而不断地推动系统向前发展。如贵阳地区近年来一直注重枯季节水和年度调水等措施的实施，这些措施可能使枯水资源向良性方向发展，但由于人类难以把握经济发展和环境保护之间的关系，在大力发展经济的同时可能会进一步破坏原本脆弱的喀斯特生态环境，因而又可能使枯水资源向恶性方向发展，所有这些对系统演变都具有触发作用。

2) 灰色系统

水资源系统由于水文和水文地质条件的多样性、变异性和复杂性，再加上人类对喀斯特现象及其枯水资源演化等自然规律认识的局限性，客观存在着大量的不确定性、不精确性，这些性质既具有模糊特征，也具有灰色特征，从而导致枯水资源系统是一个具有模糊性的灰色系统。

3) 协同论

协同论同耗散结构一样是关于复杂系统自组织的理论，也是关于复杂系统演化的理论。虽然由生态、经济、社会等子系统构成的枯水资源系统有很多状态变量，但是对枯水资源系统相变起决定作用的状态变量只有一个或几个，这些序参量支配着枯水资源系统从无序向有序转变。本节选取的序参量是枯季实际供水量和实际耗水量，这两个序参量相互之间的协同关系决定着枯水资源系统的演化方向，可以说协同论和耗散结构理论共同揭示了枯水资源系统的演化规律。

### 2. 喀斯特枯水资源演化方向判别模型的建立

枯水资源系统是一个耗散结构，也必然遵从耗散结构的规律。要使枯水资源保持有序，就必然要求经济、社会、生态子系统相互协调；此外，由于在喀斯特地区，枯季水资源的可开发利用量较少，可供用水量必须与实际耗水量保持在一定的合理比例。要把握这些因素的相互关系，可以利用耗散结构中熵变与系统有序性的关系，从较低层对喀斯特枯水资源系统的演化方向进行判别。熵不仅可以描述枯水资源系统的存在状态，它的变化还可以表征枯水资源系统的演化方向，它能够表示系统的不确定性、稳定程度和信息量，且与有序度之间存在一定关系，即系统的信息熵大，其有序程度低；反之，系统的有序程度就越高，这样，就可以利用熵与有序度的关系，用物理熵来描述系统演化方向。

1) 模型建立

根据灰色系统理论，设：

$$A^* = (A_1^*, A_2^*, \cdots, A_n^*) \tag{3-1}$$

$$B^* = (B_1^*, B_2^*, \cdots, B_n^*) \tag{3-2}$$

其中，$A^*$为贵阳地区流域 $x$ 时段的实际供水系列；$A_i^*$ $(1 \leqslant i \leqslant n)$为给第 $i$ 个用水户的供水量；$B^*$为贵阳地区流域 $x$ 时段的耗水量系列；$B_i^*$ $(1 \leqslant i \leqslant n)$为第 $i$ 个用户的耗水量。

若两系列量纲不同则需按下式对系列 $A_i^*$ 和 $B_i^*$ 进行无量纲化：

$$A_i = \frac{A_i^*}{\frac{1}{n}\sum_{k=1}^{n} A_i^*}, B_i = \frac{B_i^*}{\frac{1}{n}\sum_{k=1}^{n} B_i^*}, 1 \leqslant i \leqslant n \tag{3-3}$$

$A_i^*$ 和 $B_i^*$ 在 $x$ 时段的灰色关联系数为$\phi(x)$：

$$\phi(x) = \frac{\Delta(\min)\left\{\left|A_i - B_i\right|\right\} + \rho\Delta(\max)\left\{\left|A_i - B_i\right|\right\}}{\left|A_i - B_i\right| + \rho\max\left\{\left|A_i - B_i\right|\right\}} 1 \leqslant i \leqslant n \tag{3-4}$$

式中，$\phi(x)$表示供水量与耗水量之间的相互协调程度；$\Delta$ (min)和$\Delta$ (max)分别为两个系列中各对应值绝对差的最小和最大值；$\rho(0 < \rho < 1)$为分辨系数，一般取$\rho = 0.5$时具有较高的分辨率。贵阳地区枯水资源演化的灰色关联系数分布函数 $D_i$ 为

$$D_i = \frac{\phi\left[A(i), B(i)\right]}{\sum_{i=1}^{n}\phi\left[A(i), B(i)\right]}, 1 \leqslant i \leqslant n \tag{3-5}$$

根据灰熵定义以及灰色关联系数分布函数，灰关联熵可表示为

$$E(x) = -\sum_{i=1}^{n} D_i \ln D_i \tag{3-6}$$

式中，$E(x)$为第 $x$ 时段枯水资源系统的灰关联熵。它是一状态函数，只要系统状态一定，相应熵值也就确定。

由于枯水资源系统是一耗散结构，枯水资源系统的演变可向良性演化，也可向恶性演化。因此，可以用熵理论和熵变关系作为检验和判断枯水资源系统演变规律的理论和方法。为此，建立枯水资源系统演化方向的判别模型：

$$\Delta E = E(x+1) - E(x) \tag{3-7}$$

式中，$E(x+1)$为枯水资源系统第 $x$ 时段的末态熵；$E(x)$为第 $x$ 时段的初态熵；$\Delta E$ 为 $x$ 时段枯水资源系统与外界物能交换引起的熵变。根据熵变$\Delta E$值的大小，可判断枯水资源系统的演变方向和内部稳定程度。

当 $\Delta E > 0$ 时，表示枯水资源系统总熵增加，无序度加大，系统结构失稳，处于不稳定状态的恶性循环过程中，这时要通过某种措施加以调控。

当 $\Delta E < 0$ 时，即枯水资源系统靠近熵产生最小的状态，表明系统总熵减小，有序度增强，系统处于良性循环过程中，系统功能最佳，资源利用、生态环境和社会经济可协调发展。

当$\Delta E = 0$时，表明一定时间间隔内熵无变化，系统状态与开始一样。

2) 应用实例

为充分考虑贵阳市枯水资源的演化情况，本研究根据贵阳市河流水系分布状况、地形地貌及水文地质特点以及各河流控制水文站，以贵州省地矿局编印的贵州省 1∶20 万综合

水文地质图和 1∶20 万的贵州省水文站分布图为基础，综合考虑水资源开发利用现状及今后发展需求等因素，将全市分为 6 个枯水资源区：乌江干流区、清水河区、南明河区、涟江河区、红枫湖区、百花湖区，并以这 6 个枯水资源区作为研究对象来判别贵阳地区枯水资源的演化方向。

由于近年来贵阳地区经济飞速发展，自然与人类活动等众多因素的交织影响和作用越来越明显，这就需要协调各用户、各用水部门之间的枯水资源供需关系。本研究以供水量和耗水量作为贵阳地区枯水资源演化的参数列，其中耗水量是各用户、各用水部门在输水和用水过程中实际消耗的水量。因此分别对各分区的总供水量和总耗水量(其数据以 1998～2003 年的《贵阳市水资源公报》为依据)进行统计(表 3-2)，并以此作为判别贵阳地区枯水资源演化方向的依据。

**表 3-2　1998～2003 年贵阳市总供水量和总耗水量**　(单位：亿 $m^3$)

| 年份 | 项目 | 乌江干流区、百花湖区 | 清水河区 | 南明河区 | 红枫湖区 | 涟江河区 |
|---|---|---|---|---|---|---|
| 1998 | 总供水量 | 0.484 | 0.501 | 0.123 | 0.194 | 0.291 |
| | 总耗水量 | 0.281 | 0.385 | 0.106 | 0.074 | 0.084 |
| 1999 | 总供水量 | 0.692 | 0.851 | 0.224 | 0.346 | 0.480 |
| | 总耗水量 | 0.0349 | 0.086 | 0.132 | 0.0769 | 0.104 |
| 2000 | 总供水量 | 0.651 | 0.914 | 0.198 | 0.219 | 0.292 |
| | 总耗水量 | 0.0876 | 0.150 | 0.104 | 0.073 | 0.0857 |
| 2001 | 总供水量 | 0.538 | 0.949 | 0.103 | 0.123 | 0.216 |
| | 总耗水量 | 0.101 | 0.151 | 0.0648 | 0.0349 | 0.0973 |
| 2002 | 总供水量 | 1.091 | 0.812 | 0.0958 | 0.125 | 0.530 |
| | 总耗水量 | 0.153 | 0.249 | 0.0335 | 0.0415 | 0.0277 |
| 2003 | 总供水量 | 1.151 | 0.981 | 0.142 | 0.293 | 0.371 |
| | 总耗水量 | 0.207 | 0.291 | 0.024 | 0.0924 | 0.106 |

根据式(3-4)计算的两参数列的灰色关联系数见表 3-3。根据式(3-6)计算的两参数列的灰关联熵 $E(x)$ 见表 3-4。

**表 3-3　贵阳市供水量与总耗水量的灰色关联系数**

| 年份 | 乌江干流区、百花湖区 | 清水河区 | 南明河区 | 红枫湖区 | 涟江河区 |
|---|---|---|---|---|---|
| 1998 | 1.0000 | 0.3458 | 0.5944 | 0.5592 | 0.3619 |
| 1999 | 0.5172 | 0.6395 | 0.4674 | 1.0000 | 0.9340 |
| 2000 | 0.6020 | 0.6356 | 0.5700 | 0.9389 | 1.0000 |
| 2001 | 0.9470 | 0.3915 | 1.0000 | 0.9403 | 0.8393 |
| 2002 | 0.6148 | 0.4410 | 1.0000 | 0.9624 | 0.5197 |
| 2003 | 0.4292 | 0.5499 | 1.0000 | 0.8326 | 0.9200 |

表 3-4 贵阳市 1998～2003 年总供水量与总耗水量的灰关联熵

| 年份 | 1998 | 1999 | 2000 | 2001 | 2002 | 2003 |
|---|---|---|---|---|---|---|
| 灰关联熵 $E(x)$ | 0.6643 | 0.6789 | 0.6864 | 0.6803 | 0.6761 | 0.679 |

根据式(3-7)可得熵变值 $\Delta E$(表 3-5)，其枯水资源系统的灰关联熵变化曲线见图 3-6。

表 3-5 贵阳市 1998～2003 年总供水量与总耗水量的熵变值

| 指标 | 1998～1999 | 1999～2000 | 2000～2001 | 2001～2002 | 2002～2003 |
|---|---|---|---|---|---|
| 熵变值($\Delta E$) | 0.0146 | 0.0075 | −0.0061 | −0.0042 | 0.003 |
| 系统所处状态 | 恶性 | 恶性 | 良性 | 良性 | 恶性 |

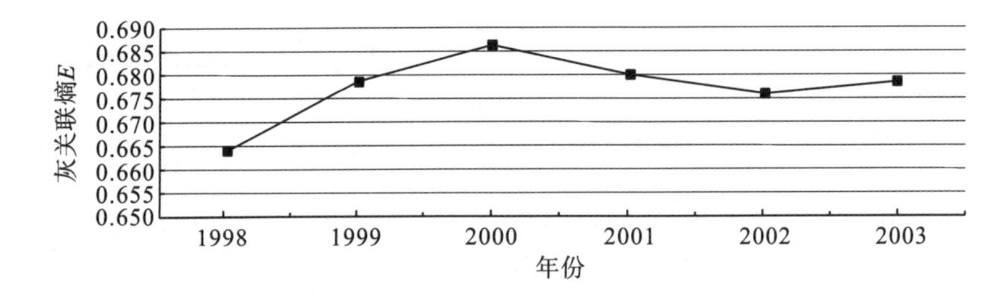


图 3-6 贵阳地区历年枯水资源系统灰关联熵的变化曲线

由表 3-5 可以看出，2000～2002 年贵阳地区枯水资源的熵变值 $\Delta E$ 都小于零，说明这几年枯水资源系统总熵减小，有序度增强，系统处于良性循环过程中，系统功能较佳，资源利用、生态环境和社会经济可协调发展。而 1998～2000 年和 2003 年，这段时间贵阳地区枯水资源的熵变值 $\Delta E$ 均大于零，表明枯水资源系统总熵增加，无序度加大，系统结构失稳，处于不稳定状态的恶性循环过程中，这时要通过某种措施加以调控。这也说明了枯水资源系统所具有的动态性和振荡性。

由图 3-6 可看出，1998～2000 年贵阳地区枯水资源系统的灰关联熵是增加的，即枯水资源系统是向恶性方向演化，这主要是由于在 1999 年和 2000 年枯季降水相对较少，加上特殊的岩溶结构，降水很快进入地下河，工业多以大耗水量产品为主，大量污水的排放，减少了枯水资源的可利用量。到了 2001 年灰关联熵开始减小，枯水资源开始向良性方向发展，一直持续到 2002 年，因为在 2000 年，贵阳开始发展循环经济，严格控制污(废)水排放，2001 年又开工建设了开阳米坪水库、息烽板厂水库和上沟水库，2002 年又对花溪水库进行扩建加高，这就大大提高了枯季供水能力，枯水资源利用也相对合理，故枯水资源系统呈相对有序状态。但到了 2003 年，由于受到春旱和伏旱的影响，水库干涸 13 座，造成 21.39 万人和 10.56 万头牲畜饮水困难，再加上在枯季 1.38 亿 t 的污(废)水排放量，使得枯水资源面临供不应求的困境，枯水资源系统又呈现出无序状态。

### 3. 枯水资源系统有序化的调控对策

一个区域的水资源演化状况，不仅与区域水资源量有关，而且与水资源供耗协调程度有关。即使是一个水资源丰富的区域，如果供耗不协调，往往也会出现水资源总量盈余而个别时段缺水，整体盈余而局部缺水的情况，那就更不用说是在枯水期了。因此枯水资源综合利用的过程中还必须考虑供水量与耗水量之间的协调性。因此，可采取如下调控对策促进枯水资源系统不断向有序方向发展。

(1) 开发水源以提高枯季供水量。由于贵阳地区枯季降水量少，再加上工农业生产主要集中分布在地表缺水的近分水岭的高原台面上，而地表水又多集中分布于斜坡区深切的河谷中，人、地、水空间分布极不匹配，因此贵阳地表水工程的实际效益往往达不到预期效果，导致供水量相对不足。但贵阳地区浅层岩溶地下水储量丰富，据 2003 年贵阳水资源公报数据，贵阳市的地下水可开采量为 2.57 亿 $m^3$，城区（不含三县一市）仅开发利用 3057 万 $m^3$（贵阳市 1996～2000 年总体规划报告成果），还具有较大的可开发利用空间，因此进一步开发岩溶地下水是一条促使枯水资源系统有序化的经济、可靠的途径。

(2) 大力加强水利基础设施建设，切实解决因设施不足而造成的工程性缺水问题。如建设区域调水工程，以协调年内水量的分配，保证枯季水资源量；与此同时，还要建设枯季供水应急工程作为贵阳地区较稳定的、便于调节的枯水资源储备。

(3) 建立节水型社会，以提高枯水资源的利用效率和效益。农业是贵阳地区的用水大户，也是用水浪费最大的行业，故此对农业的节水就显得尤为重要。在农业节水措施上，渠道防渗和管道输水技术是应用最为广泛的一种。而在工业方面应着力整治高耗水量工业，大力发展节水型工业，同时要注意枯水资源的保护，建立与区域经济枯水资源承载力相适应的经济结构体系。

(4) 使污水资源化。通过城市清洁排水设施、雨污分流、污水处理等工程的建设，提升污水收集处理能力，将经处理的工业废水和生活污水等用于工业的冷却水、循环水及农田灌溉和生态环境用水，以解决枯季水资源不足的问题，最终建立起水源—供水—排水—污水处理—污水回用等枯水资源系统的统一管理机制。

#### 4. 结论

由于喀斯特地区的枯水资源系统是一个耗散结构，本节运用灰色关联熵对贵阳地区枯水资源系统的演化方向进行了判别，得出在 1998～2003 年贵阳枯水资源系统的有序度经历了从减小到增加再到减小的过程，2003 年以后灰关联熵又开始增加，系统有序度又有减小的趋势。因此，应通过增加供水量和减少耗水量来加以控制和调节，从而使贵阳地区的枯水资源达到有序状态，实现贵阳社会经济的可持续发展。

## 3.4　喀斯特流域洪水资源

### 3.4.1　洪水资源概念

洪水具有水害和水利双重特性。如何趋利避害有效利用好洪水资源一直是人类探索的课题。人类对洪水资源的利用是有其历史过程的。洪水资源利用自人类对水资源有规模地开发利用以来就存在，只是“洪水资源利用”一词是随着近十余年来水资源供需矛盾的日益突出、生态环境问题备受关注以及防御洪水由控制洪水向洪水管理转变而产生的。当然，在不同的历史阶段洪水资源利用的表现形式是不完全相同的。

从目前来说，我国存在着各种形式的缺水现象，而洪水现象，几乎每年都会发生。我国的水资源分布不均匀，差异较大。而在时间分布上也不均匀，主要集中在汛期，汛期的流量占全年流量的比重大。想要解决我国水资源的问题，首先要提高洪水资源的安全性，这对于汛期的防洪工作最为重要。

长期以来，洪涝灾害问题一直困扰着我们。由于城市规模的快速发展与扩大，地下结构的变化幅度大，这样直接影响到了防洪工作。洪水不可怕，可怕的是我国城市的各种防洪设施还不够完善，造成内河水系行洪不畅，直接导致了洪水的加剧，给防洪工作带来了巨大困难。

近年来，洪灾频繁发生，严重威胁着人们的生命财产安全。而河流中的水体不够干净，水质恶化比较严重，再加上防洪工作无法完成，这样城市会面临水污染问题。而我国的人口密集，汛期洪水如若到来，会将污水直接带入地下水中，造成水污染问题。

从广义上讲，洪水资源利用就是人类通过各种措施让洪水发挥有益效果。如，发挥冲泻功能，改善水环境恶化河道的水质；引洪淤灌，减少河口淤积等。通过拦蓄，增加水资源可利用量和河道内生态用水功能：一是利用水库调蓄洪水，将汛期洪水转化为非汛期洪水，适当抬高水库的汛限水位，多蓄汛期洪水；二是利用河道引蓄洪水，主要为河系沟通，以丰补歉；三是利用蓄滞洪区或地下水超采区滞蓄洪水；四是城市雨洪资源利用，通过积蓄措施改善城市生态环境用水。

从狭义上讲，针对水资源短缺，洪水资源利用就是通过各种措施利用洪水资源，以提高河道内外水资源的可利用量(或可供水量)，进一步满足生态、生产和生活的用水需要。简单地讲，就是利用洪水资源提高陆域内的用水保障率。在此，就是进一步研究，通过工程和管理措施，提高河道内生态环境用水量的保障率，并将部分入海的洪水资源量转化成河道内生态环境用水量或河道外可利用的水资源量。

### 3.4.2 洪水资源特性

洪水资源特性是指洪水所具备的提供生态环境资源、社会经济发展资源的属性。把洪水作为一种资源不仅说明了人类用水方式的改变，更表明了人类对待洪水态度的变化以及我国水资源的匮乏。实现洪水资源化必须以保障防汛安全为前提，而防汛工程是实现洪水资源化的重要措施。洪水作为一种特殊资源，不同于煤炭金属，有其自身的特性。

洪水是水资源的一部分，具有水资源的一般属性，但不具有水资源的可长期利用性，供水保证率较低，同时具有水害和水利的双重属性。具体而言，洪水的资源特性有如下几点。

(1) 水资源属性。洪水资源具有水资源的一般属性。不同的是，洪水是水资源中的一个特殊范畴，水多为患，一旦洪水泛滥，会对人们的生命财产安全造成巨大威胁。

(2) 可利用性。洪水的特性不同、洪水发生和影响的环境不同决定了洪水利用方式的不同。如增加水库拦蓄能力将洪水转化为常规地表水、将洪水引向湿地维系生态环境、将洪水集中使用进行冲沙或者放淤等。

(3) 改善生态环境。洪水泛滥过程中，将大量的水资源和营养物质带到一般情况下难以到达的地方，滋养生态。即使洪水不泛滥，在其行洪过程中，也将对河道生态、水沙平衡以及地下水回补等起到重要作用。

(4) 无规律性。由于洪水的出现具有随机性和不确定性，以洪水为载体的洪水资源也表现出相应的特性，在不同的时间和空间，洪水资源的数量是不同的，总是存在一定的无规律的变化。

(5) 两面性。洪水不具有长期可利用的特性，供水保证率低，不是一般意义上的水资源，具有水利和水害的双重属性。洪水能给人类带来灾害，同时也可以被人类利用。

(6) 风险性。由于洪水具有动态性、水利和水害的双重性，所以开发利用洪水资源的难度、风险比常规水资源要大，甚至造成灾害。因此，在利用和处理洪水资源时要面临风险。一般来讲，面临风险越小，洪水资源化的收益也越小或是无利可图，洪水资源利用得越充分，收益也就越大，所面临的风险及投入也越大。只有在某种可承受的风险程度上，洪水才出现水害向水利的转移，也就是洪水资源化。

# 第 4 章　喀斯特流域枯水资源影响因素分析

## 4.1　基于分形理论的喀斯特流域枯水资源影响因素分析

### 4.1.1　概述

贵州是一个喀斯特发育强烈的区域，其碳酸盐岩出露面积占全省面积的 73%，地表崎岖、地貌类型复杂对地表产汇流产生影响，地表渗漏严重，地表土层薄而贫瘠，保水能力差，植被生长困难，水土流失严重，形成了脆弱的生态环境和特殊的流域结构(可溶性含水介质、地表地下双重分水岭)。因此，喀斯特枯水资源影响因素复杂多样，本节通过定量分析贵州的枯水资源影响因素，建立枯水资源影响因素模型。

### 4.1.2　水文与遥感数据获取

从贵州省历年各月平均流量统计资料中选取 1991～1995 年 19 个水文断面控制的小流域作为研究样区，收集径流量资料。通过对 1994 年 10 月和 1995 年 10 月的 TM 遥感数据(云覆盖 5%)进行大气矫正，并以 1∶20 万贵州省水文地质图和 1∶20 万贵州省水文总站分布图为基础控制水文站的流域边界。通过监督分类提取土地利用类型、植被类型、岩石组成类型、地貌组成类型为基础数据。

### 4.1.3　影响因素与枯水相关分析

1. 相关系数计算

一般情况下的关联分析，是对于一个参考系列 $X_0$，有若干个比较系列 $X_1,X_2,\cdots,X_i$，各比较系列(即比较曲线)与参考系列(即参数曲线)在各个时刻(即曲线的各点)的差，可用下式表示：

$$\xi_{0i}(K)=\frac{i_{\min}k_{\min}\left|X_0(K)-X_i(K)+\eta\cdot i_{\min}k_{\min}\left|X_0(K)-X_i(K)\right|\right|}{\left|X_0(K)-X_i(K)\right|+\eta\cdot i_{\min}k_{\min}\left|X_0(K)-X_i(K)\right|} \tag{4-1}$$

其中，$\xi_{0i}(K)$ 是第 $K$ 个时刻比较系列 $X_0$ 与第 $i$ 个参考系列 $X_i$ 的相对差值，这种形式的相对差值就称为 $X_i$ 对 $X_0$ 在 $K$ 时刻的关联系数；$\eta$ 为分辨系数，取值范围为 0～1。

由以上方法，计算 $X_i$ 对 $X_0$ 关联系数系列矩阵后，用式(4-1)、式(4-2)计算土地利用因素、植被类型因素、岩石因素和地貌类型因素各小因子与枯水径流之间的关联系数，计算结果见表 4-1。

$$R_{0i}=\frac{1}{N}\sum_{K=1}^{n}\xi_0(K) \tag{4-2}$$

**表 4-1　影响因素与枯水径流的关联系数**

| | 土地利用类型 | | | | | | | | 植被类型 | | | | | | |
|---|---|---|---|---|---|---|---|---|---|---|---|---|---|---|---|
| | 水域 | 旱地 | 林地 | 荒地 | 草地 | 水田 | | | 草地 | 疏林草地 | 疏林 | 森林 | 灌木 | 其他 | |
| $R_i$ | 0.767 | 0.767 | 0.767 | 0.767 | 0.767 | 0.767 | | | 0.805 | 0.719 | 0.642 | 0.631 | 0.663 | 0.502 | |
| | 岩性类型 | | | | | | | | 地貌类型 | | | | | | |
| | 石灰岩 | 白云岩 | 砂岩 | 页岩 | 砂页岩 | 泥岩 | 变质岩 | 其他 | 非喀斯特 | 半喀斯特 | 峰林谷地 | 峰丛谷地 | 峰丛洼地 | 峰林溶原 | 其他 |
| $R_i$ | 0.865 | 0.825 | 0.803 | 0.793 | 0.778 | 0.772 | 0.766 | 0.635 | 0.842 | 0.801 | 0.782 | 0.762 | 0.7 | 0.61 | 0.601 |

2. 影响因素优势分析

对于难以进行比较的关联系数系列，为了从整体上进行比较，必须将各个小因子的关联系数集中为一个值来反映土地利用因素、植被类型因素、岩石因素和地貌类型因素对枯水径流的影响。在大因素的条件下各个小因素之间的联系是客观存在的，因此，可运用分形理论中的关联维数模拟各要素的相互作用和关联度，其基本模型如下：

$$D=\lim_{r\to 0}\frac{\ln C(r)}{\ln(r)} \tag{4-3}$$

$$C(r)=\frac{1}{N^2}\sum_{i,j=1}^{N}H(r-d_{ij}) \tag{4-4}$$

$$H(r-d_{ij})=\begin{cases}1, & d_{ij}\leqslant r\\ 0, & d_{ij}>r\end{cases} \tag{4-5}$$

其中，$C(r)$为小因素的关联函数；$H$为赫维赛德(Heavisede)阶跃函数；$r$为给定的距离标度；$N$为因素总数；$d_{ij}$为第$i$个与第$j$个因素之间的距离。根据关联维数的定义，在式(4-3)中，$r\to 0$表示$r$的变化方向。在式(4-3)中，关联维数$D$反映了要素的紧密关系。$D$在0～2变化，当$D\to 0$时反映了要素间的紧密性，说明不管这种因素的组成如何，对枯水径流的影响都一样；当$D\to 2$时与枯水径流的关联不紧密，说明这种因素的小因子组成成分不同，对枯水径流量的影响有很大的差异。

在计算中以步长$\Delta r$=0.005来取距离标度$r$，可以得到一系列点对[$r$，$C(r)$]。在双对数坐标中画出[$r$，$C(r)$]的散点图，然后用回归分析方法进行模拟，其结果如图 4-1～图 4-4 所示。

由模拟结果可知，关联系数：$D_{(土地利用类型)}$(0.191)＜$D_{(植被类型)}$(0.476)＜$D_{(地貌类型)}$(0.54)＜$D_{(岩性类型)}$(0.548)。所以$D$在0～2变化，故$D$值大类型对枯水径流的影响就大。

综上所述，在下垫面因素中土地利用类型、植被因素、岩性类型、地貌类型对枯水径流均产生影响。其中，岩性类型影响最大，地貌类型对产汇流的影响和土地利用类型以及植被类型将直接影响雨水在空间上的分配和储存。

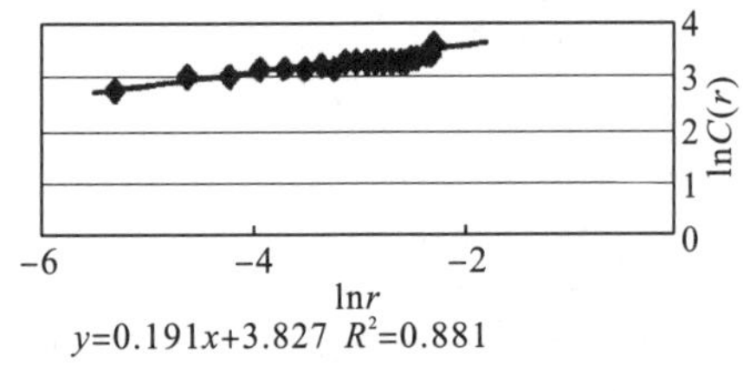


图 4-1　土地利用类型对枯水径流的影响

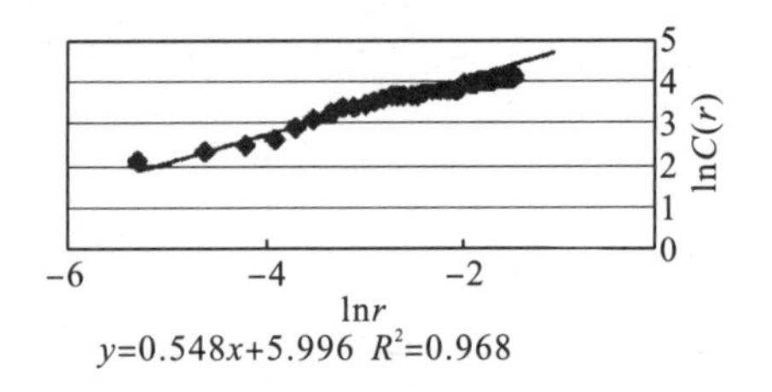


图 4-2　岩性类型对枯水径流的影响

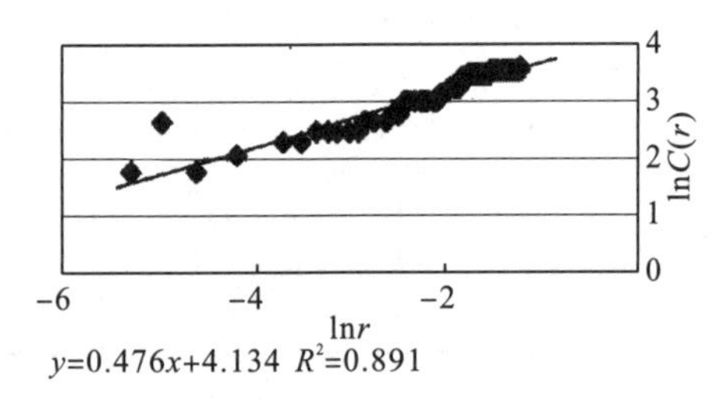


图 4-3　植被类型对枯水径流的影响

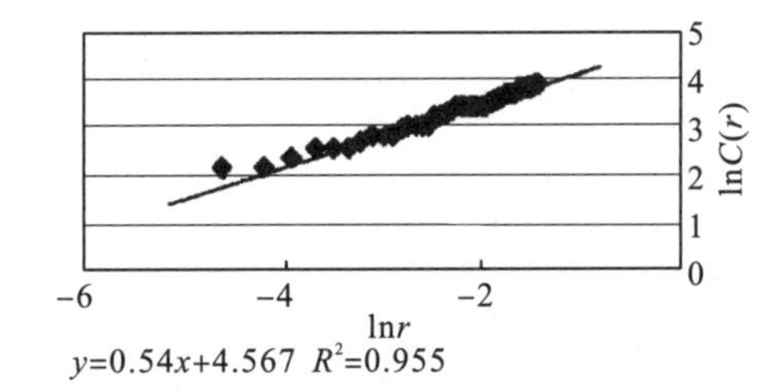


图 4-4　地貌类型对枯水径流的影响

### 4.1.4　小结

在喀斯特流域内下垫面因素中土地利用类型、植被因素、岩石类型、地貌类型对枯水径流均产生影响，由于不同岩性，其裂隙率、空隙度、洞道大小不等直接影响喀斯特流域的储水、导水能力，所以岩性对枯水径流量的影响最大。

喀斯特流域内下垫面因素对枯水径流影响的关联系数排序：$D_{(土地利用类型)}$(0.191)＜$D_{(植被类型)}$(0.476)＜$D_{(地貌类型)}$(0.54)＜$D_{(岩性类型)}$(0.548)。

## 4.2　基于 ASTER 的喀斯特流域地表水系识别

### 4.2.1　概述

ASTER 是极地轨道环境遥感卫星 Terra(EO-AM1)上载有的 5 种对地观测仪器之一，它提供了可见光—近红外(VNIR)、短波红外(SWIR)和热红外(TIR)3 个通道的遥感数据，是目前喀斯特地区应用最广泛的遥感影像之一，尤其是可见光—近红外(VNIR)通道的 3N(底视)和 3B(后视)两个波段，对从 ASTER 影像提取数字高程模型(digital elevation model，DEM)具有很大的作用。DEM 是地表形态的数字表达，它由规则水平间隔处地面点的抽样高程矩阵组成，在生产中具有很高的利用价值。DEM 数据中包含了丰富的地形、地貌、水文信息，能够反映各种分辨率的地形特征。随着遥感技术的不断发展，利用 ASTER 遥感影像自动提取 DEM 数据已经成为可能。本节选取贵州省内具有代表性的 32 个喀斯特流域为研究区，通过对它们的 ASTER 影像进行处理，探讨从 ASTER 影像自动提取 DEM、自动提取喀斯特流域地表水系，统计流域特征，并与 1∶25 万贵州省水文地质图提取水系进行比较，得到很好的提取效果，这对喀斯特水文水资源理论研究有极大的推动作用。

### 4.2.2　研究区概述

贵州省地处我国西南部，东连湖南、南邻广西、西接云南、北濒四川和重庆，位于云贵高原东斜坡地带。全省总面积 176167km$^2$，其碳酸盐岩石多以质纯、层厚、钙镁含量很高的石灰岩和白云岩为主，总厚度达 6200～8500m，占沉积盖层的 70%以上，出露面积占全省总面积的 73%，给喀斯特发育奠定了雄厚的物质基础。贵州地处我国湿热带地区，贵州高原最醒目的喀斯特景观主体是锥状喀斯特，它们由两坡对称、平均坡角 45°、相对高度十余米到百余米的锥状石峰组成，包括呈鼓架状或笔架状散布在平坦基石面上的峰林和簇状基座相连的峰丛及其负地形的组合，如峰林溶原、峰林台地、峰林盆地等主要分布在黔中和黔北少部分地区，峰林谷地、峰丛峡谷主要分布于黔西南、黔南，峰林洼地主要分布于黔东南以及黔西等地。贵州处在我国长江和珠江两大水系的分水岭地区，河流多为山区性河流，坡度大、水流急，下切侵蚀强，河谷常基岩裸露，以 V 形谷、峡谷、峡谷与宽谷相间分布为主。黔中及黔北地区，由河流基准面深切，河网密度相对稀疏，干谷相对发育；黔东南、黔西和黔西南处于河谷地区，河网密度相对较高，地表河与地下河交替出现。

### 4.2.3　喀斯特流域 DEM 自动提取

喀斯特流域是具有特殊含水介质和水文地貌的地域综合体。在喀斯特流域内，地貌类型发育受岩性、地质构造以及气候条件控制，形成孤峰和峰林、溶蚀漏斗、落水洞、溶蚀洼地、溶蚀盆地、河流、湖泊、干谷和盲谷等正负地形的地貌形态，它们在 ASTER 影像上表现为色调深浅不一的、独特的“桔皮状”和“花生壳状”，河流和湖泊色调较深，湿地和干谷色调相对较浅。根据喀斯特流域水文地貌在 ASTER 影像中的特征，利用遥感技术，探讨自动提取 DEM；使用数字影像匹配技术，收集为生成 DEM 所需的同名像点；利用摄影测量原理，确定大量同名像点所对应的地物点的空间坐标；构建 DEM。立体影像处理流程如图 4-5 所示。

(1) 收集为生成喀斯特流域 DEM 所需的同名像点。在 Erdas Imagine 的 LPS 模块中实现同名像点的收集。先使用一种兴趣点算子分别对喀斯特流域的 3N 波段和 3B 波段两幅 ASTER 影像进行处理。兴趣点一般都是灰度变化比较大的特征点。再从两幅影像上的兴趣点中寻找对应相同地物点的兴趣点，作为同名像点。通常运用相关系数判断两兴趣点的相关程度。首先在参考影像上开一个相关窗口，在另一影像的重叠区域开一个搜索窗口。

(2) 确定喀斯特流域同名像点所对应的地物点的空间坐标。一旦两幅喀斯特流域的 ASTER 影像的同名像点被确定下来，其在影像坐标系中的行列号就能被记录下来。结果是影像重叠区域的地面特征在两幅影像上对应的像素坐标被确定。利用摄影测量的空间前方交会原理，确定影像上同名像点对应于地面特征点的空间坐标，得到生成喀斯特流域 DEM 所必需的大量地面特征点的空间坐标。

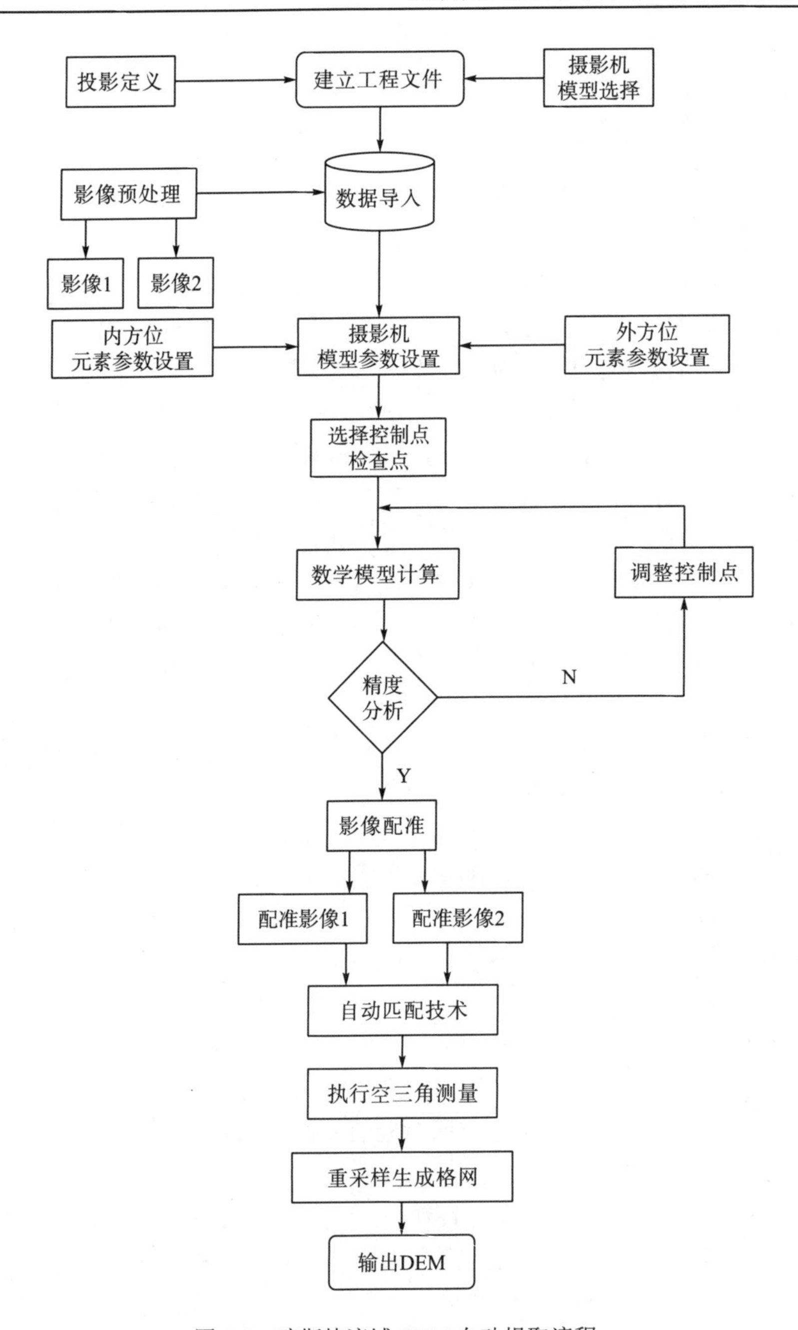


图 4-5 喀斯特流域 DEM 自动提取流程

(3) 喀斯特流域 DEM 的构建。确定了地面大量特征点的空间坐标后，就能通过计算机的重采样技术生成喀斯特流域 DEM。该程序支持的输出格式包括 grid-DEM、地面模型的不规则三角网(Terra-ModelTIN)、ESRI3DShape 文件和 ASCII 文件。

### 4.2.4　喀斯特流域地表水系提取

与非喀斯特流域水系相比，喀斯特流域水系的结构更复杂、发育更完整，不但发育了地表水系，而且发育了地下水系，并形成独特的地表-地下双重水系。本节仅探讨喀斯特流域地表水系的提取方法。

1. 从地图提取水系

以 1∶25 万贵州省水文地质图和地貌图为基础，利用 ArcGIS 对地图进行数字化扫描，提取喀斯特流域地表水系，并统计流域面积、主河道长度和河网密度。图 4-6 为根据地形图提取得到的下司流域地表水系分布图，基于 ASTER 自动提取的贵州 32 个典型喀斯特流域水系的特征参数见表 4-2。

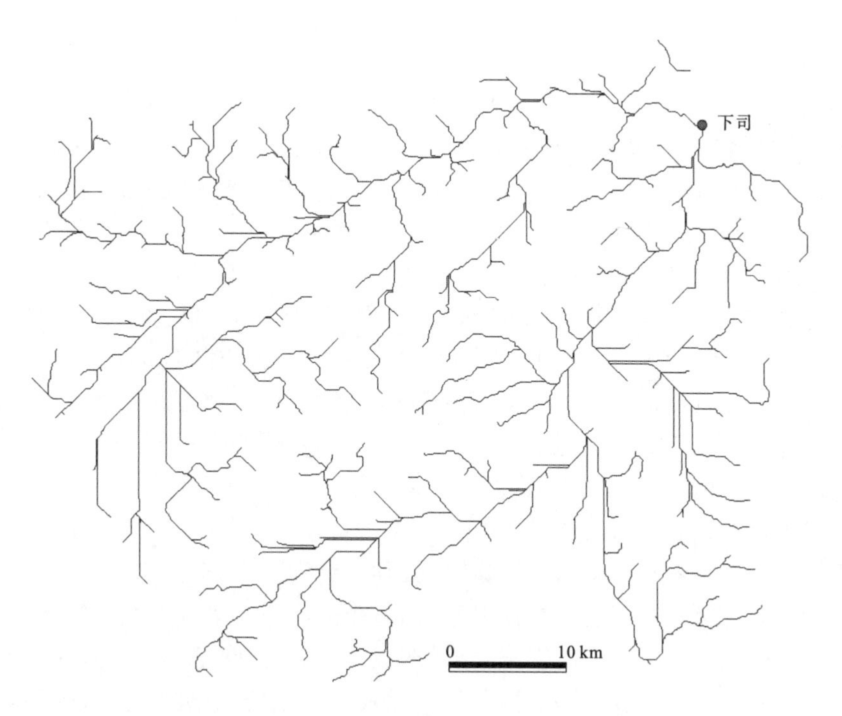


图 4-6　下司流域地表水系分布

2. 从 DEM 提取水系

喀斯特流域地表水系的自动提取是在 ArcViewGIS 环境下河网特征提取的有关命令——水文分析(hydrology function)模块中进行的，根据 DEM 格网特征提取原理，提取过程须按一定程序进行，如流程图 4-7 所示。

(1) 填充洼地。利用水文分析模块中的 FillSinks 指令处理 DEM 的洼地(sink)以及突起(peak)，在进行这个指令之前可以先使用 Sink，找出 Sink 以及 Peak 的所在地，或者可以利用 Fill 后的影像与原始影像相减，即可得到洼地的填补位置以及填补量。

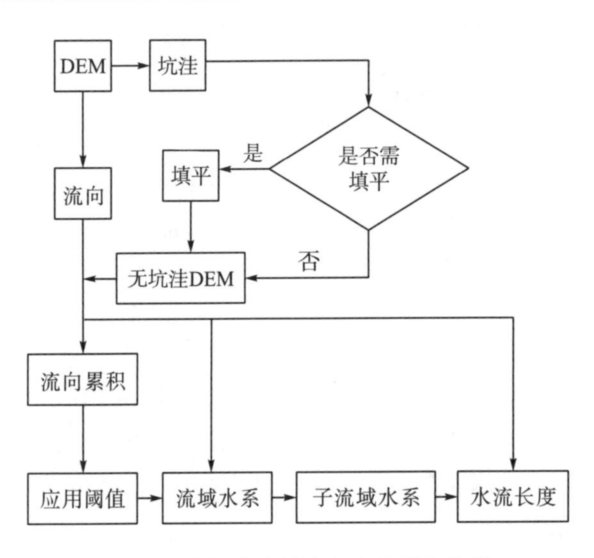


图 4-7　喀斯特流域地表水系提取流程

(2) 水流方向计算。即对喀斯特流域 DEM 中的水流流向进行分析计算。水流流向是通过计算中心栅格与领域栅格的最大距离权落差来确定的，应用水文分析下的水流流向 (flow direction) 命令进行计算，生成 8 个方向的水流流向。ArcViewGIS 的流向分析是比较中心网点与周边八个网点间的高程大小与落差，将高程下降最大的方向视为该中心网点的流向，因此产生的流向网格图层为八方位的分析结果。

(3) 流水累积量。根据无坑洼 DEM 水流方向栅格图层，以规则格网表示的 DEM 每点处有一个单位的水量为基础，按照自然水流从高处往低处流的自然规律，应用水文分析中的流向累积 (flow accumulation) 命令进行流向累积栅格的计算，便可得到该区域的水流累积数字矩阵。此功能的原理是假想在集水区的每一网格上降下一个单位的水量，而后按网格的流向来向下移动，移动经过的网格其累积流量值提升一个单位，因此，可计算出每一网格所累积的上游流量值，由于投入每一网格的水量皆为一个单位，故流量累积值也代表各网格的上游集流网格数量，将其与网格面积相乘便可得到每一网点的上游集水面积。

(4) 对流水累积栅格设阈值并进行水流网络的提取。应用水文分析模块下的定义河系 (stream network) 命令对流向累积栅格设置集流阈值。集流阈值 (threshold of flow accumulation) 为河系网络提取的关键因子，利用所订定的累积流量值 (或称为集水面积) 作为河道认定的门槛标准。初始进行分析时，可选择自小至大的几个集流阈值，以便观察最适河系提取集流阈值的大致范围。本研究最终确定 100 为集流阈值，根据 DEM 自动提取得到的下司流域地表水系分布见图 4-8。

(5) 水流长度计算。计算流域内沿河的每一点距离其上游和下游的河道长度。利用水文分析下的流动长度 (flow length) 命令完成。

(6) 统计喀斯特流域面积、主河道长度和河网密度，结果见表 4-2。叠置图 4-6 和图 4-8 得到下司流域的水系叠置分布图 (图 4-9)。

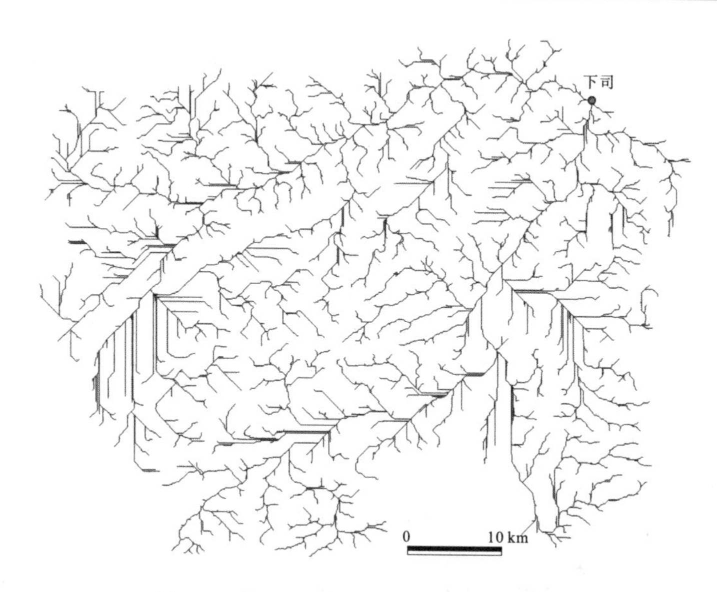


图 4-8　从 DEM 提取的下司流域地表水系

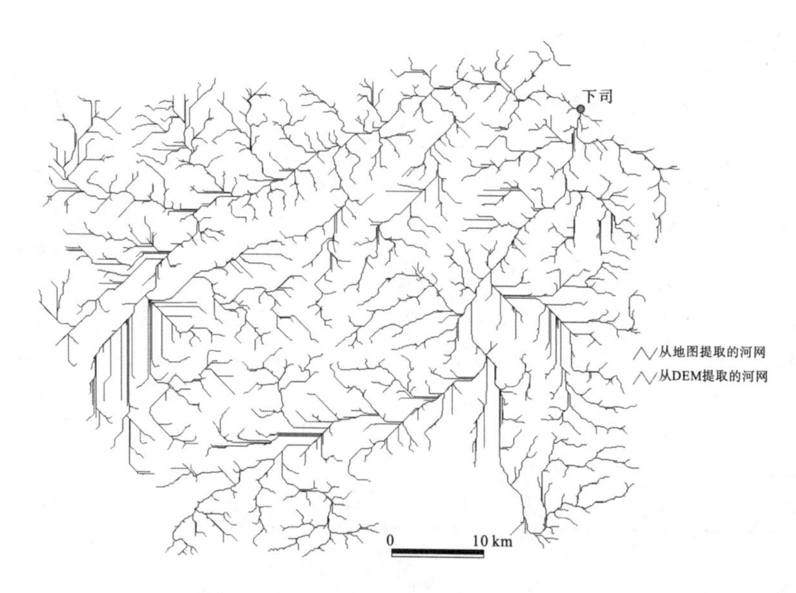


图 4-9　下司流域的地表水系叠置分布图

**表 4-2　喀斯特流域地表水系特征参数**

| 水文站 | 流域面积/km² | | 相对误差/% | 主河道长度/km | | 相对误差/% | 河网密度/(km/km²) | | 相对误差/% |
|---|---|---|---|---|---|---|---|---|---|
| | DEM 提取 | 水文地质图提取 | | DEM 提取 | 水文地质图提取 | | DEM 提取 | 水文地质图提取 | |
| 石牛口 | 1.3103 | 1.3267 | 1.24 | 0.557276 | 0.5504 | 1.25 | 8.3911 | 8.0500 | 4.24 |
| 乌江渡 | 0.8938 | 0.8714 | 2.57 | 0.4565 | 0.4495 | 1.56 | 8.0298 | 7.7766 | 3.26 |
| 营盘 | 2.4509 | 2.4900 | 1.57 | 0.7265 | 0.7098 | 2.35 | 10.0040 | 9.7728 | 2.37 |
| 白家林 | 4.0521 | 3.9974 | 1.37 | 1.485 | 1.4666 | 1.26 | 9.4906 | 9.0184 | 5.24 |
| 长河坝 | 4.2536 | 4.4582 | 4.59 | 1.584 | 1.5341 | 3.25 | 9.3779 | 9.0814 | 3.27 |

续表

| 水文站 | 流域面积/$km^2$ | | 相对误差/% | 主河道长度/km | | 相对误差/% | 河网密度/($km/km^2$) | | 相对误差/% |
|---|---|---|---|---|---|---|---|---|---|
| | DEM提取 | 水文地质图提取 | | DEM提取 | 水文地质图提取 | | DEM提取 | 水文地质图提取 | |
| 田坝 | 5.8924 | 5.7510 | 2.46 | 1.781 | 1.7420 | 2.24 | 8.5038 | 7.9285 | 7.26 |
| 猴昌河 | 0.7700 | 0.7523 | 2.36 | 0.4829 | 0.4783 | 0.96 | 7.9260 | 7.7435 | 2.36 |
| 三岔河 | 1.8124 | 1.8355 | 1.26 | 0.7572 | 0.7398 | 2.36 | 8.1813 | 7.7728 | 5.26 |
| 河头寨 | 4.2802 | 4.1819 | 2.35 | 2.007 | 1.9825 | 1.24 | 8.5217 | 8.2531 | 3.25 |
| 红枫 | 1.0751 | 1.0886 | 1.24 | 0.6324 | 0.6125 | 3.26 | 15.2550 | 14.9041 | 2.35 |
| 对江 | 1.2902 | 1.2375 | 4.26 | 0.7519 | 0.7452 | 0.90 | 8.4116 | 7.9165 | 6.25 |
| 水头寨 | 2.7236 | 2.6607 | 2.37 | 1.3215 | 1.2910 | 2.37 | 8.1690 | 7.6165 | 7.25 |
| 鸭池河 | 8.7928 | 8.5147 | 3.27 | 2.3979 | 2.3427 | 2.36 | 8.2816 | 8.0746 | 2.56 |
| 牛吃水 | 1.4995 | 1.5186 | 1.25 | 0.8967 | 0.8658 | 3.57 | 8.3118 | 8.1054 | 2.55 |
| 徐家渡 | 4.5869 | 4.4813 | 2.36 | 1.9956 | 1.9456 | 2.57 | 8.4578 | 8.0132 | 5.55 |
| 下司 | 2.4907 | 2.3895 | 4.24 | 1.1591 | 1.1449 | 1.24 | 8.9484 | 8.6663 | 3.25 |
| 湾水 | 2.5315 | 2.5638 | 1.26 | 1.0335 | 1.0097 | 2.36 | 7.6141 | 7.1003 | 7.24 |
| 下湾[1] | 2.6134 | 2.5474 | 2.59 | 0.8003 | 0.7838 | 2.10 | 8.8089 | 8.6063 | 2.35 |
| 松泊山 | 0.8869 | 0.8589 | 3.26 | 0.5204 | 0.5041 | 3.24 | 9.5541 | 9.2520 | 3.27 |
| 龙塘 | 1.2780 | 1.2943 | 1.26 | 0.5365 | 0.5253 | 2.13 | 8.0127 | 7.5839 | 5.65 |
| 小围寨 | 0.9646 | 0.9769 | 1.25 | 0.5273 | 0.5209 | 1.24 | 8.9761 | 8.5845 | 4.56 |
| 文峰塔 | 1.1765 | 1.1284 | 4.26 | 0.6498 | 0.6348 | 2.36 | 8.9125 | 8.7075 | 2.35 |
| 松泊山 | 2.0778 | 2.0123 | 3.26 | 1.1703 | 1.1410 | 2.57 | 8.9286 | 8.7223 | 2.37 |
| 下湾[2] | 0.8242 | 0.8327 | 1.03 | 0.5407 | 0.5341 | 1.24 | 9.1548 | 8.7827 | 4.24 |
| 花溪 | 0.7524 | 0.7351 | 2.36 | 0.3858 | 0.3769 | 2.37 | 8.8441 | 8.6405 | 2.36 |
| 天生桥 | 0.7188 | 0.7100 | 1.24 | 0.42048 | 0.4153 | 1.26 | 9.0593 | 8.9467 | 1.26 |
| 纳省 | 1.5636 | 1.5244 | 2.57 | 0.7725 | 0.7547 | 2.36 | 8.0383 | 7.5446 | 6.54 |
| 这洞 | 2.2910 | 2.3758 | 3.57 | 0.7361 | 0.7192 | 2.36 | 8.2895 | 8.0995 | 2.35 |
| 高车 | 7.7301 | 7.9412 | 2.66 | 1.8303 | 1.7882 | 2.36 | 8.3507 | 8.1761 | 2.14 |
| 玻里 | 0.7031 | 0.6869 | 2.36 | 0.5957 | 0.5942 | 0.26 | 8.2780 | 8.0402 | 2.96 |
| 大田河 | 1.3169 | 1.2715 | 3.57 | 0.7669 | 0.7477 | 2.56 | 8.5243 | 8.3281 | 2.36 |
| 高旺寨 | 2.5180 | 2.5501 | 1.26 | 1.4224 | 1.3910 | 2.26 | 8.4511 | 8.0306 | 5.24 |

### 4.2.5 讨论

1. 研究方法的可行性

传统提取水系的方法大多是从水文地质图中提取，但由于有的纸质地图年代久远、受潮变形以及数字化误差等，将会影响到水系提取的精度和效率；而利用遥感技术进行水系提取可以避免上述问题，而且 ASTER 影像不仅具有 14 个光谱通道，能综合反映地表多种信息，而且其天底方向的近红外通道(3N)和后视方向的近红外通道(3B)还能记录地表的高程变化，因此，利用 ASTER 底视和后视两通道进行叠置处理自动提取 DEM 的方法是可行的。

2. DEM 提取信息的准确性检验

经研究发现，从 DEM 自动提取水系与从水文地质图提取水系的相对误差都很小，如流域面积最大的相对误差为 4.59%，主河道长度最大的相对误差为 3.57%，河网密度最大的相对误差也只有 7.26%(表 4-2)。从地图提取的水系最多只达二级支流，提取的河流相对较短，而从 DEM 提取的水系可达三级，有些甚至可达四级、五级以上，且提取的河流更长，提取的水系更完整(图 4-8、图 4-9)。

### 4.2.6　小结

喀斯特在中国分布的面积十分广泛，尤其是云南、贵州和广西。在喀斯特流域内，由于地表崎岖，地下洞隙纵横交错，土层薄、肥力低、植被生长困难，水土流失严重，严重制约了喀斯特流域的持水、保水和供水能力，进而影响喀斯特地区经济和社会的发展。本节利用遥感技术，对贵州喀斯特流域遥感影像进行处理，探讨自动提取 DEM，方法虽简单，但解决了喀斯特水文水资源研究基础数据的获取途径，尤其是在地理信息系统技术的支持下，利用 ASTER 影像提取喀斯特流域地表水系的效果相当好，为进一步提取喀斯特流域地下水系、合理规划与开发喀斯特地区地下水系和恢复喀斯特生态环境，进而促进喀斯特地区的社会经济发展，提供了技术支撑。

## 4.3　基于 DEM 的喀斯特流域地貌发育影响因素识别

### 4.3.1　概述

普遍认为地貌的发育受控于岩性、地质构造、发育阶段、气温和降水等自然条件。区域地貌学的研究也偏重地貌发展、构造对地表形态的影响，但实际上的喀斯特地貌特征却不能由此得到满意的、完整的解释。关于地貌的成因，彭克强调抽象的内力作用，戴维斯强调外力作用，但喀斯特地貌的发育，除内、外力外，还与喀斯特流域特征密切相关。喀斯特流域与正常流域特别是湿润地区常态流域相比，其空间结构、水系发育规律、地貌景观的形成、水文动态的变化等都有明显的差别，这种差异正是由于喀斯特流域独特的结构及其功能效应所致，并对喀斯特地貌类型、特征发育起到非常重要的作用。本节以贵州省为例，以 ASTER 影像为基础，利用 ERDAS、ENVI 自动提取 DEM 数据，从中选取具有代表性的喀斯特流域 32 个，并利用 ArcGIS、ArcViewGIS 提取地表形态、地表切割深度、流域坡度、流域高程和流域水系特征 5 个因素 25 个指标。利用 SPSS、MATLAB 软件进行数据处理和主成分分析，提出影响喀斯特流域地貌发育的主要成分。

### 4.3.2 喀斯特流域 DEM 数据提取

喀斯特流域 DEM 的提取步骤：使用数字影像匹配技术，收集为生成 DEM 所需的同名像点；利用摄影测量原理，确定同名像点所对应的地物点的空间坐标；构建 DEM。立体影像处理流程图见图 4-5。

### 4.3.3 喀斯特流域数据提取

1. 喀斯特流域水系提取

基于 ArcViewGIS 提取流域特征包括 5 个流程：DEM 的预处理、水流流向的确定、汇流栅格图的生成、自动生成河网、子流域边界的划分。具体流程见图 4-7，提取结果见图 4-10。

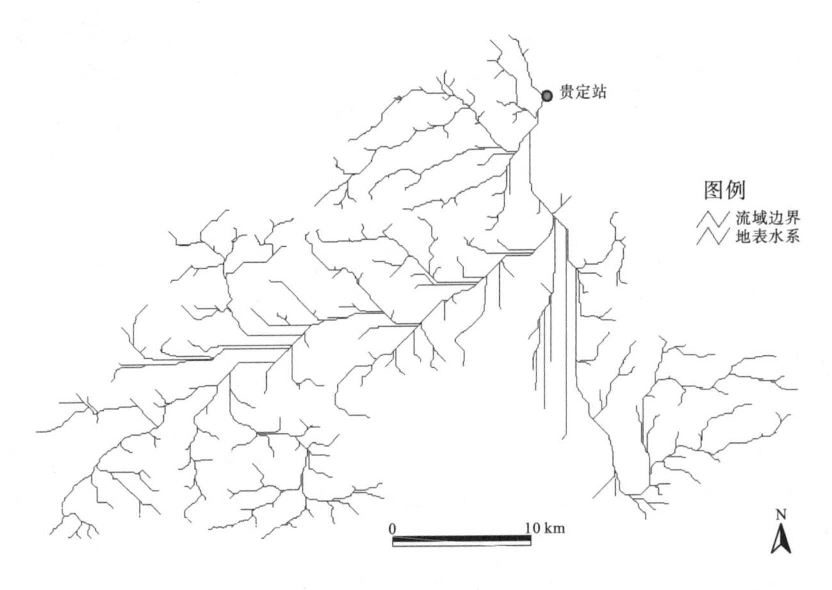


图 4-10　贵定流域水系图

2. 喀斯特流域特征数据提取

流域特征数据包括地表形态、地表切割程度、流域坡度、流域高程和流域水系特征 5 项数据。地表形态、地表切割程度、流域坡度等级 3 项数据均以 1∶50 万贵州省地貌图和 TM、CBERS 遥感影像为基础，利用 ENVI 进行监督分析，将生成的栅格专题图转换成矢量格式，利用 ArcGIS 进行统计，计算每种类型面积所占的百分比；流域高程数据提取是将自动提取的 DEM 数据进行子流域提取，利用 ArcGIS 进行流域平均高程和高程标准差统计；流域水系特征提取是利用 ArcGIS 将提取的*.shp 水系转换成 coverage，提取河网密度、河网分叉数、主道长度和流域形状系数等 7 个指标，得出一系列的特征数据。为了消除不同单位对结论的影响，根据式(4-6)对原始数据进行标准化处理，结果见表 4-3。

表 4-3　喀斯特流域特征数据

| 流域名 | 地表形态 | | | | 地表切割程度 | | | | |
|---|---|---|---|---|---|---|---|---|---|
| | 盆地 | 台地 | 丘陵 | 山地 | 浅切割(Ⅰ) | 中切割(Ⅱ) | 深切割(Ⅲ) | 极深切割(Ⅳ) | 最深切割(Ⅴ) |
| 息烽 | -0.77 | 1.24 | 0.96 | -0.93 | 1.41 | 0.38 | -0.31 | -0.36 | -0.61 |
| 遵义 | -0.20 | 0.25 | 0.78 | -0.77 | 1.28 | -1.57 | 1.20 | 0.62 | 0 |
| 绥阳 | 0.26 | 2.57 | 0.33 | -0.67 | 0.53 | -0.89 | 1.33 | -0.69 | 1.79 |
| 湄潭 | 0.70 | 1.20 | -0.05 | -0.24 | 0.25 | -0.92 | 1.17 | -0.56 | 2.23 |
| 凤冈 | 1.26 | -0.61 | 0.32 | -0.54 | 0.50 | -0.90 | 1.18 | -0.55 | 1.85 |
| 余庆 | -1.40 | -0.62 | 0.28 | 0.10 | -1.48 | -0.69 | 2.09 | -0.49 | -0.86 |
| 六枝 | 1.99 | 2.16 | -0.92 | 0.25 | -1.11 | -1.42 | -1.46 | 3.47 | -0.03 |
| 纳雍[1] | 0.86 | 0.21 | -0.44 | 0.23 | -1.11 | -0.45 | 1.35 | -0.28 | -0.54 |
| 普定 | -0.66 | -0.71 | -0.98 | 1.21 | -1.12 | 0.77 | 0.02 | -0.61 | -0.55 |
| 平坝 | -0.72 | 0.46 | 2.30 | -2.20 | 1.59 | 0.33 | -0.50 | -0.62 | 1.13 |
| 纳雍[2] | 3.65 | 0.77 | -1.12 | 0.23 | 0.5 | -0.79 | 0.39 | 0.01 | 2.00 |
| 黔西 | 0.54 | -0.71 | -0.94 | 0.91 | 1.38 | 0.04 | -0.89 | 0.81 | -1.27 |
| 织金 | -0.31 | -0.25 | -0.26 | 0.36 | 0.52 | -0.13 | -0.13 | 0.06 | 0.39 |
| 纳雍[3] | -0.30 | 0.37 | -1.11 | 1.14 | -0.57 | -0.79 | -0.09 | 1.39 | -0.57 |
| 普定 | -1.11 | -1.17 | -0.76 | 1.14 | -0.84 | 0.52 | 0.10 | -0.49 | -0.31 |
| 都匀[1] | -0.63 | -1.17 | 0.24 | 0.03 | -0.05 | 0.40 | -0.22 | -0.33 | 0.11 |
| 福泉 | -0.78 | -1.07 | -0.23 | 0.52 | -1.11 | 1.35 | -0.74 | -0.49 | -1.18 |
| 贵阳[1] | -0.48 | 0.41 | -0.17 | 0.24 | 0.22 | 1.65 | -1.15 | -0.86 | -0.98 |
| 贵阳[2] | 0.49 | 1.86 | 1.77 | -2.10 | 0.50 | 0.47 | -0.17 | -0.49 | -0.30 |
| 都匀[2] | 0.29 | -0.99 | -1.16 | 1.21 | -1.35 | 2.03 | -1.55 | -0.64 | -0.86 |
| 都匀[3] | 0.14 | -0.71 | -0.94 | 0.99 | -1.11 | 0.88 | -0.34 | -0.44 | -0.47 |
| 福泉 | 0.01 | 0.79 | 0.18 | -0.27 | -1.26 | 1.21 | -0.33 | -0.74 | -0.88 |
| 贵定[1] | -0.04 | -0.42 | -0.22 | 0.27 | -1.02 | 1.46 | -0.71 | -0.74 | -0.98 |
| 贵定[2] | -0.31 | -0.71 | -0.94 | 1.09 | -0.27 | 1.56 | -1.08 | -0.67 | -1.06 |
| 贵阳[3] | -0.72 | -0.71 | 1.00 | -0.77 | 1.35 | 0.65 | -1.31 | -0.05 | 0.46 |
| 安龙 | -0.72 | -0.93 | 2.29 | -2.04 | 0.25 | -0.56 | 1.27 | -0.62 | 0.41 |
| 兴仁 | -0.30 | -0.41 | -0.23 | 0.34 | 1.04 | -1.31 | -0.87 | 2.20 | 0.28 |
| 关岭 | 0.89 | 0.45 | 0.75 | -1.01 | 1.07 | -0.93 | -1.39 | 1.86 | 1.53 |
| 贞丰[1] | -0.50 | -1.17 | -0.02 | 0.25 | 0.25 | -0.98 | 0.31 | 0.79 | 0.46 |
| 望谟 | -0.98 | 0.31 | -1.06 | 1.25 | -0.56 | -0.16 | 1.36 | -0.75 | -0.68 |
| 贞丰[2] | -0.70 | -0.51 | 1.47 | -1.26 | 1.41 | -0.91 | 0.98 | -0.11 | 0.16 |
| 紫云 | 0.52 | -0.15 | -1.12 | 1.03 | -1.11 | -0.29 | 0.49 | 0.35 | -0.65 |

续表

| 流域名 | 流域坡度等级 | | | | | | 流域高程 | | |
|---|---|---|---|---|---|---|---|---|---|
| | 平坡<5° | 平缓坡5°~8° | 缓坡8°~15° | 缓陡坡15°~25° | 陡坡25°~35° | 极陡坡>35° | 出口高程 | 平均高程 | 高程标准差 |
| 息烽 | 0.12 | -1.28 | 1.40 | 2.45 | -1.77 | -0.62 | -0.41 | -1.06 | -0.18 |
| 遵义 | -0.13 | 1.15 | -0.75 | -1.07 | 0.87 | -0.49 | -0.43 | -0.83 | -0.18 |
| 绥阳 | 1.80 | -1.31 | 0.37 | -1.18 | 0.57 | -0.80 | -0.01 | -0.83 | -0.18 |
| 湄潭 | 1.23 | -0.91 | 0.17 | -0.79 | 0.56 | -0.73 | -0.41 | -0.84 | -0.18 |
| 凤冈 | 0.92 | -0.61 | -0.35 | -0.80 | 0.98 | -0.61 | -0.82 | -1.07 | -0.18 |
| 余庆 | -0.67 | 0.38 | 0.49 | -0.96 | 1.08 | -0.85 | -1.46 | -1.3 | -0.17 |
| 六枝 | -0.17 | 1.13 | 0.13 | 1.89 | -2.22 | -0.44 | -0.01 | 0.83 | -0.17 |
| 纳雍[1] | -0.96 | 1.10 | 0.21 | -0.11 | 0.13 | -0.59 | 1.62 | 2.00 | -0.18 |
| 普定 | -0.96 | 0.45 | 0.71 | -0.34 | 0.59 | -0.84 | 0.48 | 1.27 | 5.48 |
| 平坝 | 1.70 | -0.61 | 0.17 | -1.75 | 0.18 | 0.04 | 1.62 | 0.59 | -0.18 |
| 纳雍[2] | -0.78 | -1.16 | 2.21 | -0.53 | 0.35 | -0.22 | 1.54 | 1.76 | -0.18 |
| 黔西 | -0.96 | -0.06 | 0.99 | 0.16 | 0.34 | -0.71 | 0.80 | 1.52 | -0.17 |
| 织金 | -1.04 | 0.08 | 1.21 | -0.28 | 0.51 | -0.85 | -0.01 | 1.08 | -0.17 |
| 纳雍[3] | -1.01 | -0.42 | 1.22 | 0.22 | 0.55 | -0.87 | 1.35 | 1.76 | -0.18 |
| 普定 | -0.72 | 0.85 | 0.20 | -0.03 | 0.13 | -0.67 | 0.40 | 1.26 | -0.17 |
| 都匀[1] | 1.67 | -1.11 | -1.44 | 0.53 | 0.26 | 0.09 | -0.82 | -0.48 | -0.18 |
| 福泉 | 0.18 | 1.11 | -0.99 | 1.29 | -0.79 | -0.93 | -0.74 | -0.78 | -0.18 |
| 贵阳[1] | -0.79 | 1.14 | 0.18 | -0.56 | 0.06 | -0.12 | 0.01 | -0.28 | -0.18 |
| 贵阳[2] | -1.00 | 0.46 | 1.19 | 0.77 | -2.25 | 1.98 | 1.21 | -0.13 | -0.18 |
| 都匀[2] | 0.73 | -0.17 | 0.46 | -0.98 | -0.10 | -0.10 | 0.24 | -0.09 | -0.18 |
| 都匀[3] | 1.25 | -1.31 | -1.46 | 0.01 | 0.07 | 2.21 | -0.01 | -0.01 | -0.18 |
| 福泉 | 1.28 | 0.06 | -1.07 | -0.67 | 0.08 | 0.26 | -0.01 | -0.28 | -0.18 |
| 贵定[1] | -0.68 | 1.03 | 0.01 | -0.48 | 0.05 | 0.03 | 0.09 | -0.23 | -0.18 |
| 贵定[2] | -1.13 | 0.34 | 0.74 | 1.09 | -1.09 | 0.56 | 1.07 | 0.21 | -0.18 |
| 贵阳[3] | -1.19 | 1.03 | -1.37 | -1.53 | 0.73 | 0.10 | 0.80 | 0.06 | -0.18 |
| 安龙 | -0.20 | -0.22 | -1.73 | 1.35 | -0.37 | 2.19 | 1.21 | 0.47 | -0.18 |
| 兴仁 | 0.80 | -1.09 | 0.67 | -0.01 | 0.10 | -0.79 | -0.78 | -0.25 | -0.17 |
| 关岭 | -0.51 | -0.58 | 0.20 | -0.61 | 1.37 | -0.13 | -1.63 | -1.09 | -0.17 |
| 贞丰[1] | 0.50 | -1.22 | -0.86 | 0.18 | 1.03 | 0.40 | -1.63 | -0.69 | -0.17 |
| 望谟 | -0.59 | 0.07 | -1.72 | 1.40 | -0.39 | 2.30 | -1.63 | -1.48 | -0.18 |
| 贞丰[2] | -0.39 | -0.64 | -0.33 | 0.74 | 0.96 | -0.57 | -0.01 | 0.22 | -0.18 |
| 紫云 | 1.72 | 0.32 | -0.88 | 0.60 | -2.56 | 1.76 | -1.63 | -1.33 | -0.17 |

续表

| 流域名 | 流域水系特征 | | | | | | |
|---|---|---|---|---|---|---|---|
| | 河网密度 | 流域结构 | 主河道纵比降 | 流域形状系数 | 流域崎岖数 | 河网分叉数 | 主河道长度 |
| 息烽 | −0.26 | −0.19 | 0.23 | 0.81 | −0.96 | −0.57 | −0.79 |
| 遵义 | −0.41 | −0.19 | 2.11 | 0.03 | 0.12 | −0.77 | −0.97 |
| 绥阳 | 0.39 | 5.47 | −0.96 | 0.91 | −0.56 | 0.02 | −0.48 |
| 湄潭 | 0.19 | −0.19 | −0.87 | 0.12 | −0.21 | 0.73 | 0.90 |
| 凤冈 | 0.14 | −0.19 | −0.78 | 0.13 | 0.22 | 0.84 | 1.08 |
| 余庆 | −0.21 | −0.19 | −0.45 | −0.20 | 1.39 | 1.73 | 1.44 |
| 六枝 | −0.45 | −0.19 | 3.31 | −0.60 | 1.29 | −0.83 | −0.92 |
| 纳雍[1] | −0.34 | −0.19 | −1.66 | 0.09 | −0.15 | −0.32 | −0.42 |
| 普定 | −0.21 | −0.19 | −0.64 | −0.78 | 1.24 | 0.94 | 1.85 |
| 平坝 | 5.35 | −0.19 | −0.73 | 0.30 | 0.22 | −0.56 | −0.65 |
| 纳雍[2] | −0.25 | −0.19 | 0.45 | 0.37 | 0.08 | −0.51 | −0.43 |
| 黔西 | −0.35 | −0.19 | −0.20 | 0.51 | 0.73 | 0.18 | 0.60 |
| 织金 | −0.30 | −0.19 | −0.65 | 1.02 | 1.89 | 3.19 | 2.56 |
| 纳雍[3] | −0.29 | −0.19 | 0.16 | 0.61 | 0.15 | −0.40 | −0.17 |
| 普定 | −0.23 | −0.19 | −0.54 | −0.68 | 1.58 | 1.08 | 1.83 |
| 都匀[1] | −0.03 | −0.19 | −0.61 | −0.12 | −0.38 | 0.11 | 0.31 |
| 福泉 | −0.57 | −0.19 | −0.07 | −0.09 | −0.07 | −0.07 | 0.08 |
| 贵阳[1] | −0.09 | −0.19 | −0.39 | 0.39 | −0.87 | 0.07 | −0.35 |
| 贵阳[2] | 0.21 | −0.19 | −0.48 | 0.54 | −1.62 | −0.84 | −0.86 |
| 都匀[2] | −0.41 | −0.19 | 0.48 | −0.45 | −0.89 | −0.60 | −0.83 |
| 都匀[3] | −0.02 | −0.19 | −0.08 | 0.29 | −1.26 | −0.70 | −0.84 |
| 福泉 | −0.05 | −0.19 | 0.29 | 0.51 | −0.39 | −0.62 | −0.62 |
| 贵定[1] | −0.04 | −0.19 | −0.48 | −0.78 | −0.04 | −0.21 | 0.33 |
| 贵定[2] | 0.05 | −0.19 | 0.03 | −0.55 | −1.06 | −0.81 | −0.82 |
| 贵阳[3] | −0.08 | −0.19 | −0.03 | 0.65 | −1.72 | −0.87 | −1.10 |
| 安龙 | 0.01 | −0.19 | 0.35 | −0.94 | −1.24 | −0.87 | −1.04 |
| 兴仁 | −0.40 | −0.19 | 1.43 | −0.19 | 1.38 | −0.47 | −0.4 |
| 关岭 | −0.30 | 0.21 | −0.50 | 1.23 | −1.32 | −0.08 | −0.46 |
| 贞丰[1] | −0.28 | −0.19 | −0.79 | 0.15 | 0.28 | 2.57 | 1.53 |
| 望谟 | −0.31 | −0.19 | 1.98 | 0.43 | 1.07 | −0.83 | −0.72 |
| 贞丰[2] | −0.21 | −0.19 | 0.29 | 0.84 | −0.05 | −0.57 | −0.41 |
| 紫云 | −0.24 | −0.19 | −0.20 | −4.52 | 1.15 | 0.03 | 0.79 |

注：表中上标表示同一站点的不同位置，余表同。

### 4.3.4 地貌发育影响因素分析

1. 主成分分析原理

在喀斯特流域中，影响地貌发育的因素较多，同时也是错综复杂的，并且每种因素对地貌发育贡献率的大小也不一样，因此，要找出对喀斯特地貌发育影响最大、权重最大的因素，即主成分分析。

(1) 对原始数据：

$$\boldsymbol{X}=\begin{bmatrix} x_{11} & x_{12} & \cdots & x_{1p} \\ x_{21} & x_{22} & \cdots & x_{2p} \\ \vdots & \vdots & & \vdots \\ x_{n1} & x_{n2} & \cdots & x_{np} \end{bmatrix}$$

进行标准化处理，即

$$x_{aj}^{*}=\frac{x_{aj}-\overline{x}_{j}}{\sigma_{j}} \tag{4-6}$$

其中：

$$\overline{x}_{j}=\frac{1}{N}\sum_{a}x_{aj}$$

$$\sigma_{j}^{2}=\frac{1}{N}\sum_{a}\left(x_{aj}-\overline{x}_{j}\right)^{2}$$

(2) 计算相关系数矩阵 $\boldsymbol{R}$:

$$r_{ij}=\frac{\frac{1}{N}\sum_{a}\left(x_{ai}-\overline{x}_{i}\right)\left(x_{aj}-\overline{x}_{j}\right)}{\sigma_{i}\sigma_{j}}=\frac{1}{N}\sum_{a}x_{ai}^{*}x_{aj}^{*} \tag{4-7}$$

(3) 计算特征值和特征向量。根据特征方程 $|\boldsymbol{R}-\lambda\boldsymbol{I}|=0$ 计算特征值，即解

$$r_{n}\lambda^{p}+r_{n-1}\lambda^{p-1}+\cdots+r_{1}\lambda+r_{0}=0 \tag{4-8}$$

的特征多项式，求 $\lambda_{1},\lambda_{2},\cdots,\lambda_{p}$ 并使 $\lambda_{i}$ 按大小排列，即

$$\lambda_{1}\geqslant\lambda_{2}\geqslant\cdots\lambda_{p}\geqslant 0$$

列出关于特征值 $\lambda_{k}$ 的特征向量 $\boldsymbol{l}_{k}=\left[l_{k1},l_{k2},\cdots,l_{kp}\right]^{\mathrm{T}}$

$$\boldsymbol{R}\boldsymbol{l}_{k}=\lambda\boldsymbol{l}_{k} \tag{4-9}$$

(4) 计算贡献率 $\lambda_{k}\Big/\sum_{i=1}^{p}\lambda_{i}$ 和累计贡献率 $\sum_{j=1}^{k}\left(\lambda_{j}\Big/\sum_{i=1}^{p}\lambda_{i}\right)$。一般取累计贡献率达 85%～95%的特征值 $\lambda_{1},\lambda_{2},\cdots,\lambda_{m}\left(m\leqslant p\right)$ 对应的主成分即可。

(5) 计算主成分载荷：

$$P\left(Z_{k},x_{i}\right)=\sqrt{\lambda_{k}}l_{ki}\ \left(i=1,2,\cdots,p;\ k=1,2,\cdots,m\right) \tag{4-10}$$

(6) 根据下式计算主成分得分：

$$
\begin{aligned}
Z_1 &= l_{11}x_1^* + l_{12}x_2^* + \cdots + l_{1p}x_p^* \\
Z_2 &= l_{21}x_1^* + l_{22}x_2^* + \cdots + l_{2p}x_p^* \\
&\vdots \\
Z_m &= l_{m1}x_1^* + l_{m2}x_2^* + \cdots + l_{mp}x_p^*
\end{aligned} \tag{4-11}
$$

得到主成分得分矩阵

$$
\begin{bmatrix}
Z_{11} & Z_{12} & \cdots & Z_{1m} \\
Z_{21} & Z_{22} & \cdots & Z_{2m} \\
\vdots & \vdots & & \vdots \\
Z_{n1} & Z_{n2} & \cdots & Z_{nm}
\end{bmatrix}
$$

### 2. 计算结果及分析

根据表 4-3，借助 SPSS 和 MATLAB 统计软件，利用式(4-7)～式(4-11)，分别计算因子相关系数、因子分析总变量(表 4-4)、旋转后的因子载荷矩阵(表 4-5)、因子得分矩阵(表 4-6)。

**表 4-4　因子总方差解释**

| 主成分 | 初始特征值 | | | 平方载荷提取总计 | | | 平方载荷旋转总计 | | |
|---|---|---|---|---|---|---|---|---|---|
| | 总计 | 方差解释/% | 方差解释累计/% | 总计 | 方差解释/% | 方差解释累计/% | 总计 | 方差解释/% | 方差解释累计/% |
| 1 | 4.43 | 17.73 | 17.73 | 4.43 | 17.73 | 17.73 | 3.22 | 12.89 | 12.89 |
| 2 | 3.79 | 15.15 | 32.88 | 3.79 | 15.15 | 32.88 | 3.18 | 12.71 | 25.61 |
| 3 | 3.09 | 12.35 | 45.23 | 3.09 | 12.35 | 45.23 | 2.65 | 10.59 | 36.19 |
| 4 | 2.88 | 11.5 | 56.73 | 2.88 | 11.5 | 56.73 | 2.53 | 10.12 | 46.31 |
| 5 | 1.82 | 7.29 | 64.02 | 1.82 | 7.29 | 64.02 | 2.17 | 8.68 | 54.99 |
| 6 | 1.44 | 5.74 | 69.76 | 1.44 | 5.74 | 69.76 | 1.98 | 7.92 | 62.91 |
| 7 | 1.26 | 5.06 | 74.82 | 1.26 | 5.06 | 74.82 | 1.88 | 7.53 | 70.44 |
| 8 | 1.18 | 4.74 | 79.55 | 1.18 | 4.74 | 79.55 | 1.75 | 6.98 | 77.42 |
| 9 | 1.08 | 4.32 | 83.87 | 1.08 | 4.32 | 83.87 | 1.61 | 6.45 | 83.87 |
| 10 | 0.88 | 3.53 | 87.4 | | | | | | |
| 11 | 0.77 | 3.09 | 90.49 | | | | | | |
| 12 | 0.56 | 2.23 | 92.72 | | | | | | |
| 13 | 0.47 | 1.87 | 94.59 | | | | | | |
| 14 | 0.42 | 1.67 | 96.26 | | | | | | |
| 15 | 0.31 | 1.24 | 97.5 | | | | | | |
| 16 | 0.2 | 0.79 | 98.29 | | | | | | |
| 17 | 0.16 | 0.65 | 98.94 | | | | | | |
| 18 | 0.13 | 0.5 | 99.44 | | | | | | |
| 19 | 0.07 | 0.27 | 99.71 | | | | | | |
| 20 | 0.04 | 0.18 | 99.89 | | | | | | |
| 21 | 0.02 | 0.09 | 99.98 | | | | | | |

续表

| 主成分 | 初始特征值 | | | 平方载荷提取总计 | | | 平方载荷旋转总计 | | |
|---|---|---|---|---|---|---|---|---|---|
| | 总计 | 方差解释/% | 方差解释累计/% | 总计 | 方差解释/% | 方差解释累计/% | 总计 | 方差解释/% | 方差解释累计/% |
| 22 | 0.01 | 0.03 | 100 | | | | | | |
| 23 | 0.0 | 0.0 | 100 | | | | | | |
| 24 | 0.0 | 0.0 | 100 | | | | | | |
| 25 | 0.0 | 0.0 | 100 | | | | | | |

**表 4-5 旋转后的因子载荷矩阵**

| 类别 | 成分 | | | | | | | | |
|---|---|---|---|---|---|---|---|---|---|
| | 1 | 2 | 3 | 4 | 5 | 6 | 7 | 8 | 9 |
| 盆地 | −0.254 | −0.265 | 0.471 | 0.372 | 0.107 | 0.481 | 0.234 | −0.064 | 0.092 |
| 台地 | −0.205 | 0.185 | 0.146 | 0.236 | −0.172 | 0.117 | 0.821 | 0.004 | 0.062 |
| 丘陵 | −0.180 | 0.921 | −0.126 | −0.136 | 0.016 | −0.054 | −0.001 | 0.070 | 0.146 |
| 山地 | 0.260 | −0.888 | 0.006 | 0.028 | −0.021 | −0.066 | −0.141 | −0.057 | −0.174 |
| 浅切割(Ⅰ) | −0.049 | 0.720 | 0.041 | 0.212 | 0.121 | 0.227 | 0.013 | 0.356 | −0.072 |
| 中切割(Ⅱ) | −0.181 | −0.228 | 0.035 | −0.666 | −0.102 | −0.270 | −0.138 | −0.080 | −0.567 |
| 深切割(Ⅲ) | 0.197 | 0.088 | −0.127 | −0.144 | 0.043 | 0.057 | 0.129 | −0.058 | 0.895 |
| 极深切割(Ⅳ) | 0.059 | −0.050 | 0.047 | 0.900 | −0.057 | 0.098 | −0.008 | 0.071 | −0.164 |
| 最深切割深度(Ⅴ) | 0.011 | 0.360 | 0.064 | 0.189 | 0.454 | 0.554 | 0.239 | 0.015 | 0.298 |
| 平坡＜5° | −0.081 | 0.109 | −0.480 | −0.070 | 0.190 | 0.499 | 0.208 | −0.547 | −0.090 |
| 平缓坡 5°～8° | −0.115 | −0.089 | 0.119 | 0.062 | 0.068 | −0.858 | −0.108 | −0.034 | −0.053 |
| 缓坡 8°～15° | 0.366 | −0.012 | 0.616 | 0.078 | −0.143 | 0.201 | 0.364 | 0.280 | −0.245 |
| 缓陡坡 15°～25° | −0.092 | −0.103 | −0.071 | 0.157 | −0.898 | 0.031 | −0.118 | 0.085 | 0.045 |
| 陡坡 25°～35° | 0.235 | 0.069 | −0.063 | −0.067 | 0.796 | 0.060 | −0.170 | 0.411 | 0.177 |
| 极陡坡＞35° | −0.548 | 0.005 | −0.159 | −0.208 | −0.357 | 0.084 | −0.274 | −0.339 | 0.240 |
| 流域出口高程 | −0.254 | 0.184 | 0.870 | −0.206 | 0.046 | −0.138 | 0.043 | −0.017 | −0.074 |
| 流域平均高程 | 0.109 | −0.102 | 0.894 | 0.060 | 0.070 | −0.087 | −0.145 | 0.047 | −0.050 |
| 流域高程标准差 | 0.391 | −0.141 | 0.225 | −0.156 | 0.049 | −0.298 | 0.059 | −0.151 | 0.022 |
| 河网密度 | 0.013 | 0.660 | 0.161 | −0.185 | 0.237 | 0.105 | 0.076 | −0.474 | −0.230 |
| 河网结构 | −0.029 | 0.005 | −0.166 | −0.156 | 0.221 | 0.126 | 0.792 | 0.059 | 0.130 |
| 主河道纵比降 | −0.316 | −0.105 | −0.130 | 0.739 | −0.246 | −0.230 | 0.012 | −0.063 | −0.041 |
| 流域形状系数 | −0.089 | 0.301 | 0.090 | −0.036 | 0.243 | 0.098 | 0.166 | 0.757 | −0.106 |
| 流域崎岖数 | 0.752 | −0.217 | 0.014 | 0.395 | −0.030 | −0.105 | −0.040 | −0.267 | 0.134 |
| 流域分叉数 | 0.842 | −0.088 | −0.129 | −0.136 | 0.144 | 0.157 | −0.128 | 0.141 | 0.126 |
| 主河道长度 | 0.900 | −0.190 | −0.031 | −0.151 | 0.096 | 0.078 | −0.172 | −0.029 | 0.133 |

表 4-6　因子得分矩阵

| 类别 | 成分 | | | | | | | | |
|---|---|---|---|---|---|---|---|---|---|
| | 1 | 2 | 3 | 4 | 5 | 6 | 7 | 8 | 9 |
| 盆地 | -0.169 | -0.191 | 0.218 | 0.097 | 0.106 | 0.278 | -0.015 | -0.067 | 0.100 |
| 台地 | 0.014 | 0.025 | 0.013 | 0.032 | -0.120 | -0.099 | 0.477 | -0.017 | 0.019 |
| 丘陵 | 0.043 | 0.338 | -0.034 | -0.020 | -0.086 | -0.109 | -0.038 | 0.003 | 0.055 |
| 山地 | -0.007 | -0.300 | -0.016 | -0.005 | 0.076 | 0.058 | -0.011 | 0.013 | -0.079 |
| 浅切割(Ⅰ) | 0.050 | 0.248 | -0.011 | 0.095 | -0.039 | 0.085 | -0.098 | 0.153 | -0.111 |
| 中切割(Ⅱ) | -0.033 | -0.065 | -0.029 | -0.257 | -0.022 | -0.019 | 0.028 | 0.004 | -0.317 |
| 深切割(Ⅲ) | 0.007 | -0.016 | 0.050 | -0.093 | -0.051 | -0.073 | 0.060 | -0.012 | 0.595 |
| 极深切割(Ⅳ) | 0.036 | 0.034 | -0.024 | 0.380 | 0.038 | 0.018 | -0.065 | -0.015 | -0.153 |
| 最深切割深度(Ⅴ) | -0.044 | 0.030 | 0.063 | 0.071 | 0.175 | 0.210 | -0.020 | -0.055 | 0.125 |
| 平坡<5° | -0.007 | 0.004 | -0.156 | -0.005 | 0.115 | 0.226 | 0.068 | -0.315 | -0.185 |
| 平缓坡 5°～8° | -0.041 | 0.022 | 0.003 | 0.107 | 0.166 | -0.537 | 0.090 | -0.065 | 0.059 |
| 缓坡 8°～15° | 0.184 | 0.032 | 0.187 | -0.043 | -0.198 | 0.120 | 0.187 | 0.121 | -0.163 |
| 缓陡坡 15°～25° | 0.063 | 0.048 | -0.006 | -0.027 | -0.507 | 0.129 | -0.058 | 0.153 | 0.062 |
| 陡坡 25°～35° | -0.059 | -0.073 | -0.041 | 0.024 | 0.388 | -0.013 | -0.147 | 0.189 | 0.089 |
| 极陡坡>35° | -0.196 | -0.029 | 0.039 | -0.101 | -0.124 | 0.143 | -0.207 | -0.120 | 0.222 |
| 流域出口高程 | -0.083 | 0.046 | 0.361 | -0.089 | 0.021 | -0.037 | -0.025 | -0.083 | 0.077 |
| 流域平均高程 | -0.002 | -0.013 | 0.370 | 0.019 | 0.037 | 0.024 | -0.140 | -0.054 | 0.076 |
| 流域高程标准差 | 0.143 | 0.016 | 0.083 | -0.044 | 0.011 | -0.199 | 0.125 | -0.126 | 0.034 |
| 河网密度 | 0.105 | 0.281 | 0.084 | -0.003 | 0.083 | 0.000 | 0.002 | -0.381 | -0.217 |
| 河网结构 | -0.004 | -0.098 | -0.114 | -0.106 | 0.072 | -0.107 | 0.505 | 0.041 | 0.033 |
| 主河道纵比降 | -0.084 | -0.002 | -0.079 | 0.322 | 0.015 | -0.179 | 0.020 | -0.047 | -0.014 |
| 流域形状系数 | -0.042 | 0.018 | -0.044 | -0.048 | 0.030 | 0.031 | 0.051 | 0.437 | -0.077 |
| 流域崎岖数 | 0.273 | 0.059 | 0.015 | 0.188 | -0.027 | -0.120 | 0.033 | -0.213 | 0.027 |
| 流域分叉数 | 0.271 | 0.033 | -0.048 | -0.063 | -0.063 | 0.093 | -0.049 | 0.079 | -0.003 |
| 主河道长度 | 0.290 | 0.025 | 0.007 | -0.061 | -0.066 | 0.061 | -0.057 | -0.029 | 0.020 |

由表 4-4～表 4-6 可得出以下结果。

(1)相关系数最大值达-0.959，即是山地与丘陵；其次是流域分叉数与主河道长度，相关系数达 0.918；相关系数最小的是-0.001，即是浅切割(Ⅰ)与主河道纵比降。说明这 25 个变量之间是存在一定相关的，且有些存在高度相关。

(2)在描述初始因子解的情况中，第一个因子的特征根为 4.43，解释 25 个原始变量总方差的 17.73%，累计方差贡献率为 17.73%；第二个因子的特征根为 3.79，解释 25 个原始变量总方差的 15.15%，累计方差贡献率为 32.88%，依此至第九个因子的特征根为 1.08，解释 25 个原始变量总方差的 4.32%，累计方差贡献率达 83.87%。

(3)在因子载荷矩阵中，第一主成分和主河道长度具有很高的相关系数(0.900)，则主河道长度是第一个因子的合适代表，类似地，第二主成分和丘陵相关系数是 0.921，由此看出主河道长度、丘陵、流域平均高程、极深切割(Ⅳ)、陡坡 25°～35°、平缓坡 5°～8°、台地、流域形状系数和深切割(Ⅲ)分别是第一主成分、第二主成分、第三主成分、第四主成分、第五主成分、第六主成分、第七主成分、第八主成分和第九主成分的合适代表。

(4)因子得分矩阵，利用回归法估计的因子得分数，如果分别利用 $x_1,x_2,\cdots,x_{25}$ 表示 25 个变量，$z_1,z_2,\cdots,z_9$ 分别代表 9 个主成分，则根据表 4-6 可以写出以下得分函数：

$$\begin{aligned} z_1 &= -0.169x_1 + 0.014x_2 + \cdots + 0.290x_{25} \\ z_2 &= -0.191x_1 + 0.025x_2 + \cdots + 0.025x_{25} \\ &\vdots \\ z_9 &= 0.100x_1 + 0.019x_2 + \cdots + 0.020x_{25} \end{aligned}$$

综上所述，在喀斯特流域中，影响地貌发育的因素是错综复杂的，其中喀斯特流域水系特征起主导作用。因为主河道长度越长，所控制的流域面积就越大；流域出口高程越低，流域切割越深，流域高程标准差越大，地貌类型就越复杂多样。其次是地表切割深度、流域坡度和流域地表形态。喀斯特流域地表切割深度、坡度不同，将会影响降雨的坡面流速、土地利用类型和植被生长类型，也将直接影响地表形态类型的发育。

### 4.3.5 小结

(1)在相关分析中，流域水系特征及高程的相关系数最大(0.3894)，其次是流域坡度(0.2233)、流域地表切割深度(0.2111)和地表形态(0.1761)。说明喀斯特水系特征、流域高程及变化对地貌发育起决定性作用，其流域坡度的陡缓、切割深度的深浅和地表的起伏对地貌发育也起到很大的作用。

(2)利用主成分分析，从影响地貌发育的 25 个因素中提取 9 个因素。9 个因素包含了 25 个因素信息量的 83%以上，信息损失量不到 17%，效果非常好。

(3)通过对主成分载荷矩阵表和主成分得分矩阵表分析得出：流域地表形态特征、流域切割深度、流域坡度和流域水系特征与第一至第九主成分之间的相关性和权重的顺序为：流域水系特征$_{(R,P)}$ > 流域坡度$_{(R,P)}$ > 流域切割深度$_{(R,P)}$ > 地表形态特征$_{(R,P)}$。

(4)综合考虑，影响喀斯特地貌发育从大到小的因素是流域水系特征及高程、流域坡度和流域切割深度和流域地表形态特征。在各因素中，主河道长度、流域形状系数、流域结构、流域平均高程、陡坡 25°～35°、平缓坡 5°～8°、深切割(Ⅲ)、极深切割(Ⅳ)等均是喀斯特地貌发育的决定性因子。

## 4.4 基于 DEM 的喀斯特流域地貌类型因素识别

### 4.4.1 概述

影响喀斯特流域地貌发育的因素很多，例如，地貌成因类型、地表切割深度、流域高程变化程度、流域水系结构特征以及流域坡度变化等，地貌类型复杂多样，地貌类型识别比较困难。目前，对喀斯特流域地貌类型的研究，国内主要是本课题组曾做过一定的相关研究，国外未曾见有相关的研究报道。本节以贵州省为例，以 ASTER 影像为基础，利用 ERDAS、ENVI 自动提取 DEM 数据，从中选取具有代表性的喀斯特流域 29 个，并利用 ArcGIS、ArcViewGIS 提取水力作用方式、地表切割深度、流域坡度、流域高程特征和流域水系特征 5 个因素 24 个指标。利用 SPSS、MATLAB 软件进行数据处理，并进行回归分析，建立喀斯特流域地貌类型识别的数学模型，并任选三个喀斯特流域样区对模型进行检验。

### 4.4.2　基础数据获取

1. 流域特征数据提取

流域特征数据包括地貌类型、水力作用方式、地表切割深度、流域高程特征、流域水系特征、坡度等六项数据。其中地貌类型数据、水力作用方式数据、地表切割深度数据、坡度等级数据均以 1∶50 万贵州省地貌图和 TM、CBERS 遥感影像为基础，利用 ENVI 进行监督分析，将生成的栅格专题图转换成矢量格式，利用 ArcGIS 进行统计，计算每种类型面积所占的百分比；流域高程特征数据获取是以自动提取的 DEM 数据为基础，利用 ArcGIS 进行流域平均高程和高程标准差统计；流域水系特征数据提取是利用 ArcGIS 将提取的*.shp 水系转换成 coverage，提取河网密度、河网分叉数、主河道长度和流域形状系数等 7 个指标。为消除不同单位的影响，对所获取的原始数据进行标准化处理，结果见表 4-7。

表 4-7　喀斯特流域特征数据

| 流域名 | 地貌类型 | | | | | | | 水力作用方式 | |
|---|---|---|---|---|---|---|---|---|---|
| | 峰丛洼地 | 峰丛谷地 | 峰林溶原 | 峰林谷地 | K 化丘陵洼地 | K 化谷地 | 切割山地 | 侵蚀-剥蚀类型 | 溶蚀为主类型 |
| 息烽 | −0.968 | 0.983 | 2.806 | −0.100 | −0.553 | −0.869 | −0.801 | −0.703 | 1.847 |
| 遵义 | −0.967 | −0.309 | 0.428 | −0.659 | 1.416 | 0.846 | −0.918 | −0.636 | −0.471 |
| 湄潭 | −0.815 | −0.100 | 0.210 | −0.778 | 0.922 | 0.688 | −0.418 | −0.253 | −0.285 |
| 凤冈 | −0.699 | 0.528 | 1.113 | −0.692 | 1.647 | −1.273 | −0.289 | −0.415 | 0.431 |
| 余庆 | −0.947 | 0.067 | 0.435 | −0.013 | −0.116 | 0.926 | −0.334 | −0.296 | −0.261 |
| 六枝 | 1.116 | −0.594 | −0.943 | −0.674 | −0.718 | 0.945 | −0.213 | −0.141 | −1.046 |
| 纳雍[1] | 1.935 | −0.523 | −0.923 | −0.786 | −0.698 | 0.325 | −0.630 | −0.554 | 0.031 |
| 纳雍[2] | −0.583 | −1.072 | −0.690 | 0.927 | −0.481 | 2.442 | −0.477 | 1.067 | −1.821 |
| 黔西 | 0.598 | −1.165 | −0.311 | 1.948 | −0.605 | 0.998 | −0.765 | −0.672 | −1.128 |
| 织金 | 0.947 | −0.398 | −0.367 | −0.070 | −0.735 | 0.642 | −0.653 | −0.725 | −0.791 |
| 纳雍[3] | −0.645 | −1.095 | 0.136 | 1.467 | 0.074 | 1.465 | −0.574 | −0.506 | −1.32 |
| 普定 | 1.987 | −0.63 | −0.844 | −0.407 | −0.670 | 0.122 | −0.552 | −0.762 | −0.998 |

续表

| 流域名 | 地貌类型 | | | | | | | 水力作用方式 | |
|---|---|---|---|---|---|---|---|---|---|
| | 峰丛洼地 | 峰丛谷地 | 峰林溶原 | 峰林谷地 | K化丘陵洼地 | K化谷地 | 切割山地 | 侵蚀-剥蚀类型 | 溶蚀为主类型 |
| 都匀$^1$ | −0.962 | 0.509 | −0.349 | 2.080 | −0.698 | −0.405 | 1.353 | −0.126 | 0.290 |
| 福泉 | −0.946 | 2.119 | −0.478 | −0.731 | 0.611 | −0.741 | −0.332 | −0.294 | 0.987 |
| 贵阳$^1$ | −0.950 | 0.992 | 1.227 | −0.828 | −0.227 | 0.251 | −0.919 | −0.731 | 0.915 |
| 贵阳$^2$ | −0.931 | 2.616 | −0.524 | −0.735 | −0.011 | −0.636 | −0.531 | −0.468 | 1.304 |
| 都匀$^2$ | 1.172 | 0.777 | −0.293 | −0.731 | −0.671 | −1.376 | 0.504 | −0.514 | 1.999 |
| 都匀$^3$ | −0.771 | −0.466 | 0.249 | −0.086 | −0.671 | 0.188 | 2.098 | −0.292 | 0.401 |
| 福泉 | −0.949 | 1.440 | 0.004 | −0.745 | 1.155 | −0.545 | −0.677 | −0.753 | 0.626 |
| 贵定$^1$ | −0.811 | 0.792 | 0.887 | −0.750 | −0.058 | 0.234 | −0.695 | −0.69 | 1.078 |
| 贵定$^2$ | −0.476 | 1.152 | 1.268 | −0.746 | −0.698 | −0.267 | −0.688 | −0.605 | 1.847 |
| 贵阳$^3$ | −0.961 | −0.422 | 0.612 | −0.678 | 1.192 | 0.941 | −0.839 | −0.510 | −0.535 |
| 安龙 | −0.009 | −1.152 | −0.921 | −0.728 | 3.727 | −0.345 | −0.450 | −0.397 | −1.278 |
| 兴仁 | 0.939 | 0.275 | −0.911 | 0.839 | −0.645 | −1.189 | 1.092 | 0.947 | −0.201 |
| 关岭 | 1.234 | 0.754 | −0.915 | −0.047 | −0.491 | −1.23 | 0.298 | 1.399 | −0.674 |
| 贞丰$^1$ | 1.022 | −0.366 | −0.569 | −0.078 | −0.673 | −1.175 | 2.048 | 1.780 | −0.64 |
| 望谟 | 1.678 | −1.11 | −0.792 | 0.886 | −0.568 | −1.294 | 1.917 | 2.981 | 0.270 |
| 贞丰$^2$ | 0.411 | −1.152 | −0.885 | 1.608 | −0.104 | −0.600 | 2.111 | 2.107 | 0.411 |
| 紫云 | 0.574 | 0.206 | −0.911 | −0.317 | −0.293 | −0.906 | 1.554 | 1.77 | −0.164 |

| 流域名 | 流域名 | | | | | | 流域高程特征 | | |
|---|---|---|---|---|---|---|---|---|---|
| | 溶蚀-侵蚀为主类型 | 浅切割 | 中切割 | 深切割 | 极深切割 | 最深切割 | 平均高程 | 高程标准差 | 出口高程 |
| 息烽 | −1.250 | 1.405 | 0.380 | −0.315 | −0.361 | −0.614 | −0.830 | −0.177 | −0.425 |
| 遵义 | 0.785 | 1.284 | −1.574 | 1.205 | 0.618 | 0.003 | −1.056 | −0.180 | −0.413 |
| 湄潭 | 0.400 | 0.253 | −0.916 | 1.166 | −0.555 | 2.234 | −0.835 | −0.179 | −0.413 |
| 凤冈 | −0.148 | 0.496 | −0.897 | 1.184 | −0.552 | 1.854 | −1.071 | −0.178 | −0.819 |
| 余庆 | 0.403 | −1.477 | −0.686 | 2.086 | −0.490 | −0.862 | −1.302 | −0.174 | −1.464 |
| 六枝 | 1.016 | −1.106 | −1.417 | −1.464 | 3.473 | −0.028 | 0.832 | −0.174 | −0.007 |
| 纳雍$^1$ | 0.290 | −1.105 | −0.450 | 1.352 | −0.280 | −0.544 | 1.998 | −0.177 | 1.616 |
| 纳雍$^2$ | 1.018 | 0.496 | −0.785 | 0.389 | 0.007 | 1.999 | 1.762 | −0.176 | 1.543 |
| 黔西 | 1.394 | 1.378 | 0.035 | −0.894 | 0.810 | −1.269 | 1.516 | −0.175 | 0.804 |
| 织金 | 1.123 | 0.520 | −0.126 | −0.133 | 0.065 | 0.387 | 1.083 | −0.173 | −0.007 |
| 纳雍$^3$ | 1.471 | −0.565 | −0.789 | −0.086 | 1.388 | −0.575 | 1.762 | −0.176 | 1.348 |
| 普定 | 1.329 | −0.838 | 0.519 | 0.095 | −0.485 | −0.313 | 1.260 | −0.174 | 0.398 |
| 都匀$^1$ | −0.187 | −0.05 | 0.398 | −0.222 | −0.327 | 0.112 | −0.481 | −0.175 | −0.819 |
| 福泉 | −0.714 | −1.108 | 1.349 | −0.741 | −0.487 | −1.178 | −0.776 | −0.176 | −0.738 |
| 贵阳$^1$ | −0.399 | 0.223 | 1.650 | −1.149 | −0.859 | −0.980 | −0.279 | −0.179 | 0.009 |

续表

| 流域名 | 流域名 | | | | | | 流域高程特征 | | |
|---|---|---|---|---|---|---|---|---|---|
| | 溶蚀-侵蚀为主类型 | 浅切割 | 中切割 | 深切割 | 极深切割 | 最深切割 | 平均高程 | 高程标准差 | 出口高程 |
| 贵阳[2] | −0.898 | 0.496 | 0.472 | −0.165 | −0.492 | −0.302 | −0.132 | −0.184 | 1.210 |
| 都匀[2] | −1.494 | −1.351 | 2.025 | −1.546 | −0.640 | −0.863 | −0.093 | −0.177 | 0.236 |
| 都匀[3] | −0.191 | −1.106 | 0.875 | −0.337 | −0.440 | −0.470 | −0.014 | −0.177 | −0.007 |
| 福泉 | −0.129 | −1.263 | 1.21 | −0.325 | −0.740 | −0.877 | −0.284 | −0.179 | −0.007 |
| 贵定[1] | −0.569 | −1.021 | 1.462 | −0.705 | −0.740 | −0.983 | −0.230 | −0.179 | 0.086 |
| 贵定[2] | −1.306 | −0.268 | 1.561 | −1.083 | −0.669 | −1.061 | 0.207 | −0.181 | 1.068 |
| 贵阳[3] | 0.771 | 1.345 | 0.648 | −1.307 | −0.052 | 0.456 | 0.060 | −0.181 | 0.804 |
| 安龙 | 1.371 | 0.254 | −0.564 | 1.266 | −0.621 | 0.414 | 0.473 | −0.182 | 1.210 |
| 兴仁 | −0.363 | 1.042 | −1.311 | −0.866 | 2.196 | 0.280 | −0.245 | −0.174 | −0.778 |
| 关岭 | −0.198 | 1.072 | −0.932 | −1.391 | 1.855 | 1.531 | −1.086 | −0.173 | −1.630 |
| 贞丰[1] | −0.447 | 0.253 | −0.976 | 0.313 | 0.794 | 0.457 | −0.688 | −0.169 | −1.630 |
| 望谟 | −1.949 | −0.557 | −0.164 | 1.359 | −0.747 | −0.685 | −1.479 | −0.175 | −1.630 |
| 贞丰[2] | −1.575 | 1.405 | −0.907 | 0.979 | −0.108 | 0.164 | 0.217 | −0.177 | −0.007 |
| 紫云 | −0.867 | −1.105 | −0.292 | 0.485 | 0.355 | −0.649 | −1.327 | −0.170 | −1.626 |

| 流域名 | 流域水系特征 | | | | | | |
|---|---|---|---|---|---|---|---|
| | 河网分叉数 | 主河道长度 | 河网密度 | 结构 | 主河道纵比降 | 流域形状系数 | 崎岖数 |
| 息烽 | −0.768 | −0.972 | −0.406 | −0.189 | 2.106 | 0.032 | 0.120 |
| 遵义 | −0.567 | −0.789 | −0.260 | −0.189 | 0.233 | 0.806 | −0.957 |
| 湄潭 | 0.733 | 0.899 | 0.185 | −0.190 | −0.866 | 0.117 | −0.214 |
| 凤冈 | 0.836 | 1.080 | 0.140 | −0.190 | −0.782 | 0.131 | 0.218 |
| 余庆 | 1.732 | 1.438 | −0.214 | −0.189 | −0.454 | −0.205 | 1.386 |
| 六枝 | −0.832 | −0.924 | −0.448 | −0.189 | 3.311 | −0.600 | 1.286 |
| 纳雍[1] | −0.321 | −0.425 | −0.345 | −0.189 | −1.66 | 0.087 | −0.149 |
| 纳雍[2] | −0.51 | −0.434 | −0.252 | −0.188 | 0.451 | 0.366 | 0.083 |
| 黔西 | 0.182 | 0.602 | −0.350 | −0.189 | −0.198 | 0.509 | 0.730 |
| 织金 | 3.192 | 2.561 | −0.304 | −0.189 | −0.651 | 1.019 | 1.891 |
| 纳雍[3] | −0.399 | −0.171 | −0.292 | −0.188 | 0.157 | 0.612 | 0.153 |
| 普定 | 1.084 | 1.829 | −0.233 | −0.189 | −0.538 | −0.683 | 1.576 |
| 都匀[1] | 0.108 | 0.306 | −0.034 | −0.189 | −0.613 | −0.120 | −0.375 |
| 福泉 | −0.073 | 0.078 | −0.574 | −0.189 | −0.071 | −0.094 | −0.070 |
| 贵阳[1] | 0.070 | −0.346 | −0.091 | −0.189 | −0.385 | 0.387 | −0.871 |
| 贵阳[2] | −0.839 | −0.856 | 0.211 | −0.190 | −0.482 | 0.542 | −1.616 |
| 都匀[2] | −0.598 | −0.826 | −0.413 | −0.189 | 0.477 | −0.450 | −0.892 |
| 都匀[3] | −0.696 | −0.843 | −0.023 | −0.189 | −0.076 | 0.292 | −1.257 |
| 福泉 | −0.622 | −0.620 | −0.049 | −0.189 | 0.292 | 0.511 | −0.386 |

续表

| 流域名 | 流域水系特征 | | | | | | |
|---|---|---|---|---|---|---|---|
| | 河网分叉数 | 主河道长度 | 河网密度 | 结构 | 主河道纵比降 | 流域形状系数 | 崎岖数 |
| 贵定[1] | −0.206 | 0.327 | −0.042 | −0.189 | −0.477 | −0.779 | −0.040 |
| 贵定[2] | −0.810 | −0.819 | 0.049 | −0.189 | 0.027 | −0.554 | −1.063 |
| 贵阳[3] | −0.873 | −1.101 | −0.076 | −0.19 | −0.033 | 0.653 | −1.722 |
| 安龙 | −0.874 | −1.037 | 0.011 | −0.189 | 0.352 | −0.944 | −1.241 |
| 兴仁 | −0.469 | −0.397 | −0.403 | −0.189 | 1.434 | −0.186 | 1.383 |
| 关岭 | −0.081 | −0.463 | −0.301 | 0.206 | −0.498 | 1.226 | −1.315 |
| 贞丰[1] | 2.574 | 1.528 | −0.276 | −0.189 | −0.792 | 0.147 | 0.275 |
| 望谟 | −0.827 | −0.719 | −0.306 | −0.188 | 1.976 | 0.425 | 1.067 |
| 贞丰[2] | −0.567 | −0.407 | −0.206 | −0.189 | 0.286 | 0.844 | −0.053 |
| 紫云 | 0.032 | 0.786 | −0.236 | −0.189 | −0.201 | −4.519 | 1.149 |

| 流域名 | 坡度等级 | | | 坡度等级 | | |
|---|---|---|---|---|---|---|
| | 平坡<5° | 平缓坡 5°～8° | 缓坡 8°～15° | 缓陡坡 15°～25° | 陡坡 25°～35° | 极陡坡>35° |
| 息烽 | 0.116 | −1.281 | 1.401 | 2.449 | −1.772 | −0.621 |
| 遵义 | −0.132 | 1.147 | −0.751 | −1.065 | 0.866 | −0.486 |
| 湄潭 | 1.234 | −0.913 | 0.172 | −0.793 | 0.560 | −0.727 |
| 凤冈 | 0.918 | −0.614 | −0.349 | −0.796 | 0.980 | −0.610 |
| 余庆 | −0.674 | 0.378 | 0.491 | −0.956 | 1.076 | −0.847 |
| 六枝 | −0.171 | 1.134 | 0.133 | 1.890 | −2.216 | −0.442 |
| 纳雍[1] | −0.964 | 1.102 | 0.208 | −0.108 | 0.133 | −0.591 |
| 纳雍[2] | −0.782 | −1.161 | 2.213 | −0.533 | 0.349 | −0.216 |
| 黔西 | −0.964 | −0.059 | 0.987 | 0.158 | 0.342 | −0.708 |
| 织金 | −1.038 | 0.080 | 1.212 | −0.278 | 0.510 | −0.853 |
| 纳雍[3] | −1.008 | −0.420 | 1.217 | 0.219 | 0.546 | −0.868 |
| 普定 | −0.717 | 0.852 | 0.195 | −0.035 | 0.130 | −0.675 |
| 都匀[1] | 1.673 | −1.109 | −1.438 | 0.526 | 0.257 | 0.093 |
| 福泉 | 0.180 | 1.109 | −0.987 | 1.293 | −0.787 | −0.926 |
| 贵阳[1] | −0.789 | 1.137 | 0.180 | −0.563 | 0.057 | −0.119 |
| 贵阳[2] | −0.998 | 0.459 | 1.190 | 0.767 | −2.254 | 1.977 |
| 都匀[2] | 0.728 | −0.173 | 0.460 | −0.978 | −0.100 | −0.097 |
| 都匀[3] | 1.245 | −1.305 | −1.464 | 0.012 | 0.069 | 2.210 |
| 福泉 | 1.284 | 0.061 | −1.067 | −0.668 | 0.083 | 0.262 |
| 贵定[1] | −0.680 | 1.030 | 0.011 | −0.477 | 0.053 | 0.027 |
| 贵定[2] | −1.126 | 0.336 | 0.743 | 1.093 | −1.09 | 0.556 |
| 贵阳[3] | −1.188 | 3.031 | −1.373 | −1.528 | 0.733 | 0.103 |
| 安龙 | −0.201 | −0.222 | −1.735 | 1.349 | −0.37 | 2.188 |
| 兴仁 | 0.796 | −1.091 | 0.671 | −0.006 | 0.100 | −0.791 |
| 关岭 | −0.513 | −0.580 | 0.199 | −0.614 | 1.373 | −0.129 |

续表

| 流域名 | 坡度等级 | | | 坡度等级 | | |
|---|---|---|---|---|---|---|
| | 平坡<5° | 平缓坡 5°～8° | 缓坡 8°～15° | 缓陡坡 15°～25° | 陡坡 25°～35° | 极陡坡>35° |
| 贞丰[1] | 0.496 | −1.216 | −0.859 | 0.179 | 1.025 | 0.404 |
| 望谟 | −0.59 | 0.069 | −1.717 | 1.400 | −0.390 | 2.301 |
| 贞丰[2] | −0.394 | −0.637 | −0.325 | 0.739 | 0.961 | −0.570 |
| 紫云 | 1.724 | 0.324 | −0.876 | 0.595 | −2.561 | 1.760 |

### 4.4.3　识别方法及分析

1. 识别原理

1) 数学模型

假定某喀斯特流域某地貌类型所占面积百分比为 $Y$，该流域不同因素所占面积百分比分别为 $X_1,X_2,\cdots,X_m$，其 $Y$ 与 $X$ 之间关系可用如下模型表示：

$$Y=\beta_0+\beta_1X_1+\beta_2X_2+\cdots+\beta_mX_m+\varepsilon \tag{4-12}$$

其中，$\beta_0,\beta_1,\beta_2,\cdots,\beta_m$ 是未知因素参数；$\varepsilon$为$N(0,\sigma)$随机变量。

2) 模型显著性检验

对于任意一组实测数据$\left(y_j;x_{1j},x_{2j},\cdots,x_{ij}\right)$,其中$(i=1,2,\cdots,m;j=1,2,\cdots,n)$都可以通过数学模型(4-12)算出$Y$关于$X_1,X_2,\cdots,X_m$的回归方程。为评价回归方程的精度，需对其进行显著性检验。通常用的检验方法是 $F$ 检验。

$$r_{ij}=\frac{\frac{1}{N}\sum_a\left(x_{ai}-\overline{x}_i\right)\left(x_{aj}-\overline{x}_j\right)}{\sigma_i\sigma_j}=\frac{1}{N}\sum_a x_{ai}^*x_{aj}^* \tag{4-13}$$

$$F=\frac{\frac{S_{回}}{m}}{\frac{S_{剩}}{n-m-1}}\sim F(m,n-m-1) \tag{4-14}$$

其中：

$$S_{回}=\sum_{k=1}^{n}\left(\hat{y}_k-\overline{y}\right)^2$$

$$S_{剩}=\sum_{k=1}^{n}\left(y_k-\hat{y}_k\right)^2$$

因 $F$ 服从自由度为$(m,n-m-1)$的 $F$ 分布，对于指定的$\alpha$，由 $F$ 分布表可查出$F_\alpha(m,n-m-1)$，如 $F$ 大于 $F_\alpha(m,n-m-1)$，则认为线性回归模型适合该组资料，称为显著；否则称为不显著，即不能使用。

2. 识别模型

根据表 4-7，借助 SPSS 和 MATLAB 统计软件，利用式(4-13)，计算地貌类型与影响因素的相关系数，计算结果见表 4-8；采用逐步回归分析，利用式(4-14)，计算地貌类型识别模型标准化系数，计算结果见表 4-9。

表 4-8 地貌类型与影响因素相关系数

| 地貌类型 | 侵蚀-剥蚀为主($X_1$) | 溶蚀为主($X_2$) | 溶蚀-侵蚀为主($X_3$) | 浅切割($X_4$) | 中切割($X_5$) | 深切割($X_6$) | 极深切割($X_7$) | 最深切割($X_8$) |
|---|---|---|---|---|---|---|---|---|
| 峰丛洼地($Y_1$) | 0.393* | −0.271 | 0.017 | −0.160 | −0.199 | −0.032 | 0.343 | −0.068 |
| 峰丛谷地($Y_2$) | −0.258 | 0.682** | −0.462** | −0.184 | 0.495** | −0.359* | −0.187 | −0.292 |
| 峰林溶原($Y_3$) | −0.367* | 0.513** | −0.249 | 0.312 | 0.302 | −0.123 | −0.353* | 0.012 |
| 峰林谷地($Y_4$) | 0.383* | −0.168 | −0.069 | 0.390* | −0.203 | −0.019 | 0.170 | 0.082 |
| K 化丘陵洼地($Y_5$) | −0.229 | −0.171 | 0.284 | 0.146 | −0.182 | 0.377* | −0.224 | 0.278 |
| K 化谷地($Y_6$) | −0.392* | −0.597** | 0.759** | −0.055 | −0.172 | 0.138 | 0.077 | 0.112 |
| 切割山地($Y_7$) | 0.769** | 0.071 | −0.505** | −0.069 | −0.164 | 0.099 | 0.132 | 0.014 |

| 地貌类型 | 平均高程($X_9$) | 高程标准差($X_{10}$) | 出口高程($X_{11}$) | 河网分叉数($X_{12}$) | 主河道长度($X_{13}$) | 河网密度($X_{14}$) | 河网结构($X_{15}$) | 主河道纵比降($X_{16}$) |
|---|---|---|---|---|---|---|---|---|
| 峰丛洼地($Y_1$) | 0.298 | 0.139 | −0.104 | 0.214 | 0.245 | −0.159 | −0.105 | 0.115 |
| 峰丛谷地($Y_2$) | −0.429* | −0.129 | −0.210 | −0.103 | −0.122 | −0.181 | −0.141 | −0.048 |
| 峰林溶原($Y_3$) | −0.196 | −0.140 | 0.154 | −0.124 | −0.191 | 0.538** | 0.038 | −0.033 |
| 峰林谷地($Y_4$) | 0.240 | −0.073 | 0.098 | −0.053 | 0.002 | 0.433* | −0.124 | 0.063 |
| K 化丘陵洼地($Y_5$) | −0.229 | −0.129 | 0.083 | −0.177 | −0.207 | −0.031 | 0.182 | −0.090 |
| K 化谷地($Y_6$) | 0.538** | 0.263 | 0.456** | 0.096 | 0.143 | −0.127 | 0.211 | −0.103 |
| 切割山地($Y_7$) | −0.321 | −0.105 | −0.508(**) | 0.016 | −0.005 | −0.028 | −0.115 | 0.144 |

| 地貌类型 | 流域形状系数($X_{17}$) | 崎岖数($X_{18}$) | 平坡($X_{19}$) | 平缓坡($X_{20}$) | 缓坡($X_{21}$) | 缓陡坡($X_{22}$) | 陡坡($X_{23}$) | 极陡坡($X_{24}$) |
|---|---|---|---|---|---|---|---|---|
| 峰丛洼地($Y_1$) | −0.160 | 0.476** | −0.197 | 0.027 | 0.033 | 0.161 | 0.003 | 0.000 |
| 峰丛谷地($Y_2$) | −0.072 | −0.334 | 0.063 | 0.157 | 0.031 | 0.149 | −0.385* | 0.074 |
| 峰林溶原($Y_3$) | 0.158 | −0.213 | 0.161 | −0.055 | 0.156 | −0.186 | −0.014 | −0.137 |
| 峰林谷地($Y_4$) | 0.187 | 0.261 | 0.123 | −0.426* | 0.113 | −0.002 | 0.215 | −0.078 |
| K 化丘陵洼地($Y_5$) | 0.036 | −0.407* | 0.128 | 0.130 | −0.416* | −0.110 | 0.133 | 0.154 |
| K 化谷地($Y_6$) | 0.168 | 0.101 | −0.372* | 0.203 | 0.395* | −0.252 | 0.209 | −0.355* |
| 切割山地($Y_7$) | −0.192 | 0.114 | 0.408* | −0.439* | −0.459** | 0.216 | 0.008 | 0.437* |

注：* 0.05 显著性水平；** 0.01 显著性水平。

表 4-9　地貌类型识别模型标准化系数

| 模型系数 | 1 | 2 | 3 | 4 | 5 | 6 | 7 |
|---|---|---|---|---|---|---|---|
| $\beta_1$ | — | −0.010 | −0.620 | 0.401 | −0.172 | — | 0.661 |
| $\beta_2$ | 0.939 | −0.0100 | 0.204 | −0.403 | −0.602 | −0.861 | 0.628 |
| $\beta_3$ | — | — | — | — | — | — | — |
| $\beta_4$ | 0.149 | −0.307 | 0.247 | 0.282 | −0.022 | −0.152 | 0.065 |
| $\beta_5$ | — | — | — | — | — | — | — |
| $\beta_6$ | 0.230 | −0.660 | 0.099 | −0.044 | −0.131 | 0.256 | 0.250 |
| $\beta_7$ | 0.283 | 0.027 | −0.353 | −0.094 | 0.071 | −0.319 | 0.344 |
| $\beta_8$ | 0.433 | 0.116 | −0.043 | −0.635 | 0.167 | −0.304 | −0.193 |
| $\beta_9$ | 2.111 | −1.873 | 0.261 | 0.301 | −2.338 | 0.330 | 0.900 |
| $\beta_{10}$ | — | 0.114 | −0.137 | −0.189 | — | — | −0.006 |
| $\beta_{13}$ | −1.664 | 1.228 | −0.770 | −0.212 | 2.452 | −0.194 | −0.445 |
| $\beta_{13}$ | — | 0.208 | 0.138 | −0.831 | 0.323 | −0.189 | −0.152 |
| $\beta_{13}$ | −0.257 | −0.669 | −0.222 | 0.850 | −0.318 | 0.573 | 0.777 |
| $\beta_{15}$ | — | −0.583 | 0.792 | 0.541 | −0.495 | 0.172 | −0.022 |
| $\beta_{15}$ | 0.419 | −0.482 | — | −0.103 | −0.205 | 0.096 | 0.177 |
| $\beta_{16}$ | — | −1.065 | 0.461 | 0.060 | −0.163 | 0.571 | 0.385 |
| $\beta_{17}$ | −0.288 | 0.481 | −0.373 | 0.254 | −0.169 | 0.128 | −0.016 |
| $\beta_{18}$ | 0.326 | 0.775 | −0.321 | −0.130 | 0.508 | −0.815 | −0.521 |
| $\beta_{19}$ | −0.500 | 0.588 | −0.515 | 0.097 | −0.319 | 0.350 | 0.177 |
| $\beta_{20}$ | 0.065 | 0.367 | −0.327 | −0.430 | −0.458 | 0.412 | −0.262 |
| $\beta_{21}$ | −0.315 | 0.536 | — | — | −0.890 | 0.648 | −0.378 |
| $\beta_{22}$ | −0.309 | 0.627 | −0.159 | −0.015 | 0.049 | −0.053 | −0.274 |
| $\beta_{23}$ | — | — | — | — | — | — | — |
| $\beta_{24}$ | 0.407 | 0.104 | −.275 | −0.216 | −0.397 | −0.146 | 0.218 |
| $R$ | 0.847 | 0.961 | 0.905 | 0.923 | 0.923 | 0.897 | 0.962 |
| $R^2$ | 0.718 | 0.924 | 0.818 | 0.851 | 0.851 | 0.805 | 0.925 |
| $F$ | 2.384 | 5.794 | 2.844 | 3.144 | 3.149 | 2.614 | 5.837 |
| $F_\alpha$ | 2.38 | 2.76 | 2.555 | 2.65 | 2.65 | 2.555 | 2.76 |
| 显著性 | * | ** | * | * | * | * | ** |

注：*表示 $\alpha$ =0.05 时显著；**表示 $\alpha$ =0.01 时高度显著。

从表 4-8 和表 4-9 可得出以下结果。

(1) 峰丛洼地($Y_1$)与影响因素相关程度最高的是流域崎岖数($X_{18}$)，其次是侵蚀-剥蚀类型($X_1$)，相关程度最小的是极陡坡($X_{24}$)。依此类推，峰丛谷地($Y_2$)、峰林溶原($Y_3$)、峰林谷地($Y_4$)、K 化丘陵洼地($Y_5$)、K 化谷地($Y_6$)、切割山地($Y_7$)与影响因素相关程度最高的分别是溶蚀为主类型($X_2$)、流域河网密度($X_{14}$)、缓坡($X_{21}$)、溶蚀-侵蚀为主类型($X_3$)、侵蚀-剥蚀类型($X_1$)；其次分别是中切割($X_5$)、溶蚀为主类型($X_2$)、平缓坡($X_{20}$)、流域崎岖数($X_{18}$)、溶蚀为主类型($X_2$)、流域出口高程($X_{11}$)；相关程度最小的分别是主河道纵比降($X_{16}$)、最深切割($X_8$)、主河道长度($X_{13}$)和缓陡坡($X_{22}$)、河网密度($X_{14}$)、浅切割($X_4$)。

(2) 根据表 4-9，可得出喀斯特流域七种地貌类型识别模型，即：

$$Y_1 = 0.939X_2 + 0.149X_4 + \cdots + 0.407X_{24} \tag{4-15}$$

$$Y_2 = -0.01X_1 - 0.01X_2 + \cdots + 0.104X_{24} \tag{4-16}$$

$$Y_3 = -0.62X_1 + 0.204X_2 + \cdots - 0.275X_{24} \tag{4-17}$$

$$Y_4 = 0.401X_1 - 0.403X_2 + \cdots - 0.216X_{24} \tag{4-18}$$

$$Y_5 = -0.172X_1 - 0.602X_2 + \cdots - 0.397X_{24} \tag{4-19}$$

$$Y_6 = -0.861X_2 - 0.152X_4 + \cdots - 0.146X_{24} \tag{4-20}$$

$$Y_7 = 0.661X_1 + 0.628X_2 + \cdots + 0.218X_{24} \tag{4-21}$$

(3) 从表 4-9 可知，这七个数学模型的复相关系数 $R$ 均在 0.85 以上，说明应变量($Y$)与各个因变量($X$)的相关性都很高；模型的拟合指数 $R^2$ 基本都大于 0.8，说明七个模型拟合程度都很好；在 $\alpha$=0.05 时，七个模型均显著，在 $\alpha$=0.01 时，模型 2($Y_2$)和模型 7($Y_7$)特别显著，说明分别用这七个数学模型来识别喀斯特流域地貌类型的效果比较好。

综上所述，在喀斯特流域中，影响地貌发育的因素是错综复杂的，对不同地貌类型的发育起主导作用的因子也不一样，但综合考虑，流域水系特征因素对地貌发育起主导作用。在可溶性的喀斯特流域，流域水系特征、流域水系发育程度以及流域水系结构(地表—地下双重水系结构)将直接影响和决定喀斯特流域地貌类型的发育，而在不同地貌发育阶段和不同的地貌类型中，也将发育不同的水系特征；其次是水力作用方式，因流域水系特征不同，水力作用方式则不同，将发育不同的喀斯特流域地貌类型；再次是流域坡度大小将会影响坡地水流的流速，而流速的快慢将影响水力对地表的作用，进而影响地貌类型的发育；影响最小的是流域高程特征变化。如流域高程变化小，则地表起伏小，坡地水流慢，地貌类型发育单一，反之，则地貌类型复杂多样。

### 4.4.4 样区检验

为了评定回归方程的精度，任选三个喀斯特流域，按上述方法对地貌类型及影响因素进行统计，分别代入式(4-15)～式(4-21)进行计算，并与实测数值对比。通过计算比较得出，相对误差值都比较小(表 4-10)，说明用这七个数学模型来识别喀斯特地貌类型的效果是比较明显的。

表 4-10　模型检验表

| 流域 | 成因类型 | | | | 切割程度 | | | |
|---|---|---|---|---|---|---|---|---|
| | 侵蚀/剥蚀类型 | 溶蚀为主类型 | 溶蚀/侵蚀为主类型 | 浅切割 | 中切割 | 深切割 | 极深切割 | 最深切割 |
| 绥阳 | −0.57472 | −0.79780 | 1.04293 | 0.52643 | −0.89069 | 1.33123 | −0.68719 | 1.78665 |
| 普定 | −0.74371 | −0.89168 | 1.22371 | −1.11667 | 0.76576 | 0.01994 | −0.60718 | −0.55193 |
| 平坝 | 0.31125 | 0.86481 | −0.95197 | 1.58752 | 0.32578 | −0.50235 | −0.62076 | 1.12614 |

| 流域 | 流域高程特征 | | | 流域水系特征 | | | | | | |
|---|---|---|---|---|---|---|---|---|---|---|
| | 平均高程 | 高程标准差 | 出口高程 | 河网分叉数 | 主河道长度 | 河网密度 | 结构 | 主河道纵比降 | 流域形状系数 | 崎岖数 |
| 绥阳 | −0.82531 | −0.17873 | −0.00723 | 0.01537 | −0.48067 | 0.39302 | 5.46671 | −0.95694 | 0.90665 | −0.55710 |
| 普定 | 1.27470 | 5.48004 | 0.47963 | 0.94146 | 1.84926 | −0.20700 | −0.18892 | −0.64157 | −0.78107 | 1.24318 |
| 平坝 | 0.59109 | −0.18329 | 1.61562 | −0.56466 | −0.65189 | 5.35213 | −0.19150 | −0.72685 | 0.30178 | 0.21807 |

| 流域 | 坡度等级 | | | | | | 实测值 | | |
|---|---|---|---|---|---|---|---|---|---|
| | 平坡 <5° | 平缓坡 5°～8° | 缓坡 8°～15° | 缓陡坡 15°～25° | 陡坡 25°～35° | 极陡坡 >35° | 峰丛洼地 | 峰丛谷地 | 峰林溶原 |
| 绥阳 | 1.79801 | −1.31257 | 0.37302 | −1.17942 | 0.56701 | −0.80357 | −0.66052 | −0.82739 | 0.17127 |
| 普定 | −0.96397 | 0.45287 | 0.71423 | −0.33987 | 0.58995 | −0.84029 | 0.65387 | −0.74443 | −0.75872 |
| 平坝 | 1.70382 | −0.60922 | 0.17136 | −1.75009 | 0.17840 | 0.03764 | −0.51497 | −1.02661 | 2.84126 |

| 流域 | 实测值 | | | | 计算值 | | | | |
|---|---|---|---|---|---|---|---|---|---|
| | 峰林谷地 | K 化丘陵洼地 | K 化谷地 | 切割山地 | 峰丛洼地 | 峰丛谷地 | 峰林溶原 | 峰林谷地 | K 化丘陵洼地 |
| 绥阳 | −0.67770 | 1.03461 | 1.24266 | −0.65329 | −0.6087 | −0.8849 | 0.1671 | −0.6986 | 1.0740 |
| 普定 | −0.40416 | −0.69764 | 1.44243 | −0.58367 | 0.6080 | −0.7851 | −0.7587 | −0.4039 | −0.7461 |
| 平坝 | 2.70563 | −0.79876 | −0.74709 | 0.02556 | −0.5135 | −1.0421 | 2.8095 | 2.7400 | −0.7442 |

| 流域 | 计算值 | | 相对误差/% | | | | | | |
|---|---|---|---|---|---|---|---|---|---|
| | K 化谷地 | 切割山地 | 峰丛洼地 | 峰丛谷地 | 峰林溶原 | 峰林谷地 | K 化丘陵洼地 | K 化谷地 | 切割山地 |
| 绥阳 | 1.2006 | −0.6740 | 7.8453 | 6.9508 | 2.4348 | 3.0840 | 3.8072 | 3.3847 | 3.1701 |
| 普定 | 1.4329 | −0.5873 | 7.0152 | 5.4632 | 0.0026 | 0.0643 | 6.9463 | 0.6607 | 0.6219 |
| 平坝 | −0.7522 | 0.0233 | 0.2855 | 1.5088 | 1.1178 | 1.2703 | 6.8306 | 0.6840 | 8.8419 |

### 4.4.5　小结

(1) 对于不同喀斯特流域地貌类型的发育，起主导作用的影响因素是不同的，其作用从大到小排列如下。

峰丛洼地：流域水系特征 > 地表切割深度 > 水力作用方式 > 流域高程特征 > 流域坡度。

峰丛谷地：地表切割深度 > 水力作用方式 > 流域水系特征 > 流域坡度 > 流域高程特征。

峰林溶原：流域水系特征 > 水力作用方式 > 地表切割深度 > 流域坡度 > 流域高程特征。

峰林谷地：流域水系特征 > 流域坡度 > 地表切割深度 > 水力作用方式 > 流域高程特征。

K化丘陵洼地：地表切割深度＞流域水系特征＞流域坡度＞水力作用方式＞流域高程特征。

K化谷地：流域坡度＞水力作用方式＞流域高程特征＞流域水系特征＞地表切割深度。

切割山地：水力作用方式＞流域坡度＞流域高程特征＞流域水系特征＞地表切割深度。

(2)综合考虑，喀斯特流域地貌发育影响因素的作用从大到小排列为：流域水系特征＞水力作用方式＞流域坡度＞地表切割深度＞流域高程特征 。

(3)根据逐步回归思想，提出喀斯特流域地貌类型识别的数学模型[式(4-15)～式(4-21)]，通过方差分析和样区检验，得到很好的识别效果。

## 4.5 基于 GIS 和 RS 的喀斯特流域枯水资源影响因素识别

### 4.5.1 概述

喀斯特流域与正常流域特别是湿润地区常态流域相比，其空间结构、水系发育规律、地貌景观的形成、水文动态的变化等都有明显的差别，这种差异正是由于喀斯特流域独特的结构及其功能效应所致。

影响枯水资源的因素是错综复杂的，在不同的地区，其主导因素也不同。目前国内外从对枯水径流频率、枯水径流特征、影响枯水资源的因素及枯水径流预测预报等进行了大量研究，但对枯水资源的研究，尤其是利用 GIS 和 RS 技术对枯水资源的研究几乎是空白。本节在贵州省内选取 19 个典型喀斯特流域，以连续 5 年的观测水文数据和遥感数据为基础，利用 GIS 和 RS 技术，从 TM 影像识别影响喀斯特流域枯水资源的因素，同时对各枯水资源影响因素进行关联度分析和优势度分析。

### 4.5.2 基础数据获取与处理

1. 水文数据

根据贵州省水文总站整编的贵州省历年各月平均流量统计资料，选观测年份为 1991～1995 年的水文断面共 19 个，并都处于相同的气候带，计算出历年各月多年平均径流深(图 4-11)。所选的时间界限，主要是为了减小人类活动对枯水径流的影响、保证流域下垫面几乎无变化或变化极小，流域面积一般以中小流域为主(表 4-11)。

2. 遥感数据

选择 1994 年 10 月和 1995 年 10 月的 TM 遥感数据，云覆盖 5%，并利用回归分析方法进行大气校正、利用坐标变换方法进行几何校正，最后转换为阿尔伯斯等积圆锥投影(投影参数：中央经线：105°E；第 1 条纬线：25°N；第 2 条纬线：47°N)。

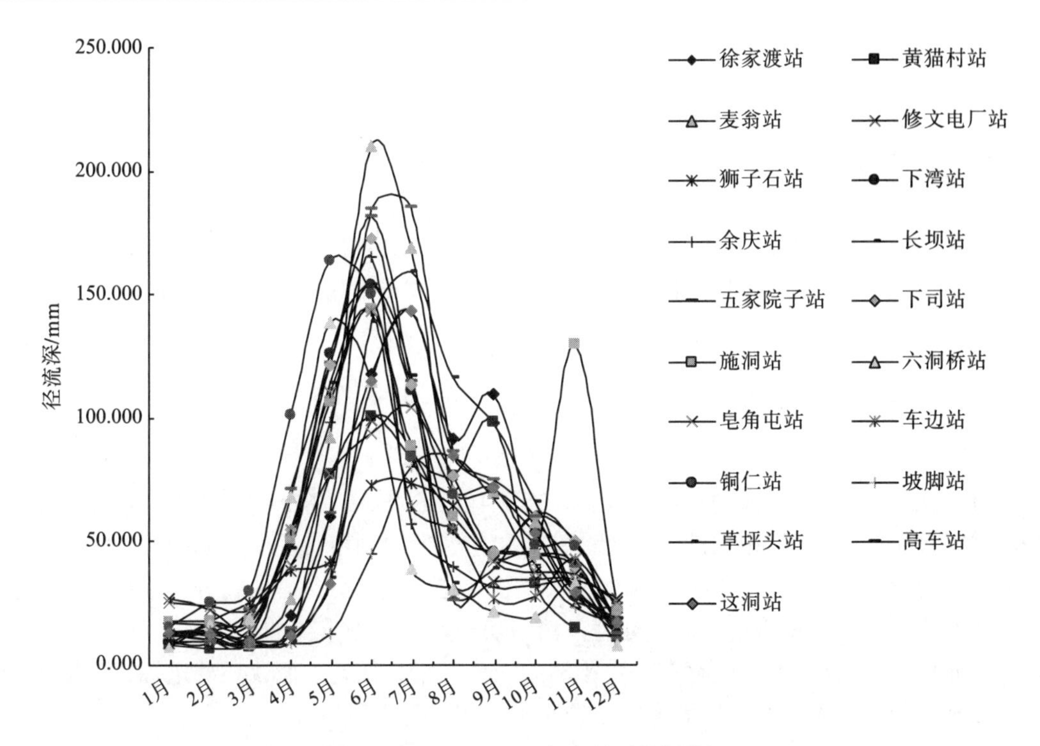


图 4-11 1991～1995 年各月平均径流深

**表 4-11 19 个喀斯特流域面积及枯水径流深**

| 站名 | 县名 | 流域面积/km$^2$ | 观测月份/月 | 观测年数/a | 枯水径流深/mm |
|---|---|---|---|---|---|
| 徐家渡 | 平坝 | 1643 | 3 | 5 | 9.49 |
| 黄猫村 | 平坝 | 793 | 2 | 5 | 7.01 |
| 麦翁 | 平坝 | 190 | 3 | 5 | 9.33 |
| 修文电厂 | 修文 | 2145 | 4 | 5 | 9.49 |
| 狮子石 | 清镇 | 2785 | 1 | 5 | 9.25 |
| 下湾 | 贵定 | 1434 | 3 | 5 | 9.02 |
| 余庆 | 余庆 | 764 | 3 | 5 | 11.68 |
| 长坝 | 道真 | 5460 | 1 | 5 | 11.75 |
| 五家院子 | 道真 | 1212 | 1 | 5 | 9.06 |
| 下司 | 麻江 | 2159 | 3 | 5 | 16.78 |
| 施洞 | 施秉 | 6043 | 1 | 5 | 17.68 |
| 六洞桥 | 三惠 | 793 | 1 | 5 | 7.53 |
| 皂角屯 | 施秉 | 1703 | 3 | 5 | 22.68 |
| 车边 | 岑巩 | 1244 | 1 | 5 | 13.09 |
| 铜仁 | 铜仁 | 3330 | 1 | 5 | 15.88 |
| 坡脚 | 安龙 | 51467 | 3 | 5 | 8.37 |
| 草坪头 | 普安 | 1094 | 4 | 5 | 9.463 |
| 高车 | 镇宁 | 2252 | 3 | 5 | 7.46 |
| 这洞 | 镇宁 | 20143 | 3 | 5 | 9.60 |

### 4.5.3 信息处理

1. 流域边界提取

以 1∶20 万贵州省水文地质图和 1∶200 万贵州省水文总站分布图为基础，在流域水系图中确定控制水文站；利用 ArcGIS 软件将 TM 影像转换为 1∶25 万的 DEM 数据，通过 GIS 方法，计算出 19 个控制水文站的流域边界。

2. 枯水资源影响因素信息提取

1) 土地利用信息

对 1995 年的 TM 图像进行监督分类，方法是在 ERDAS IMAGE8.5 和 ENVI3.6 遥感图像处理系统的支持下，根据地物的光谱特性和样区土地利用特征所建立的标志特征直接在图像上判读，并选取各种地类，制作分类模板，进行监督分类。监督分类采用无参数的最大似然法，对分类结果进行滤波处理，消除噪声及部分不重要的像元(面积小于 4 像元×4 像元)。由于分类结果中存在一定比例的未分、错分像元，所以还要进行目视解译校正，以确保图像分类的精度。五家院子的土地利用类型面积统计见表 4-12。

**表 4-12 喀斯特流域不同土地利用类型的面积百分比（%）**

| 站名 | 水域 | 旱地 | 林地 | 荒地 | 草地 | 水田 |
|---|---|---|---|---|---|---|
| 徐家渡 | 14.95 | 19.74 | 17.70 | 16.48 | 13.67 | 17.47 |
| 黄猫村 | 17.64 | 18.80 | 17.28 | 16.59 | 15.41 | 14.27 |
| 麦翁 | 16.28 | 15.25 | 17.00 | 19.89 | 15.91 | 15.67 |
| 修文电厂 | 17.58 | 15.98 | 16.70 | 16.22 | 17.22 | 16.31 |
| 狮子石 | 17.38 | 16.66 | 16.86 | 17.59 | 16.48 | 15.03 |
| 下湾 | 16.93 | 17.25 | 17.67 | 17.67 | 13.50 | 17.77 |
| 余庆 | 16.85 | 15.65 | 16.90 | 16.7 | 16.52 | 17.37 |
| 长坝 | 15.77 | 17.10 | 18.04 | 16.92 | 16.25 | 15.93 |
| 五家院子 | 19.04 | 18.12 | 16.16 | 16.00 | 16.39 | 14.29 |
| 下司 | 17.53 | 17.29 | 16.43 | 18.5 | 15.76 | 15.32 |
| 施洞 | 16.91 | 16.62 | 18.82 | 15.45 | 16.93 | 15.27 |
| 六洞桥 | 15.77 | 18.40 | 15.76 | 16.88 | 17.21 | 15.98 |
| 皂角屯 | 17.79 | 15.74 | 17.91 | 14.55 | 17.05 | 16.96 |
| 车边 | 16.75 | 18.32 | 17.49 | 15.92 | 16.36 | 15.15 |
| 铜仁 | 17.04 | 17.08 | 16.84 | 16.88 | 16.81 | 15.35 |
| 坡脚 | 6.34 | 6.98 | 7.03 | 5.47 | 6.19 | 67.98 |
| 草坪头 | 16.31 | 17.24 | 16.26 | 16.75 | 16.92 | 16.52 |
| 高车 | 17.73 | 17.26 | 16.55 | 16.51 | 16.76 | 15.19 |
| 这洞 | 16.46 | 18.05 | 16.95 | 16.03 | 15.88 | 16.63 |

2) 植被类型信息

本研究使用遥感卫星资料以 TM 底片为主，并进行假彩色合成，部分地区使用标准假彩色合成的 TM 影像。相应的面积统计结果见表 4-13。

表 4-13　喀斯特流域植被类型分布面积的百分比（%）

| 站名 | 草地 | 疏林草地 | 疏林 | 森林 | 灌木林 | 其他 |
|---|---|---|---|---|---|---|
| 徐家渡 | 17.46 | 29.56 | 28.74 | 21.99 | 1.42 | 0.83 |
| 黄猫村 | 11.42 | 32.42 | 19.84 | 32.2 | 2.07 | 1.23 |
| 麦翁 | 16.28 | 44.27 | 29.43 | 3.39 | 4.51 | 2.13 |
| 修文电厂 | 12.31 | 22.72 | 30.54 | 25.31 | 8.54 | 0.58 |
| 狮子石 | 15.59 | 28.52 | 29.12 | 20.16 | 6.19 | 3.42 |
| 下湾 | 15.71 | 25.96 | 26.03 | 22.05 | 9.81 | 0.44 |
| 余庆 | 14.39 | 25.74 | 28.87 | 21.94 | 8.16 | 0.91 |
| 长坝 | 15.98 | 23.35 | 24.96 | 25.27 | 9.23 | 1.20 |
| 五家院子 | 17.85 | 27.08 | 26.59 | 8.20 | 19.94 | 0.33 |
| 下司 | 9.10 | 22.87 | 26.50 | 26.49 | 14.48 | 0.56 |
| 施洞 | 12.18 | 26.34 | 32.11 | 24.89 | 4.35 | 0.12 |
| 六洞桥 | 16.47 | 24.87 | 26.50 | 22.38 | 9.16 | 0.62 |
| 皂角屯 | 13.22 | 24.68 | 28.45 | 22.69 | 10.41 | 0.55 |
| 车边 | 15.99 | 23.13 | 26.99 | 23.45 | 9.57 | 0.87 |
| 铜仁 | 25.44 | 25.90 | 23.05 | 16.92 | 8.01 | 0.67 |
| 坡脚 | 7.02 | 17.37 | 27.05 | 30.33 | 17.89 | 0.34 |
| 草坪头 | 27.22 | 27.52 | 26.85 | 16.36 | 1.02 | 1.03 |
| 高车 | 19.74 | 18.05 | 39.52 | 18.48 | 3.98 | 0.23 |
| 这洞 | 23.59 | 28.78 | 26.76 | 17.00 | 3.50 | 0.36 |

3) 岩组类型信息

在遥感影像上识别岩组类型必须首先了解不同岩石的反射光谱差异，以及所引起的影像色调差异。如含有石英等浅色矿物为主的岩石具有较高的光谱反射率，在遥感影像中表现为浅色调，同时随着石英含量的减少和暗色矿物含量的增高，岩石的颜色由浅变深，光谱反射率也随之降低；表面较光滑的岩石，具有较高的反射率；表面较湿的岩石，影像色调较深，反射率较低。因此，根据岩石的光谱特性及其遥感影像，可把岩石分为石灰岩、白云岩、砂岩、页岩、泥岩、砂页岩、变质岩。此外，还可以根据不同岩组的特有地貌形态和水系结构在影像上的表现对它们进行区别，如石灰岩因具有较强的抗物理风化作用，常表现为典型的喀斯特地貌，山地成棱角清晰的岭脊，在影像上呈菊皮状、花生壳状纹理；砂岩层面平整，厚度稳定，多形成块状山，且水系较稀，以条纹或条带夹条纹特征为主；页岩易风化剥蚀，形成低矮浑圆、波状起伏的“馒头”山，水系多为树枝状，支流多而密，影像有较多细纹状，类似黄土地区的花纹图案；砂页岩水系发育，一般不形成山岭，总体反射率低，影像色调较深；变质岩保持原始岩类的特征，在影像上与母岩的特征相似，但经变质后，影像特征更为复杂。本节以 1∶20 万贵州省水文地质图和 TM 影像特征相结合，进行岩组类型的自动分类。这洞流域岩组分类面积统计结果见表 4-14。

**表 4-14 喀斯特流域岩组类型分布面积的百分比（%）**

| 站名 | 石灰岩 | 白云岩 | 砂岩 | 页岩 | 砂页岩 | 泥岩 | 变质岩 | 其他 |
|---|---|---|---|---|---|---|---|---|
| 徐家渡 | 11.56 | 11.53 | 11.6 | 20.87 | 12.72 | 10.97 | 20.31 | 0.45 |
| 黄猫村 | 22.27 | 21.08 | 11.48 | 11.59 | 10.38 | 12.00 | 9.79 | 1.41 |
| 麦翁 | 21.65 | 21.62 | 10.74 | 12.81 | 12.01 | 10.82 | 9.46 | 0.88 |
| 修文电厂 | 22.06 | 22.18 | 11.55 | 9.79 | 11.44 | 10.28 | 11.23 | 1.67 |
| 狮子石 | 21.64 | 21.85 | 11.41 | 11.66 | 11.84 | 10.97 | 10.21 | 0.91 |
| 下湾 | 31.12 | 12.97 | 10.54 | 11.66 | 11.95 | 11.57 | 10.79 | 0.39 |
| 余庆 | 10.72 | 11.10 | 11.39 | 10.18 | 22.56 | 21.69 | 11.53 | 0.82 |
| 长坝 | 20.51 | 22.73 | 10.64 | 11.55 | 10.94 | 11.41 | 11.15 | 1.06 |
| 五家院子 | 22.19 | 21.74 | 11.47 | 11.32 | 11.95 | 10.93 | 9.45 | 0.94 |
| 下司 | 20.58 | 22.66 | 11.43 | 10.21 | 11.17 | 13.24 | 10.31 | 1.60 |
| 施洞 | 21.35 | 21.51 | 11.28 | 11.20 | 11.78 | 10.05 | 11.57 | 1.25 |
| 六洞桥 | 20.58 | 21.79 | 12.82 | 11.44 | 12.30 | 11.38 | 8.99 | 0.71 |
| 皂角屯 | 22.01 | 23.59 | 11.17 | 10.94 | 10.37 | 10.32 | 10.53 | 1.08 |
| 车边 | 21.23 | 22.43 | 11.94 | 11.07 | 11.47 | 11.12 | 10.00 | 0.75 |
| 铜仁 | 21.64 | 21.31 | 11.85 | 11.73 | 10.03 | 11.30 | 11.02 | 1.13 |
| 坡脚 | 20.30 | 21.16 | 11.93 | 12.33 | 9.84 | 13.10 | 10.47 | 0.88 |
| 草坪头 | 20.92 | 22.52 | 10.93 | 11.40 | 11.32 | 10.98 | 11.14 | 0.79 |
| 高车 | 21.29 | 22.06 | 12.24 | 11.76 | 10.98 | 9.70 | 11.34 | 0.63 |
| 这洞 | 20.29 | 22.67 | 12.70 | 10.78 | 11.28 | 10.96 | 10.42 | 0.90 |

4) 地貌类型信息

贵州是我国喀斯特地貌分布最广的省份之一，喀斯特地貌主要以孤峰、峰林、溶蚀漏斗、落水洞、溶蚀洼地、溶蚀盆地、伏流和盲谷等地貌形态为主；地貌类型组合主要以峰林谷地、峰丛谷地、峰丛洼地、峰林溶原、半喀斯特(即喀斯特面积比例为 25%～50%)低中山地貌和非喀斯特地貌(即喀斯特面积比例小于 25%)等类型组合为主。航片影像判读较清楚，低分辨率卫星影像只能通过纹型图案和间接的判读标志。如峰林谷地色调深暗，图形分散破碎，形似蠕虫状、蚂蚁状，有展布方向；溶沟色调较浅；溶蚀漏斗和洼地呈深色；峰丛洼地影像由黑白两种强烈对比色调所反映出来呈点状、钩状、链状、条状、弧状、蠕虫状、栅状的群集图案；有松散沉积物堆积时呈灰白色调；植被稀疏、灰岩裸露的地区色调较浅。以下司流域为例，统计结果见表 4-15。

表 4-15　喀斯流域地貌类型面积的百分比(%)

| 站名 | 非喀斯特地貌 | 半喀斯特低中山 | 峰林谷地 | 峰丛谷地 | 峰丛洼地 | 峰林溶原 | 其他 |
|---|---|---|---|---|---|---|---|
| 徐家渡 | 78.89 | 0.13 | 0.17 | 11.42 | 3.06 | 5.87 | 0.45 |
| 黄猫村 | 0.15 | 0.25 | 1.08 | 43.13 | 21.69 | 32.48 | 1.21 |
| 麦翁 | 0.19 | 0.60 | 0.49 | 44.20 | 23.21 | 30.76 | 0.55 |
| 修文电厂 | 1.44 | 0.40 | 5.44 | 32.20 | 35.31 | 24.35 | 0.85 |
| 狮子石 | 0.44 | 0.10 | 44.41 | 56.82 | 23.21 | 14.82 | 0.23 |
| 下湾 | 1.54 | 0.26 | 5.34 | 26.15 | 46.39 | 18.91 | 1.42 |
| 余庆 | 79.32 | 0.20 | 0.79 | 3.30 | 11.92 | 3.90 | 0.56 |
| 长坝 | 8.67 | 0.49 | 8.43 | 5.57 | 1.73 | 74.23 | 0.87 |
| 五家院子 | 5.66 | 0.43 | 18.86 | 3.38 | 4.48 | 65.73 | 1.45 |
| 下司 | 18.43 | 0.28 | 21.57 | 1.65 | 12.88 | 44.26 | 0.94 |
| 施洞 | 0.38 | 0.53 | 2.88 | 14.24 | 4.73 | 76.75 | 0.49 |
| 六洞桥 | 1.70 | 0.28 | 2.40 | 27.73 | 33.24 | 33.35 | 1.30 |
| 皂角屯 | 15.56 | 0.21 | 2.16 | 17.15 | 38.21 | 25.27 | 1.44 |
| 车边 | 0.50 | 0.24 | 3.77 | 8.82 | 4.24 | 81.42 | 1.01 |
| 铜仁 | 2.90 | 0.57 | 12.35 | 30.32 | 32.20 | 21.10 | 0.59 |
| 坡脚 | 0.01 | 0.04 | 80.15 | 6.79 | 0.36 | 12.01 | 0.62 |
| 草坪头 | 14.05 | 0.31 | 28.53 | 3.53 | 3.14 | 46.96 | 0.48 |
| 高车 | 27.22 | 0.32 | 4.06 | 14.45 | 22.04 | 31.36 | 0.54 |
| 这洞 | 4.86 | 1.50 | 4.77 | 16.06 | 31.07 | 40.94 | 0.77 |

### 4.5.4　枯水资源影响因子分析

1. 关联度分析原理

在喀斯特流域中，各因素对枯水资源的影响程度不同，同时也是错综复杂的。因此，在灰色系统建模预测、决策过程中，关联性分析是基本内容之一。

(1)数据预处理。数据预处理结果的矩阵形式：

$$\boldsymbol{X}^{(1)}=\begin{bmatrix} X_{11}^{(1)} & X_{12}^{(1)} & \cdots & X_{1m}^{(1)} \\ X_{21}^{(1)} & X_{22}^{(1)} & \cdots & X_{2m}^{(1)} \\ \vdots & \vdots & & \vdots \\ X_{n1}^{(1)} & X_{n2}^{(1)} & \cdots & X_{nm}^{(1)} \end{bmatrix} \tag{4-22}$$

(2)以 $X^{(1)}(k)$ 为母线(母线即是因变量数列)，求对应时刻与各数列的差值 $\Delta_{ij}(k)$，并找出 $\left|\Delta_{ij}(k)\right|$ 的最小值 $\Delta_{\min}$ 与最大值 $\Delta_{\max}$。

$$\Delta_{ij}(k)=X_{ik}^{(1)}-X_{jk}^{(1)}(k=1,2,\cdots,n; j\neq i) \tag{4-23}$$

式中：$k$ 表示第 $k$ 个因子；$X^{(1)}(k)$ 表示第一个变量第 $k$ 个因子。

(3) 求 $X_i$ 对各数列每个时刻的关联系数 $\xi_{ij}(k)$、关联度 $R_{ij}$，取分辨系数 $\eta$=0.25。即

$$\xi_{ij}(k)=\frac{\Delta_{\min}+\eta\Delta_{\max}}{\Delta_{ij}(k)+\eta\Delta_{\max}},\eta\in[0,1] \tag{4-24}$$

$$R_{ij}=\frac{\sum_{k-1}^{m}\xi_{ij}(k)}{m},j=1,2,\cdots,m \tag{4-25}$$

(4) 对关联度进行排序。

2. 计算结果及分析

以表 4-12～表 4-15 为基础，利用式(4-22)～式(4-25)，借助 MATLAB 软件，计算出土地利用类型因素、植被类型因素、岩组类型因素和地貌类型因素中各小因子与枯水径流深之间的关联度和每种因素的优势度(图 4-12～图 4-16)。

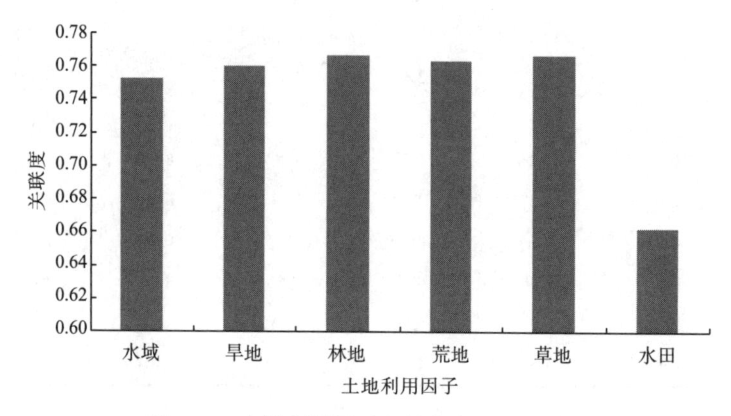


图 4-12　土地利用因子与枯水资源的关联度

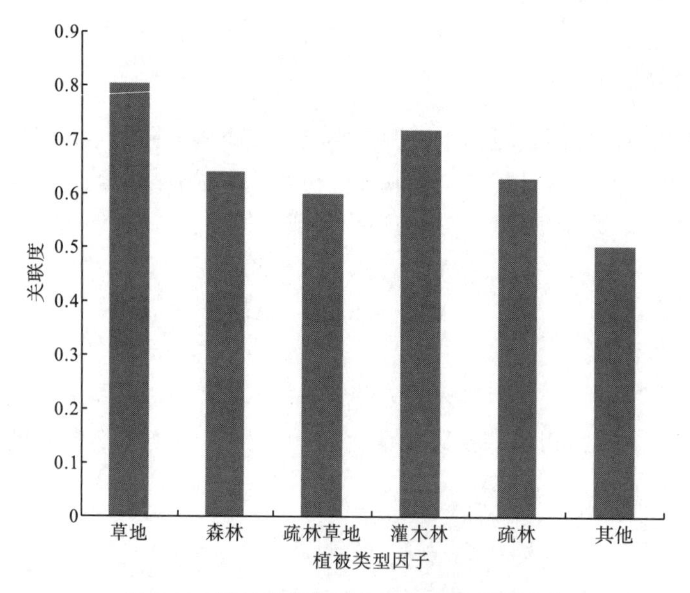


图 4-13　植被类型因子与枯水资源的关联度

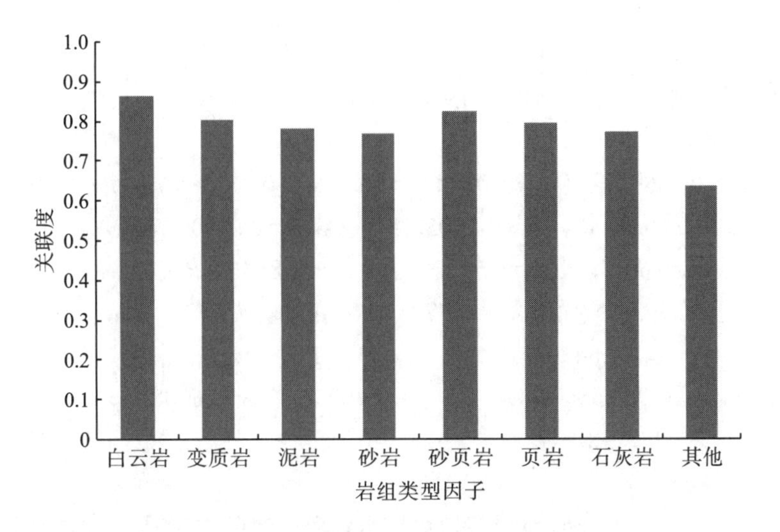


图 4-14　岩组类型因子与枯水资源的关联度

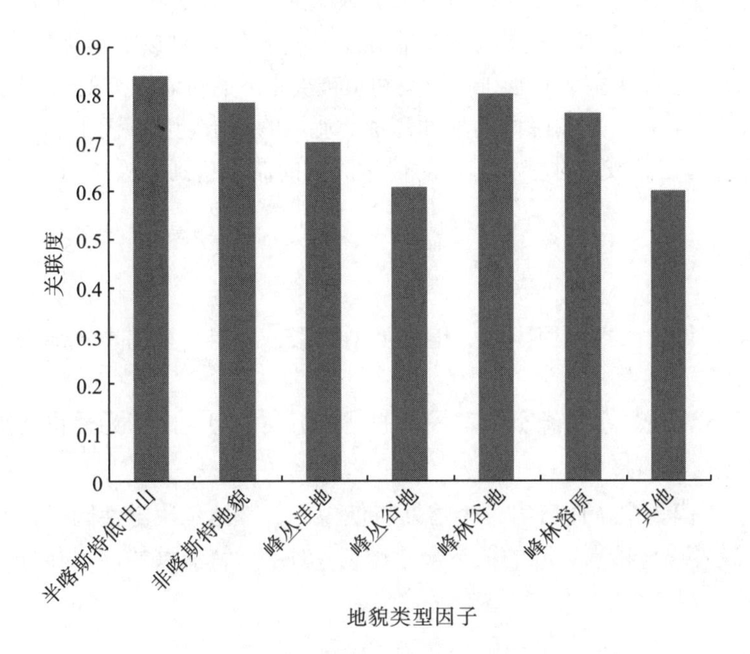


图 4-15　地貌类型因子与枯水资源的关联度

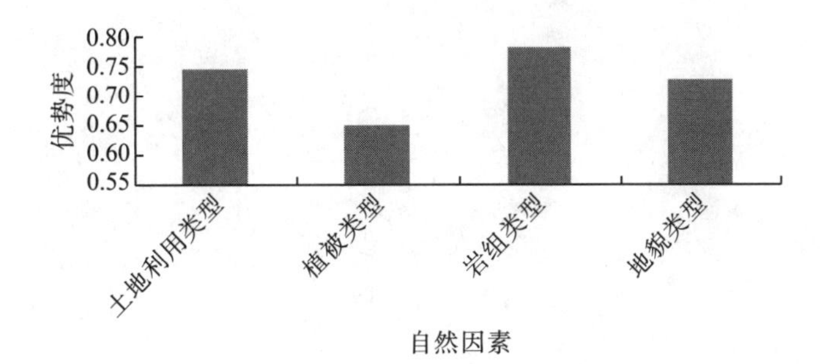


图 4-16　自然因素与枯水资源的优势度

由图 4-12～图 4-16 可得出以下结果。

(1)各因子的关联度、各自然因素的优势度均大于 0.5，说明各自然因素及其因子均对枯水资源产生影响。

(2)$R_{(草地关联度)}=0.7669>R_{(林地关联度)}=0.7666>R_{(荒地关联度)}=0.763>R_{(旱地关联度)}=0.7606>R_{(水域关联度)}=0.7523>R_{(水田关联度)}=0.6629$；$R_{(草地关联度)}=0.8052>R_{(灌木林关联度)}=0.7190>R_{(森林关联度)}=0.6415>R_{(疏林关联度)}=0.6311>R_{(疏林草地关联度)}=0.6017>R_{(其他)}=0.5021$；$R_{(白云岩关联度)}=0.8646>R_{(砂页岩关联度)}=0.8246>R_{(变质岩关联度)}=0.803>R_{(页岩关联度)}=0.7933>R_{(泥岩关联度)}=0.7791>R_{(石灰岩关联度)}=0.7721>R_{(砂岩关联度)}=0.7662>R_{(其他)}=0.6354$；$R_{(半喀斯特低中山关联度)}=0.8420>R_{(峰林谷地关联度)}=0.8014>R_{(非喀斯特地貌关联度)}=0.7826>R_{(峰林溶原关联度)}=0.7617>R_{(峰丛洼地关联度)}=0.7003>R_{(峰丛谷地关联度)}=0.6102>R_{(其他)}=0.6008$。

(3) $\bar{R}_{(岩组类型优势度)}=0.7798>\bar{R}_{(土地利用类型优势度)}=0.7454>\bar{R}_{(地貌类型优势度)}=0.7284>\bar{R}_{(植被类型优势度)}=0.6501$。

(4)在喀斯特流域中，峰林地貌类型对枯水资源的影响大于峰丛地貌类型。

综上所述，在喀斯特流域中，影响枯水资源的因素错综复杂，其中岩性是起主导作用的因素。不同岩性，其裂隙率、孔隙度、洞道大小等不同，直接影响喀斯特流域的储水、导水能力。其次是地貌类型、土地利用类型和植被类型。不同地貌类型，其坡度陡缓不同、地表土层厚薄不同，将会影响降雨的坡面流速、流域的储水功能；土地利用类型和植被类型将直接影响降雨在流域的时空分配，对促进流域的储水起到积极作用。

### 4.5.5 小结

(1)喀斯特流域内土地利用因素、植被类型因素、岩组类型因素、地貌类型因素均对枯水资源产生影响。

(2)综合考虑，对枯水资源贡献率最大的是岩组类型因素，即为最优势因子。优势因素排列为：$\bar{R}_{(岩组类型因素)}>\bar{R}_{(土地利用因素)}>\bar{R}_{(地貌类型因素)}>\bar{R}_{(植被类型因素)}$。

(3)在各自然因素中，白云岩、半喀斯特低中山、草地是决定性因子，对枯水资源的贡献率最大，或者说与枯水资源的关系最为密切，对喀斯特流域的储水和导水能力起着决定性作用。

# 第 5 章　喀斯特流域枯水资源遥感信息识别与反演

## 5.1　喀斯特流域枯水资源遥感信息识别模型

### 5.1.1　概述

枯水与洪水一样同属于极值水文学范畴，无论是国内还是国外，对洪水的研究都非常多。目前国内外有对枯水径流频率的研究、有对枯水径流特征的研究、有对枯水径流预测预报的研究、有对枯水流量的研究，但对枯水资源的研究，尤其是利用 RS 技术对枯水资源的研究未见有相关报道。因此，本研究将利用赋水光谱(即对赋水物质反射率较高的光谱波段)特征，结合遥感技术，从 TM 影像判读枯季流域下垫面物质的赋水状况，并用色斑面积大小表示赋水物质的分布面积，用色斑色调深浅表示赋水物质的含水量高低，建立枯水资源预测数学模型，用于解决无资料、无数据地区枯水资源量的计算，为更充分、更合理地估算、利用枯水资源提供强有力的理论依据。

### 5.1.2　水文数据处理与遥感信息识别

1. 水文数据处理

根据贵州省水文总站整编的贵州省历年枯水流量统计资料，选择观测年数有 10 年以上的水文断面共 18 个，观测资料年限为 20 世纪 80～90 年代，对不足 10 年的观测资料，参考邻站延长到 10 年，并计算各流域最枯月多年流量均值(表 5-1)。

2. 遥感信息识别

TM 影像判读过程见图 5-1。

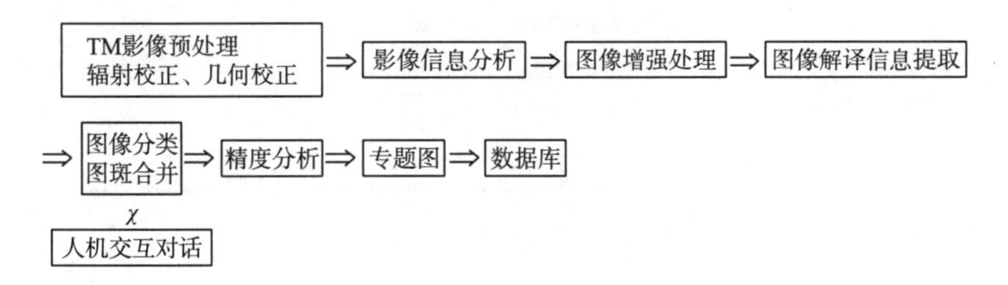


图 5-1　TM 影像判读过程

本节选用1985年12月至1995年12月的TM影像，利用ERDASIMAGE8.5和ENVI3.6遥感软件进行信息提取。

(1)TM影像处理。辐射校正、几何校正、投影校正。

(2)研究样区训练。即以河流、湖泊、水田为Area1类(即第一类含水区域色斑总面积)；以湿地及含水量相对较多，影像相对明显的为Area2类(即第二类含水区域色斑总面积)；以旱地和基本可以分辨出含有水的为Area3类(即第三类含水区域色斑总面积)；以含水极少的或难以分辨出含有水的为 Area4 类(即第四类含水区域色斑总面积)；未被分辨的为Area0类(即第五类含水区域色斑总面积)。

(3)监督分类。利用训练后的样区对所选出的18个流域研究样区进行监督分类；对监督分类处理后的流域样区分别进行聚类统计分析(Clump)、过滤分析(Sieve)、去除分析(Eliminate)和分类重编码(Record)等处理。

(4)专题图制作。枯水资源遥感信息识别示意图见图5-2。

(5)数据库生成。枯水及面积统计数据见表5-1。

表5-1 枯水及面积统计数据

| 站名 | 年数/a | Area0/$km^2$ | Area1/$km^2$ | Area2/$km^2$ | Area3/$km^2$ | Area4/$km^2$ | 流量均值/($m^3/s$) |
|---|---|---|---|---|---|---|---|
| 黄猫村站 | 15 | 58.018 | 65.837 | 41.396 | 44.288 | 420.897 | 2.04 |
| 坡脚站 | 10 | 87.368 | 54.837 | 1708.337 | 9.525 | 15.097 | 153.14 |
| 五家院子 | 15 | 292.018 | 4.443 | 313.226 | 1371.525 | 26.677 | 3.10 |
| 高车站 | 22 | 588.149 | 38.882 | 9.741 | 974.634 | 310.272 | 5.70 |
| 贵阳二站 | 12 | 127.043 | 4.611 | 84.586 | 639.180 | 15.411 | 3.36 |
| 三岔河站 | 10 | 46.165 | 2.731 | 51.263 | 816.934 | 3.755 | 16.58 |
| 草坪头站 | 19 | 19.167 | 0.033 | 0.395 | 17.887 | 51.213 | 3.28 |
| 下湾站 | 21 | 135.521 | 1.474 | 0.303 | 481.132 | 155.662 | 4.18 |
| 徐家渡站 | 12 | 16.878 | 0.061 | 28.080 | 453.916 | 2.302 | 22.21 |
| 这洞站 | 22 | 126.658 | 22.098 | 4.070 | 309.549 | 47.871 | 69.12 |
| 长坝站 | 20 | 45.185 | 0.272 | 43.087 | 308.446 | 9.549 | 22.28 |
| 麦翁站 | 15 | 28.100 | 0.202 | 34.486 | 435.531 | 0.108 | 0.65 |
| 六洞桥站 | 15 | 10.897 | 52.657 | 6.588 | 104.807 | 0.504 | 1.68 |
| 下司站 | 15 | 34.720 | 268.368 | 31.194 | 523.997 | 2.739 | 13.24 |
| 修文电厂站 | 17 | 77.541 | 378.062 | 130.656 | 745.956 | 10.167 | 5.60 |
| 余庆站 | 14 | 6.638 | 36.982 | 1.488 | 72.476 | 9.290 | 2.76 |
| 皂角屯站 | 13 | 43.517 | 170.496 | 73.828 | 320.656 | 20.336 | 11.32 |
| 狮子石站 | 12 | 46.360 | 0.739 | 57.704 | 100.669 | 57.416 | 7.39 |

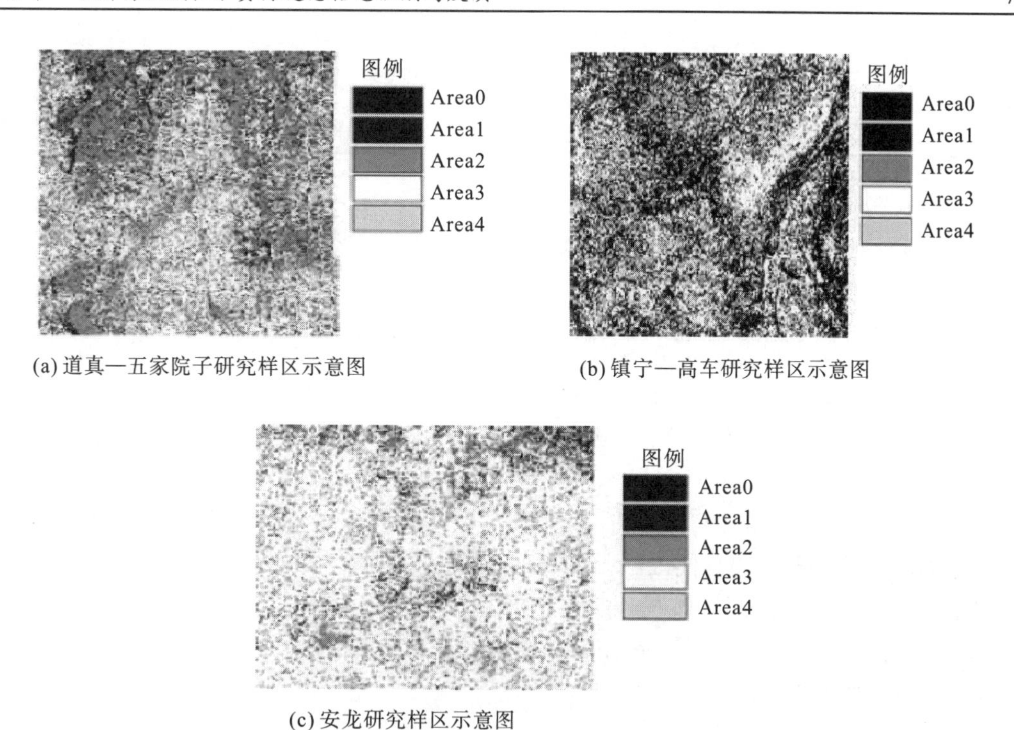


(a) 道真—五家院子研究样区示意图

(b) 镇宁—高车研究样区示意图

(c) 安龙研究样区示意图

图 5-2　枯水资源遥感信息识别示意图

### 5.1.3　遥感信息识别模型建立

本节主要是为了从 TM 影像中判读出枯水资源量，因此选择历年枯季最小月平均流量均值为因变量，以遥感影像中不同含水物质的色斑面积总和为自变量。以表 5-1 的数据为基础，利用式(4-12)，通过 SPSS 软件对枯水径流量与首先因子 Area0 进行一元回归；然后选 Area0 和 Area1 进行二元回归；再增加到三元(Area0、Area1 和 Area2)，四元(Area0、Area1、Area2 和 Area3)和五元(Area0、Area1、Area2、Area3 和 Area4)回归。再利用式(4-10)，分别对各回归方程进行 $F$ 检验，计算结果见表 5-2。

从表 5-2 中得出：①自变量为一元时，常数为 20.234；$\beta_1$ 系数−0.00926；$F$ 统计量 0.02；多元相关系数 $R$=0.035，$F_{0.05}(1，15)=4.54$，回归方程 $Y=20.234-0.00926X_1$ 是不显著的(因为 $F<F_\alpha$)。②自变量增加到五元时，常数为 19.197；$\beta_1$ 系数 0.05555，$\beta_2$ 系数−0.00715，$\beta_3$ 系数 0.07457，$\beta_4$ 系数−0.0289，$\beta_5$ 系数−0.0524；$F$ 统计量 9.602，多元相关系数 $R$=0.894，$F_{0.01}(5，11)=5.32$，回归方程：

$$Y=19.197+0.05555X_1-0.00715X_2+0.07457X_3-0.0289X_4-0.0524X_5 \tag{5-1}$$

式中：$Y$ 为最枯月流量均值，$m^3/s$；$X_1$ 为未被分类含水区域的总面积，$km^2$；$X_2$ 为第一类含水区域的总面积，$km^2$；$X_3$ 为第二类含水区域的总面积，$km^2$；$X_4$ 为第三类含水区域的总面积，$km^2$；$X_5$ 为第四类含水区域的总面积，$km^2$。

当 $\alpha$=0.01 时，将方程(5-1)代入方程(4-14)进行检验，算出统计量 $F=9.602>F_{0.01}(5，11)=5.32$，因此方程(5-1)是显著的。

表 5-2 多元回归计算成果表

| 几元回归 | $\beta_0$ | $\beta_1$ | $\beta_2$ | $\beta_3$ | $\beta_4$ | $\beta_5$ | $F$ | $R$ | $F_\alpha$ | 显著性 |
|---|---|---|---|---|---|---|---|---|---|---|
| 1 | 20.234 | −0.00926 | | | | | 0.02 | 0.035 | 4.54 | |
| 2 | 21.476 | −0.0107 | −0.018 | | | | 0.029 | 0.062 | 3.74 | |
| 3 | 10.49 | −0.0166 | −0.0227 | 0.08148 | | | 6.374 | 0.876 | 6.70 | * |
| 4 | 14.943 | 0.01577 | −0.0111 | 0.0785 | −0.0185 | | 4.917 | 0.886 | 5.41 | * |
| 5 | 19.197 | 0.05555 | −0.00715 | 0.07457 | −0.0289 | −0.0524 | 9.602 | 0.894 | 5.32 | ** |

注：*表示 $\alpha$=0.05 时显著；**表示 $\alpha$=0.01 时高度显著。

### 5.1.4 遥感信息识别模型样区检验

为了评定回归方程的精度，利用训练出来的样区对车边、施洞、铜仁三个水文站进行监督分类，把统计出的数据代入回归方程(5-1)进行计算，并与实测数对比。通过计算比较得出，车边水文站实测均值与计算值相差 0.054，施洞水文站实测均值与计算值相差 0.44，铜仁水文站实测均值与计算值相差 0.48(表 5-3)。说明用回归方程(5-1)来判读 TM 影像枯水资源的效果是比较明显的。

表 5-3 样区检验表

| 站名 | 年数/a | Area0/$km^2$ | Area1/$km^2$ | Area2/$km^2$ | Area3/$km^2$ | Area4/$km^2$ | 计算值/($m^3$/s) | 实测均值/($m^3$/s) | 相对误差/% |
|---|---|---|---|---|---|---|---|---|---|
| 车边站 | 21 | 1.598 | 571.311 | 7.226 | 275.423 | 50.935 | 5.103 | 5.157 | 1.05 |
| 施洞站 | 20 | 21.236 | 933.787 | 324.108 | 19.714 | 5.599 | 37.005 | 36.565 | 1.20 |
| 铜仁站 | 22 | 56.747 | 931.585 | 69.602 | 36.055 | 15.501 | 19.023 | 18.543 | 2.59 |

### 5.1.5 小结

(1)利用 RS 技术，根据赋水物质的光谱特点，可及时、准确地掌握流域下垫面枯季的赋水状况。

(2)通过 GIS 软件，对信息提取后的每个研究样区遥感影像进行色斑面积统计，并建立各类色斑面积与枯水径流间的多元回归模型。

(3)利用回归模型，快速、准确地计算出无实测数据地区流域的枯水径流量，为枯水资源的评价提供强有力的理论依据。

(4)提出了利用流域赋水光谱特性预测枯水资源的新方法。

## 5.2 喀斯特流域枯水资源遥感反演模型研究

### 5.2.1 概述

在喀斯特流域内，地表崎岖，地下洞隙纵横交错，水文动态变化剧烈，地表水渗漏严重，地下持水、保水能力差；土层薄、肥力低、植被生长困难，水土流失严重，形成了独特的、脆弱的喀斯特自然景观，严重地制约了喀斯特流域的持水、供水能力。因此，喀斯特流域与正常流域特别是湿润地区常态流域相比，其空间结构、水系发育、地貌景观、水文动态规律都有明显的差异，这种差异严重地影响了喀斯特流域水资源的开发，尤其是枯水资源。喀斯特流域枯水资源是指在现有的经济技术条件下，喀斯特流域枯水季节可开发利用的水资源。本节以贵州省为例，以 ASTER 影像为基础，利用 ERDAS、ENVI 自动提取 DEM 数据，从中选取具有代表性的喀斯特流域 28 个，并利用 ArcGIS、ArcViewGIS 提取喀斯特流域流网密度、流域形状系数、主河道纵比降等 10 个因素。利用 SPSS、MATLAB 软件进行数据处理，建立喀斯特流域枯水资源遥感反演模型，并任选三个喀斯特流域样区对反演模型进行检验。

### 5.2.2　数据获取

1. 水文数据获取

根据贵州省水文总站整编的贵州省历年枯水流量统计资料，从中选取具有连续 5～10 年水文观测的、具有代表性的喀斯特流域水文断面 28 个，计算多年平均枯水径流深，并进行标准化处理。

2. DEM 数据获取

喀斯特流域 DEM 的提取步骤：使用数字影像匹配技术，收集为生成 DEM 所需的同名像点；利用摄影测量原理，确定同名像点所对应的地物点的空间坐标；构建 DEM。立体影像处理流程图如图 4-5 所示。

3. 喀斯特流域水系提取

基于 ArcViewGIS 提取流域水系特征包括 5 个流程：DEM 的预处理、水流流向的确定、汇流栅格图的生成、自动生成河网、子流域边界的划分。具体流程见图 4-7，提取的喀斯特流域水系图见图 5-3。

图 5-3　喀斯特流域水系图

### 4. 流域特征数据提取

以提取的DEM数据为基础，利用RS和GIS技术，提取喀斯特流域特征数据。为消除不同单位的影响，对所获取的原始数据进行标准化处理，结果见表5-4。

表5-4 喀斯特流域特征与枯水径流数据

| 水文站 | 流域出口高程 | 河网分支数 | 主河道长度 | 河网密度 | 流域结构 | 主河道纵比降 | 流域形状系数 | 流域崎岖数 | 流域平均高程 | 高程标准差 | 枯水径流深 |
|---|---|---|---|---|---|---|---|---|---|---|---|
| 石牛口 | −0.375 | −0.572 | −0.782 | −0.265 | −0.192 | 0.235 | 0.817 | −0.937 | −1.039 | −0.847 | −0.968 |
| 乌江渡 | −0.387 | −0.77 | −0.962 | −0.409 | −0.192 | 2.077 | 0.051 | 0.123 | −0.803 | 0.037 | 0.146 |
| 营盘 | 0.037 | 0.002 | −0.479 | 0.378 | 5.375 | −0.937 | 0.917 | −0.543 | −0.798 | −0.570 | 1.701 |
| 白家林 | −0.375 | 0.710 | 0.880 | 0.173 | −0.193 | −0.847 | 0.135 | −0.206 | −0.809 | −0.549 | −0.260 |
| 长河坝 | −0.787 | 0.812 | 1.057 | 0.128 | −0.193 | −0.764 | 0.149 | 0.219 | −1.054 | −0.261 | −0.013 |
| 田坝 | −1.441 | 1.695 | 1.410 | −0.220 | −0.192 | −0.442 | −0.183 | 1.369 | −1.294 | 0.633 | 1.671 |
| 猴昌河 | 0.037 | −0.834 | −0.915 | −0.451 | −0.192 | 3.264 | −0.574 | 1.270 | 0.923 | 0.878 | 1.129 |
| 三岔河 | 1.684 | −0.329 | −0.424 | −0.349 | −0.192 | −1.628 | 0.106 | −0.142 | 2.134 | −0.123 | −0.357 |
| 河头寨 | 0.531 | 0.916 | 1.815 | −0.213 | −0.192 | −0.626 | −0.754 | 1.228 | 1.383 | 0.782 | 1.091 |
| 红枫 | 1.684 | −0.570 | −0.647 | 5.263 | −0.194 | −0.710 | 0.318 | 0.219 | 0.673 | −1.859 | −0.119 |
| 对江 | 1.610 | −0.516 | −0.433 | −0.257 | −0.191 | 0.449 | 0.382 | 0.086 | 1.889 | 0.207 | −0.027 |
| 水头寨 | 0.860 | 0.167 | 0.587 | −0.354 | −0.192 | −0.190 | 0.523 | 0.723 | 1.634 | 0.505 | 0.651 |
| 鸭池河 | 0.037 | 3.135 | 2.515 | −0.309 | −0.192 | −0.636 | 1.028 | 1.865 | 1.184 | 1.187 | 1.675 |
| 徐家渡 | 0.449 | 1.057 | 1.794 | −0.239 | −0.192 | −0.524 | −0.656 | 1.556 | 1.368 | 0.793 | 1.461 |
| 下司 | −0.787 | 0.094 | 0.296 | −0.043 | −0.192 | −0.598 | −0.099 | −0.364 | −0.441 | 0.474 | −0.281 |
| 湾水 | −0.704 | −0.085 | 0.071 | −0.575 | −0.192 | −0.065 | −0.073 | −0.064 | −0.747 | 0.111 | 0.016 |
| 下湾 | 0.053 | 0.056 | −0.346 | −0.099 | −0.192 | −0.374 | 0.402 | −0.852 | −0.231 | −0.517 | −0.974 |
| 松泊山 | 1.272 | −0.841 | −0.848 | 0.198 | −0.193 | −0.469 | 0.556 | −1.586 | −0.078 | −2.019 | −1.483 |
| 龙塘 | 0.284 | −0.603 | −0.819 | −0.416 | −0.192 | 0.475 | −0.426 | −0.873 | −0.037 | −0.219 | −0.900 |
| 小围寨 | 0.037 | −0.700 | −0.835 | −0.032 | −0.192 | −0.069 | 0.309 | −1.232 | 0.045 | −0.102 | −1.067 |
| 文峰塔 | 0.037 | −0.626 | −0.616 | −0.057 | −0.192 | 0.292 | 0.526 | −0.375 | −0.236 | −0.506 | −0.286 |
| 阿哈 | 0.132 | −0.216 | 0.316 | −0.051 | −0.192 | −0.464 | −0.751 | −0.035 | −0.180 | −0.560 | 0.150 |
| 花溪 | 0.860 | −0.874 | −1.089 | −0.085 | −0.193 | −0.028 | 0.666 | −1.690 | 0.121 | −1.316 | −1.673 |
| 天生桥 | 1.272 | −0.875 | −1.027 | 0.001 | −0.192 | 0.352 | −0.915 | −1.216 | 0.550 | −1.423 | −1.451 |
| 高车 | −0.746 | −0.476 | −0.396 | −0.406 | −0.192 | 1.416 | −0.165 | 1.366 | −0.195 | 0.750 | 0.937 |
| 这洞 | −1.610 | −0.093 | −0.461 | −0.306 | 0.197 | −0.485 | 1.233 | −1.289 | −1.069 | 0.932 | −1.248 |
| 大田河 | −1.610 | 2.526 | 1.498 | −0.281 | −0.192 | −0.775 | 0.165 | 0.276 | −0.655 | 2.295 | 0.065 |
| 玻里 | −1.610 | −0.828 | −0.713 | −0.310 | −0.191 | 1.949 | 0.44 | 1.055 | −1.478 | 0.452 | 0.824 |

### 5.2.3　遥感反演模型建立

根据表 5-4，借助 SPSS 和 MATLAB 统计软件，利用式(4-13)，计算枯水径流深与流域特征因素相关系数；采用逐步回归分析，利用式(4-12)，计算遥感反演模型系数，结果见表 5-5。

**表 5-5　流域特征相关系数、遥感反演模型标准化系数**

| 系数 | 流域出口高程 | 河网分支数 | 主河道长度 | 河网密度 | 流域结构 | 主河道纵比降 | 流域形状系数 | 流域崎岖数 | 流域平均高程 | 高程标准差 |
|---|---|---|---|---|---|---|---|---|---|---|
| 相关系数 | −0.299 | 0.525** | 0.612** | −0.068 | 0.300 | 0.105 | −0.202 | 0.900** | 0.071 | 0.589** |
| 模型系数($\beta$) | 0.113 | −0.075 | 0.150 | −0.055 | 0.407 | 0.022 | 0.036 | 0.939 | −0.123 | 0.011 |
| 方差分析 | $R$ | $R^2$ | $F$ | $F_\alpha$ | 显著性 | | | | | |
| | 0.981 | 0.982 | 111.984 | 3.37 | ** | | | | | |

备注：*表示 $\alpha$ =0.05 时显著；**表示 $\alpha$ =0.01 时高度显著。

由表 5-5 可得出以下结果。

(1)喀斯特流域特征对枯水资源的影响较大，其中影响最大的是流域崎岖数，相关系数达 0.900，其次是主河道长度，相关系数达 0.612，再次是喀斯特流域高程的变化。

(2)根据标准化的模型系数，可得遥感反演模型，即

$$Y = 0.113X_1 - 0.075X_2 + 0.15X_3 + \cdots + 0.011X_{10} \tag{5-2}$$

通过方差分析得知，该模型的相关系数 $R$ 为 0.981，模型拟合指数 $R^2$ 为 0.982，说明模型拟合程度很好，方差检验特别显著，枯水资源遥感反演效果非常好。

综上所述，在喀斯特流域，流域崎岖数越大，其持水和供水能力就越强。因为喀斯特流域地表崎岖，土层薄，地下洞隙纵横交错，流域持水和保水困难，而流域崎岖数越大，流域厚度就越大，流域持水和供水的空间就很大，则持水和供水能力就越强。由于喀斯特流域是地表-地下双重水系，如流域主河道越长，流域控制的地表面积就越大，汇流的地表水就越多，流域从亏损流域或平衡流域向盈水流域转换，则流域的持水和供水能力也就越大。此外，流域分支数越多，流域水系发育就越好，地表汇流就越好，流域持水和供水能力就越强。

### 5.2.4　遥感反演模型样区检验

为了评定遥感反演模型的精度，任选三个喀斯特流域，按上述方法对其特征因素进行统计，代入模型(5-1)进行计算。通过计算比较得出，相对误差值都比较小(表 5-6)，说明通过建立的数学模型(5-1)来反演喀斯特流域枯水资源效果是比较好的。

表 5-6 模型检验表

| 流域特征 | 下湾 | 大田河 | 高旺寨 |
|---|---|---|---|
| 流域出口高程 | 1.12796 | 0.03679 | −1.60614 |
| 河网分支数 | −0.81151 | −0.57243 | 0.01904 |
| 主河道长度 | −0.81125 | −0.40616 | 0.76773 |
| 河网密度 | 0.03928 | −0.21215 | −0.24137 |
| 流域结构 | −0.19238 | −0.19206 | −0.19198 |
| 主河道纵比降 | 0.03130 | 0.28623 | −0.19288 |
| 流域形状系数 | −0.52927 | 0.85488 | −4.45368 |
| 流域崎岖数 | −1.04101 | −0.04751 | 1.13564 |
| 流域平均高程 | 0.27458 | 0.28480 | −1.31951 |
| 高程标准差 | −1.12432 | −0.00584 | 1.96480 |
| 枯水径流深(实测值) | −1.09271 | −0.13631 | 0.88455 |
| 枯水径流深(计算值) | −1.05590 | −0.12290 | 0.95330 |
| 相对误差/% | 3.37 | 9.84 | 7.77 |

### 5.2.5 小结

(1)喀斯特流域特征对喀斯特流域持水、保水和供水能力的影响较大。

(2)喀斯特流域河流的主河道长度是决定流域为亏损流域、平衡流域或盈水流域的关键。

(3)综合考虑，影响喀斯特流域持水和供水能力最大的是流域崎岖数，其次是主河道长度，再次是流域高程变化。

(4)根据逐步回归分析，得出了喀斯特流域枯水资源遥感反演模型[式(5-2)]。

## 5.3 喀斯特流域水资源遥感反演模型研究

### 5.3.1 概述

喀斯特水资源是大气降水在流域下垫面再分配的表现。影响喀斯特水资源的因素很多，除土地利用类型、岩组类型、地貌类型外，植被类型也不容忽视。植被指数(VI)是对地表植被活动简单、有效和经验的度量，在一定程度上能反映流域下垫面的赋水状况。经过近 20 年的发展，植被指数已有几十种，其中比值植被指数(RVI)、差值植被指数(DVI)已广泛应用在全球与区域土地覆盖、植被分类和环境变化等研究领域。本节在贵州省内选取 20 个具有连续 5 年观测水文数据和遥感资料的典型喀斯特流域，利用遥感技术，从 TM 影像中提取喀斯特流域的 RVI、DVI，利用现代数学方法，探讨喀斯特流域水资源与 RVI、DVI 的关系，建立喀斯特水资源监测、预测的遥感信息模型，并利用 5 个研究样区对模型进行检验。

### 5.3.2 研究数据

1. 水文数据

水文数据是根据贵州省水文总站整编的贵州省历年各月平均流量统计资料以及贵州省水文水资源局整编的贵州省水资源公报，选其中都处于相同气候带的 20 个水文断面，时间范围为 2005～2010 年，流域面积一般以中小流域为主，目的是保证流域下垫面的地质条件尽可能相同或相近。各流域 9 月的平均径流深见表 5-7。

2. 遥感数据

1) 遥感影像预处理

(1) 遥感数据选取。数据选用 TM 影像，成像时间为 2005 年 9 月至 2010 年 9 月，共 6 年 6 个时段，保证每个时段研究样区云量小于 30%。

(2) 大气校正。目前，大气校正的方法有很多，其中，大气辐射传输模型是大气校正中精度较高的方法。它是利用电磁波在大气中的辐射传输原理建立的模型来对遥感图像进行大气校正。本节采用的 FLAASH 模型是改进的 MORTRAN 模型，它不仅可以对高光谱数据进行大气校正，还可以对多光谱数据如 Landsat、SPOT、AVHRR、MERIS、IRS 和 ASTER 等数据进行大气校正。

表 5-7 喀斯特流域研究样区水文数据及植被指数

| 序号 | 县名 | 水文站名 | 9 月份径流深/mm | 植被指数 | |
|---|---|---|---|---|---|
| | | | | RVI | DVI |
| 1 | 沿河 | 塘坝 | 6.2 | 0.2094 | −0.0967 |
| 2 | 江口 | 江口 | 20.3 | 2.5127 | 0.1336 |
| 3 | 毕节 | 徐花屯 | 1.9 | 4.1879 | 0.1799 |
| 4 | 清镇 | 鸭池河 | 89.8 | 4.0014 | 0.1797 |
| 5 | 贵阳市 | 贵阳 | 9.8 | 2.0803 | 0.1181 |
| 6 | 铜仁 | 铜仁 | 74.5 | 3.1918 | 0.1643 |
| 7 | 剑河 | 南哨 | 31.5 | 2.8484 | 0.1497 |
| 8 | 镇宁 | 高车 | 55.1 | 3.0657 | 0.1612 |
| 9 | 安龙 | 坡脚 | 93.1 | 4.1964 | 0.1813 |
| 10 | 修文 | 修文电厂 | 48.8 | 2.9484 | 0.1532 |
| 11 | 余庆 | 余庆 | 7.4 | 1.2401 | 0.0443 |
| 12 | 独山 | 下司 | 26.2 | 2.5371 | 0.1367 |
| 13 | 正安 | 正安 | 49.5 | 2.953 | 0.1542 |
| 14 | 普定 | 三岔河 | 87.7 | 3.6634 | 0.1796 |
| 15 | 道真 | 五家院子 | 33.1 | 2.8815 | 0.1517 |
| 16 | 麻江 | 下司二 | 54.3 | 3.009 | 0.1604 |

续表

| 序号 | 县名 | 水文站名 | 9月份径流深/mm | 植被指数 | |
|---|---|---|---|---|---|
| | | | | RVI | DVI |
| 17 | 施秉 | 施洞 | 77.5 | 3.3225 | 0.1701 |
| 18 | 岑巩 | 车边 | 13.2 | 2.4202 | 0.1221 |
| 19 | 贞丰 | 大田河 | 64.1 | 3.0869 | 0.1638 |
| 20 | 习水 | 石笋 | 19 | 2.4494 | 0.1284 |

(3)几何校正。几何校正包括图像对地形图和图像对图像的配准。地形图是国家基础地理信息1∶25万数据，其坐标为地理坐标，采用克拉索夫斯基椭球体计算。影像配准利用多项式中的4项式，控制点选择40个左右，配准精度在5个像素内，而图像对图像配准保证在0.3个像素，为了保证光谱信息，重采样时要选最近邻法。

2)表观反射率计算

(1)光谱辐射亮度的计算：

$$L = \text{Gain} \cdot \text{DN} + \text{Bias} \tag{5-3}$$

如果没有定标参数Gain和Bias的资料，某一波段的$L$可以根据下式计算：

$$L = \frac{L_{\max} - L_{\min}}{\text{QCAL}_{\max} - \text{QCAL}_{\min}} \cdot \left(\text{QCAL} - \text{QCAL}_{\min}\right) + L_{\min} \tag{5-4}$$

式中：QCAL为某一像元的DN值，即QCAL=DN，$\text{QCAL}_{\max}$为像元可以取的最大值255，$\text{QCAL}_{\min}$为像元可以取的最小值。对于Landsat-7来说，式(5-4)可改为($\text{QCAL}_{\min}$=1)：

$$L = \frac{L_{\max} - L_{\min}}{254} \cdot \left(\text{DN} - 1\right) + L_{\min} \tag{5-5}$$

对于Landsat-5来说，式(5-4)可改为($\text{QCAL}_{\min}$=0)：

$$L = \frac{L_{\max} - L_{\min}}{255} \cdot \text{DN} + L_{\min} \tag{5-6}$$

(2)表观反射率的计算：

$$\rho = \frac{\pi \cdot L \cdot D^2}{\text{ESUN} \cdot \cos\theta} \tag{5-7}$$

式中：$\rho$为大气层顶(TOA)的表观反射率(无量纲)；π为常量(球面度sr)；$L$为大气层顶进入卫星传感器的光谱辐射亮度；$D$为日地距离，根据表5-8，可以推算全年任何一天的日地距离；ESUN为大气层顶的平均太阳光谱辐照度，根据表5-9可查得。

$\theta$为太阳的天顶角，地面站提供的头文件给出的是太阳高度角$\beta$，因此$\theta = 90° - \beta$。另外，可以用下式直接求取$\cos\theta$。

$$\cos\theta = \sin\Phi \sin\delta + \cos\Phi \cos h \tag{5-8}$$

式中：$\Phi$为地理纬度；$\delta$为太阳赤纬；$h$为太阳时角。

表5-8　随时间变化的日地距离(天文单位)

| 日数 | 距离 | 日数 | 距离 | 日数 | 距离 | 日数 | 距离 | 日数 | 距离 |
|---|---|---|---|---|---|---|---|---|---|
| 1 | 0.9832 | 74 | 0.9945 | 152 | 1.0140 | 227 | 1.0128 | 305 | 0.9925 |

续表

| 日数 | 距离 | 日数 | 距离 | 日数 | 距离 | 日数 | 距离 | 日数 | 距离 |
|---|---|---|---|---|---|---|---|---|---|
| 15 | 0.9836 | 91 | 0.9993 | 166 | 1.0158 | 242 | 1.0092 | 319 | 0.9892 |
| 32 | 0.9853 | 106 | 1.0033 | 182 | 1.0167 | 258 | 1.0057 | 335 | 0.9860 |
| 46 | 0.9878 | 121 | 1.0076 | 196 | 1.0165 | 274 | 1.0011 | 349 | 0.9843 |
| 60 | 0.9909 | 135 | 1.0109 | 213 | 1.0149 | 288 | 0.9972 | 365 | 0.983 |

**表 5-9　Landsat-7 和 Landsat-5 的大气层顶平均太阳光谱照度**

| 波段 | 1 | 2 | 3 | 4 | 5 | 7 |
|---|---|---|---|---|---|---|
| Landsat-7ESUN | 1969.00 | 1840.00 | 1551.00 | 1044.00 | 225.70 | 82.07 |
| Landsat-5ESUN | 1957.00 | 1826.00 | 1554.00 | 1036.00 | 215.00 | 80.67 |

3）植被指数获取

(1) 比值植被指数。

1969 年 Jordan 率先提出了比值植被指数(ratio vegetation index，RVI)，该指数是一个十分简单的植被指数，用近红外波段与红光波段的比值来表示，充分表达两反射率之间的差异。RVI 的取值为 0 到无穷大。

$$\mathrm{RVI}=\frac{\rho_{\mathrm{NIR}}}{\rho_{\mathrm{RED}}} \tag{5-9}$$

式中：RVI 为比值植被指数；$\rho_{\mathrm{NIR}}$ 为近红外波段反射率；$\rho_{\mathrm{RED}}$ 为红光波段反射率。

比值植被指数是绿色植物的一个灵敏的指示参数，被广泛应用于估算和监测绿色植物生物量。在植被高密度覆盖情况下，它对植被十分敏感，与生物量的相关性最好。

(2) 差值植被指数。

差值植被指数(difference vegetation index，DVI)被定义为近红外波段与可见光红波段反射率数值之差。即

$$\mathrm{DVI}=\rho_{\mathrm{NIR}}-\rho_{\mathrm{RED}} \tag{5-10}$$

差值植被指数对土壤背景的变化极为敏感，有利于对植被生态环境进行监测。

本节选用 Landsat-7 数据，首先，利用式(5-5)计算地物光谱辐射亮度；其次，利用式(5-7)、式(5-8)，并根据表 5-8、表 5-9 计算地物表观反射率；再次，利用式(5-9)、式(5-10)分别计算地物表观反射率的 RVI、DVI，计算结果见表 5-7。

## 5.3.3　反演模型建立

首先，根据表 5-7，借助 SPSS、MATLAB、Eviews 统计软件，利用式(4-13)计算喀斯特流域水资源与 RVI、DVI 的相关关系(表 5-10)；其次，利用式(4-12)计算喀斯特水资源监测、预测模型系数，再根据式(4-14)，对建立的模型进行 $F$ 检验（表 5-11）。图 5-4 和图 5-6 是喀斯特水资源监测、预测模型的残差分布图，图 5-5 和图 5-7 表示研究样区水资源径流深与植被指数的拟合效果图。

表 5-10 径流深与植被指数相关系数矩阵

| 指标 | 径流深 | RVI | DVI |
|---|---|---|---|
| 径流深 | 1 | 0.654** | 0.565** |
| RVI | | 1 | 0.918** |
| DVI | | | 1 |

注：**表示 $\alpha=0.01$ 时高度显著。

表 5-11 模型系数表

| 系数<br>模型 | $\beta_0$ | $\beta_1$ | $\beta_2$ | $\beta_3$ | $\beta_4$ | $\beta_5$ | $R^2$ | $F$ | $F_\alpha$ | 显著性 |
|---|---|---|---|---|---|---|---|---|---|---|
| 1 | 17.1688 | −79.3154 | 150.0204 | −113.5740 | 36.6581 | −4.0364 | 0.7289 | 7.5268 | 5.29 | ** |
| 2 | 9.0444 | −163.7316 | −233.2869 | 17831.890 | 0 | 0 | 0.5956 | 7.8560 | 5.29 | ** |

注：*表示 $\alpha$=0.05 时显著；**表示 $\alpha$=0.01 时高度显著。

(1) 从表 5-10 可知，喀斯特水资源与其植被指数相关性很高，且在 $\alpha$=0.01 时高度显著，说明喀斯特流域植被覆盖率对流域赋水的作用不容低估；另外，比值植被指数(RVI)更能反映流域植被对喀斯特流域赋水的影响。

(2) 从表 5-11 可知，分别由比值植被指数(RVI)、差值植被指数(DVI)来拟合喀斯特水资源，其拟合的效果很好，如图 5-4、图 5-6 所示，拟合度都很高，分别达 0.7289、0.5956；利用式(5-11)对拟合的效果进行 $F$ 检验，其 $F$ 的最大值达 7.8560，最小值为 7.5268，均大于给定 $\alpha$=0.01 时的临界值 5.29，说明由此建立的模型高度显著；再通过残差分析，所建立模型的实际观测值与拟合值的偏差比较小，即除个别样本外，总体残差值均很小，都在接受的范围之内，说明用比值植被指数(RVI)和差值植被指数(DVI)对喀斯特水资源进行监测、预测的效果非常好。

(3) 利用式(4-14)，根据表 5-11，其喀斯特流域水资源监测、预测模型可表示为

$$\text{径流深} = 17.1688\text{RVI}_0 - 79.3154\text{RVI}_1 + 150.0204\text{RVI}_2 - 113.574\text{RVI}_3 + 36.6581\text{RVI}_4 - 4.0364\text{RVI}_5 \tag{5-11}$$

$$\text{径流深} = 9.0444 - 163.7316\text{DVI} - 233.2869\text{DVI}^2 + 17831.89\text{DVI}^3 \tag{5-12}$$

综上所述，在喀斯特地区，由于地表崎岖，地下洞隙纵横交错，水文动态变化剧烈，地表水渗漏严重，地下持水、保水能力差；土层薄、肥力低、植被生长困难，水土流失严重，形成了独特的、脆弱的喀斯特自然环境，严重地制约了喀斯特流域的持水、供水能力。喀斯特流域具有特殊的双重含水介质，形成了独特的地表-地下水系结构，因此，喀斯特流域与正常流域特别是湿润地区常态流域相比，其水资源的形成机制、空间分布规律具有一定的特殊性。流域植被类型及覆盖率将直接影响降雨在喀斯特流域的入渗及径流，即影响降雨在流域空间的再分配，因此，喀斯特流域植被指数是喀斯特流域赋水状况的决定性指标。

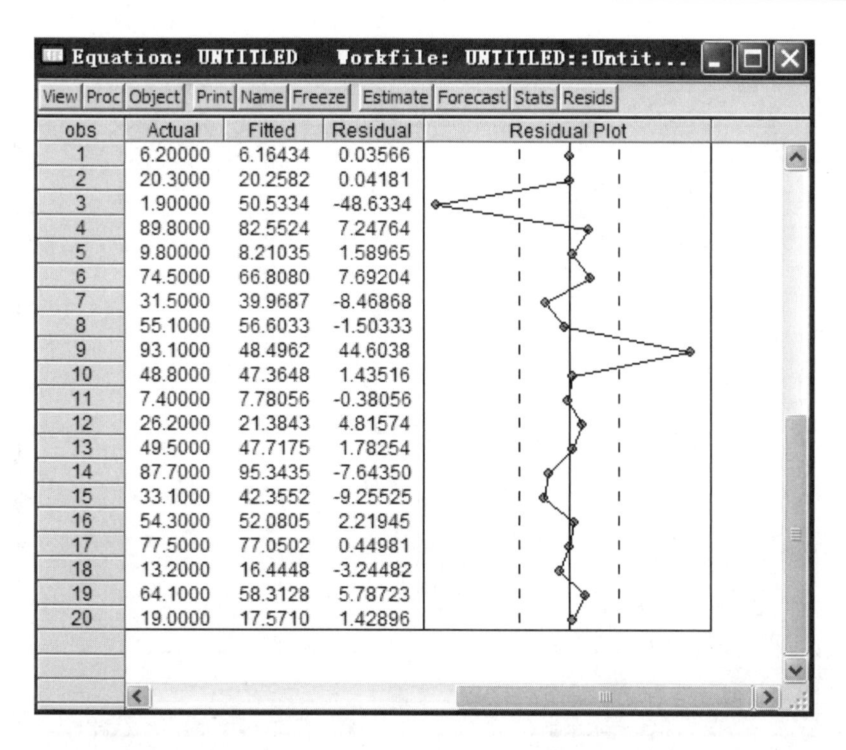


| obs | Actual | Fitted | Residual |
|---|---|---|---|
| 1 | 6.20000 | 6.16434 | 0.03566 |
| 2 | 20.3000 | 20.2582 | 0.04181 |
| 3 | 1.90000 | 50.5334 | -48.6334 |
| 4 | 89.8000 | 82.5524 | 7.24764 |
| 5 | 9.80000 | 8.21035 | 1.58965 |
| 6 | 74.5000 | 66.8080 | 7.69204 |
| 7 | 31.5000 | 39.9687 | -8.46868 |
| 8 | 55.1000 | 56.6033 | -1.50333 |
| 9 | 93.1000 | 48.4962 | 44.6038 |
| 10 | 48.8000 | 47.3648 | 1.43516 |
| 11 | 7.40000 | 7.78056 | -0.38056 |
| 12 | 26.2000 | 21.3843 | 4.81574 |
| 13 | 49.5000 | 47.7175 | 1.78254 |
| 14 | 87.7000 | 95.3435 | -7.64350 |
| 15 | 33.1000 | 42.3552 | -9.25525 |
| 16 | 54.3000 | 52.0805 | 2.21945 |
| 17 | 77.5000 | 77.0502 | 0.44981 |
| 18 | 13.2000 | 16.4448 | -3.24482 |
| 19 | 64.1000 | 58.3128 | 5.78723 |
| 20 | 19.0000 | 17.5710 | 1.42896 |

图 5-4　基于 RVI 的喀斯特水资源监测、预测模型残差分布图

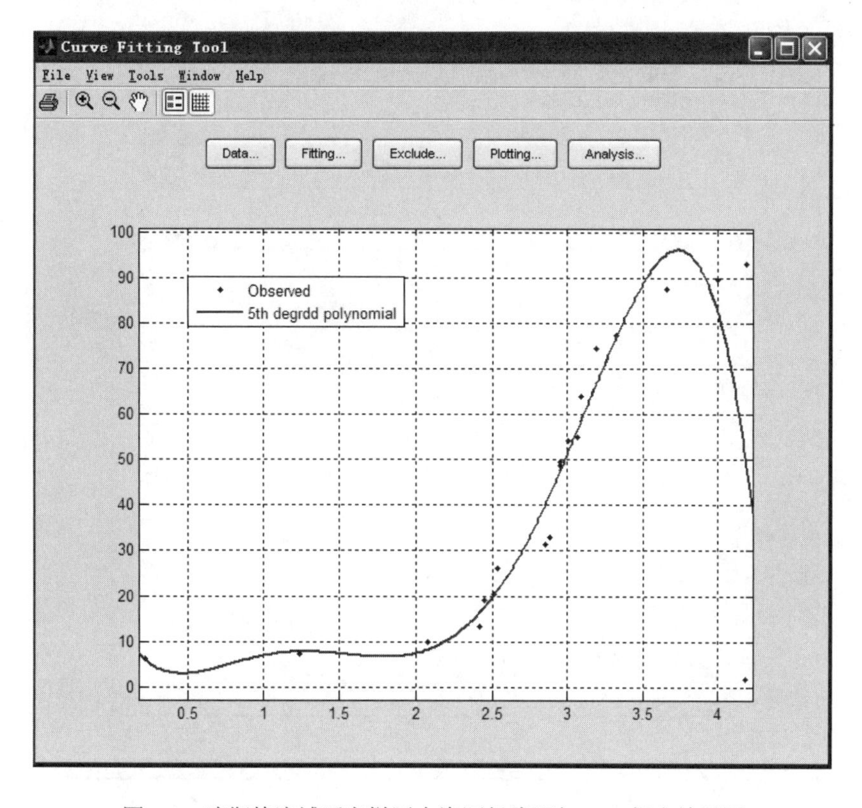


图 5-5　喀斯特流域研究样区水资源径流深与 RVI 拟合效果图

Equation: UNTITLED Workfile: UNTITLED::Untit...

View | Proc | Object | Print | Name | Freeze | Estimate | Forecast | Stats | Resids

| obs | Actual | Fitted | Residual | Residual Plot |
|---|---|---|---|---|
| 1 | 6.20000 | 6.57167 | -0.37167 | |
| 2 | 20.3000 | 25.5282 | -5.22822 | |
| 3 | 1.90000 | 75.8613 | -73.9613 | |
| 4 | 89.8000 | 75.5650 | 14.2350 | |
| 5 | 9.80000 | 15.8268 | -6.02681 | |
| 6 | 74.5000 | 54.9337 | 19.5663 | |
| 7 | 31.5000 | 39.1280 | -7.62804 | |
| 8 | 55.1000 | 51.2839 | 3.81605 | |
| 9 | 93.1000 | 77.9569 | 15.1431 | |
| 10 | 48.8000 | 42.6025 | 6.19753 | |
| 11 | 7.40000 | 2.88354 | 4.51646 | |
| 12 | 26.2000 | 27.8544 | -1.65439 | |
| 13 | 49.5000 | 43.6308 | 5.86920 | |
| 14 | 87.7000 | 75.4171 | 12.2829 | |
| 15 | 33.1000 | 41.0898 | -7.98981 | |
| 16 | 54.3000 | 50.3684 | 3.93163 | |
| 17 | 77.5000 | 62.2065 | 15.2935 | |
| 18 | 13.2000 | 18.0345 | -4.83451 | |
| 19 | 64.1000 | 54.3340 | 9.76599 | |
| 20 | 19.0000 | 21.9230 | -2.92302 | |

图 5-6 基于 DVI 的喀斯特水资源监测、预测模型残差分布图

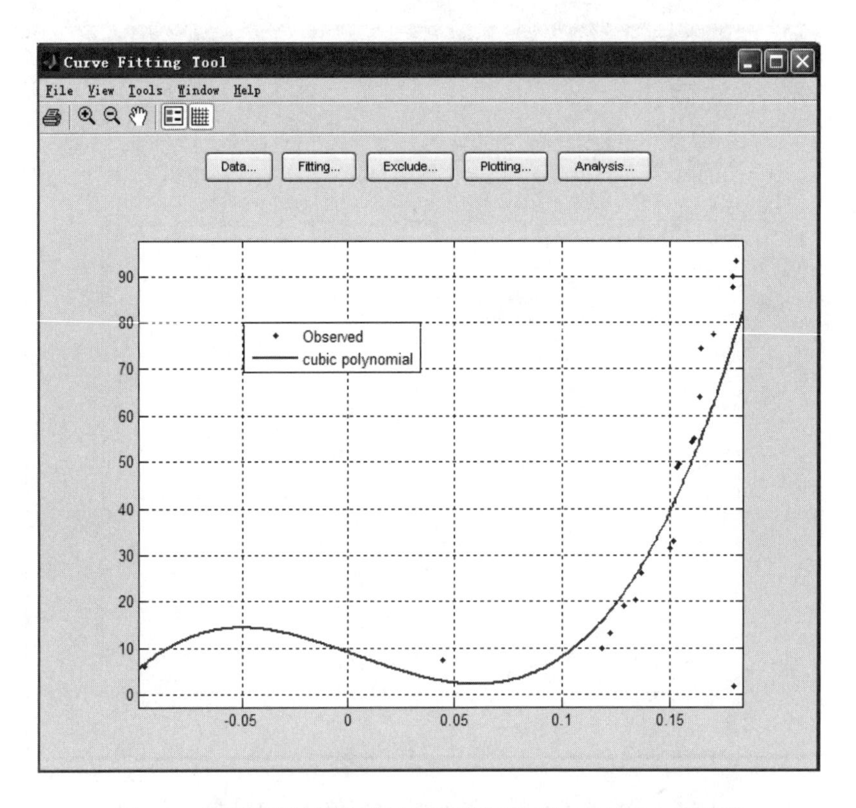


图 5-7 喀斯特流域研究样区水资源径流深与 DVI 拟合效果图

### 5.3.4　模型检验

为了评定监测、预测模型的精度，任选 5 个喀斯特流域作为研究样区，按上述方法对研究样区的遥感影像进行处理，提取 RVI、DVI，分别代入式(4-12)、式(4-13)进行计算，并与实测数值对比。通过计算比较得出，模型(5-11)、模型(5-12)相对误差值都比较小(表5-12)，说明用这两个模型对喀斯特流域水资源进行监测、预测的效果是比较理想的，尤其是模型(5-11)，效果更好，精度更高。

从理论上分析，原始遥感影像的 DN 未经过任何校正，包括辐射定标校正，只是进入传感器中的辐射能的一种数字转换形式，不能本质地反映地物的辐射特性。$L$ 和 $\rho$ 都经过了辐射定标校正，但是，当 $\rho$ 再经过大气校正后，它就是地物的反射率，能本质地反映地物的辐射特性，因此，由 $\rho$ 构建的 RVI、DVI 植被指数最能反映流域下垫面的植被覆盖率及变化状况。

**表 5-12　模型检验表**

| 序号 | 县名 | 水文站名 | 植被指数 | | 径流深实测值/mm | 径流深预测值/mm | | 绝对误差/mm | | 相对误差绝对值/% | |
|---|---|---|---|---|---|---|---|---|---|---|---|
| | | | $\rho$-RVI | $\rho$-DVI | | 模型(5-11) | 模型(5-12) | 模型(5-11) | 模型(5-12) | 模型(5-11) | 模型(5-12) |
| 1 | 金沙 | 木孔站 | 3.3861 | 0.1768 | 79.8 | 81.6635 | 71.3517 | −1.8635 | 8.4483 | 2.3352 | 10.5868 |
| 2 | 普安 | 草坪头 | 2.8834 | 0.1528 | 44.7 | 42.4942 | 42.1956 | 2.2058 | 2.5044 | 4.9347 | 5.6027 |
| 3 | 罗甸 | 石门坎 | 1.9296 | 0.1148 | 9.8 | 6.9471 | 14.1523 | 2.8529 | −4.3523 | 29.1112 | 44.4112 |
| 4 | 平坝 | 徐家渡 | 2.4494 | 0.1252 | 13.2 | 17.5710 | 19.8838 | −4.3710 | −6.6838 | 33.1136 | 50.6348 |
| 5 | 贵定 | 下湾 | 2.5178 | 0.1338 | 21.4 | 20.4894 | 25.6742 | 0.9106 | −4.2742 | 4.2551 | 19.9729 |

### 5.3.5　小结

(1) 喀斯特具有特殊的流域下垫面介质结构，其流域产、汇机制复杂，赋水影响因素多样，其中流域植被覆盖率起到决定性的作用。

(2) 利用地物表观反射率构建的比值植被指数(RVI)和差值植被指数(DVI)对喀斯特流域水资源进行监测、预测效果很好，尤其是利用 RVI 进行监测、预测，精度更高。

(3) 适合于喀斯特流域水资源监测、预测的数学模型为模型(5-11)和模型(5-12)。通过方差分析和样区检验，得出很好的预测效果。

# 第6章　喀斯特地区水资源、枯水资源承载力研究

## 6.1　喀斯特地区枯水资源承载力概念与探讨

### 6.1.1　概述

喀斯特流域与非喀斯特流域相比，其空间结构、水系发育规律、地貌景观的形成、水文动态变化等都有明显差异，这是由喀斯特流域独特的水文地貌结构及功能效应所致；同时，这种差异增加了喀斯特流域水资源的开发利用难度，尤其是枯水资源的开发利用。枯水资源是喀斯特流域水资源的重要组成部分，能否充分利用枯水资源直接影响到喀斯特地区的经济发展。而开发利用枯水资源，必须估算该地区的枯水资源量、掌握该地区枯水资源的可开发和可利用程度，即喀斯特地区枯水资源承载力。目前，国内外对非喀斯特地区水资源承载力的研究较多，而对喀斯特地区水资源承载力的研究相对较少，对喀斯特地区枯水资源承载力的研究则更是未见有报道。喀斯特地区枯水资源承载力是喀斯特地区持续发展过程中各种自然资源承载力的重要组成部分，且是水资源紧缺地区经济发展的“瓶颈”因素，并对喀斯特地区综合发展有着至关重要的影响。本节在阐明喀斯特地区枯水资源承载力概念与理论的基础上，提出喀斯特地区枯水资源承载力计算模型和分类系统，并以贵阳市为例进行计算研究。

### 6.1.2　喀斯特地区枯水资源承载力

1. 枯水资源承载力的定义及内涵

喀斯特地区枯水资源承载力(the low-flow resource carrying capacity of Karst Regions)：是指喀斯特地区在某一历史发展阶段，以可以预见的技术、经济和社会发展水平为依据，以可持续发展为原则，以维护生态环境良性循环为条件，经过合理优化配置，枯水资源可供给工农业生产、人民生活和生态环境保护等用水的最大能力，也即枯水资源的最大开发容量。从定义可以看出，喀斯特地区枯水资源承载力包括以下几方面的内容。

(1)时空内涵。喀斯特地区枯水资源承载力具有明显的时序性和区域性。在不同的时空尺度，相同枯水资源量的承载力是不同的。如 1m$^3$ 水在今天和 50 年后，由于用水水平不同所能生产的粮食数量或工业产值肯定是不一样的；在贵阳地区和麻江地区相同容量的水的承载力也是完全不同的。另外枯水资源承载力在时间上是一个将来的概念，具有特定的时间内涵。

(2) 社会经济内涵。喀斯特地区枯水资源承载力的社会经济内涵主要体现在人类开发喀斯特地区枯水资源的经济技术能力、社会各行业的用水水平、社会对喀斯特地区枯水资源的优化配置以及社会的用水结构等方面，因此喀斯特地区可以依靠调整产业结构和提升经济技术水平等社会手段来提高本地区的枯水资源承载力。

(3) 持续内涵。喀斯特地区枯水资源承载力表示喀斯特地区枯水资源持续供给该地区各种需水的能力，因此对喀斯特地区枯水资源的开发利用应是持续利用。

2. 枯水资源承载力的特性

(1) 有限性。喀斯特地区枯水资源的有限性表现在枯水资源量上的有限及经济技术能力的约束。具体包括三个方面：①在某一喀斯特地区内所能获得的枯水资源量是有限的，包括本流域枯水资源量和从外流域调入的枯水资源量；②一定经济技术条件下，枯水资源利用效率是有限的；③喀斯特地区枯水环境容量是有限的。

(2) 动态性。喀斯特地区枯水资源承载力是一个动态的概念。这是因为承载力的主体和客体，即喀斯特地区的枯水资源系统和社会经济系统都是动态的。喀斯特地区枯水资源系统由于本身质和量的不断变化，导致其支持能力也相应发生改变；而喀斯特地区社会体系的运行也使得社会对枯水资源的需求量在不断变化，因此，动态性是喀斯特地区枯水资源承载力的一个根本特性。

(3) 可增强性。喀斯特地区枯水资源承载力是可以增强的，其直接驱动力是人类社会对枯水资源需求的增加，社会表现是人口增加和社会经济的发展。在这种驱动力下，人们一方面拓宽枯水资源质和量的范围，另一方面不断增加枯水资源的使用内涵，从而增强喀斯特地区枯水资源的承载力。

(4) 模糊性。由于枯水资源生态经济系统的复杂性和不确性客观存在，以及人类认识的局限性，决定了枯水资源承载力在具体的承载指标上存在一定的模糊性。

### 6.1.3　喀斯特地区枯水资源承载力理论

1. 枯水资源承载力理论分析

喀斯特地区枯水资源承载力的承载体是喀斯特地区枯水资源，即可供该地区开发利用的各种形式、各种质地的枯水资源，其承载对象是该喀斯特地区所有与水相关的人类活动和生态环境，包括生活方面、工农业生产、商业、休闲娱乐及生态环境用水等。喀斯特地区枯水资源承载力主要由三方面因素决定：①喀斯特地区枯水资源的赋存状况，一般指可供该地区利用的枯水资源潜力 $W_T$；②喀斯特地区枯水资源的开发利用能力；③喀斯特地区的用水结构和用水水平。

$W_T$ 可按喀斯特地区枯水资源的赋存形式和质地表示成向量形式，即

$$\boldsymbol{W}_T = \left(W_{T1}, W_{T2}, W_{T3}, \cdots, W_{Tn}\right) \tag{6-1}$$

式中，$W_{Ti}\left(i=1,2,\cdots,n\right)$ 为枯水资源元素，表示 $T$ 时期喀斯特地区第 $i$ 种枯水资源的总量；$n$ 为喀斯特地区枯水资源总种类数。

喀斯特地区枯水资源开发利用程度 $a_T$ 也可用向量表示：

$$\boldsymbol{a}_T = \left(a_{T1}, a_{T2}, a_{T3}, \cdots, a_{Tn}\right) \tag{6-2}$$

式中，$a_{Ti}\left(i=1,2,\cdots,n\right)$ 为喀斯特地区枯水资源开发利用度因子，表示 $T$ 时期喀斯特地区对第 $i$ 种枯水资源的最大开发利用程度，$0 \leqslant a_{Ti} \leqslant 1.0$，它受喀斯特地区的社会、经济、生态环境状况及生产力、科技水平等因素制约。

假设 $T$ 时期某喀斯特地区的社会经济活动中与水资源相关的共有 $m$ 个对象(方面)，则可令矩阵 $\boldsymbol{WU}_{n\times m}$ 表示单位枯水资源量对该喀斯特地区各种用水对象的支持能力，即

$$\boldsymbol{WU}_{n\times m} = \begin{vmatrix} WU_{11} & WU_{12} & \cdots & WU_{1m} \\ WU_{21} & WU_{22} & \cdots & WU_{2m} \\ \vdots & \vdots & & \vdots \\ WU_{n1} & WU_{n2} & \cdots & WU_{nm} \end{vmatrix} \tag{6-3}$$

式中，$\boldsymbol{WU}_{n\times m}$ 为 $T$ 时期喀斯特地区枯水资源的功效矩阵；$WU_{ij}$ ($i$=1,2,…,$n$；$j$=1,2,…,$m$) 为枯水资源的功效因子，表示第 $i$ 种枯水资源的单位枯水资源量对第 $j$ 种用水对象的最大支持能力。如对生活用水，即为人均生活用水定额的倒数，人/$m^3$；对农业生产，即为单方水的粮食产量，kg/$m^3$；对工业用水，即为单位枯水资源量的工业产量(或产值)，单位为相应的工业产品单位(或元)/$m^3$。若某种枯水资源对某种用水对象不能支持，则 $WU_{ij}$=0。

进一步，将 $W$ 与 $a$ 合并可得到该喀斯特地区可利用的枯水资源量为

$$\boldsymbol{W}_a = \boldsymbol{W} \cdot a = \left(W_1 \cdot a_1, W_2 \cdot a_2, \cdots, W_n \cdot a_n\right) = \left(Wa_1, Wa_2, \cdots, Wa_n\right) \tag{6-4}$$

实际上，某地区人类生活与社会经济活动是按一定结构、一定比例进行的，不可能将所有枯水资源全部分配给某一个或几个方面，而是按一定比例分配给各种用水对象。

令：

$$\boldsymbol{B}_{n\times m} = \begin{vmatrix} B_{11} & B_{12} & \cdots & B_{1m} \\ B_{21} & B_{22} & \cdots & B_{2m} \\ \vdots & \vdots & & \vdots \\ B_{n1} & B_{n2} & \cdots & B_{nm} \end{vmatrix} \tag{6-5}$$

式中，$\boldsymbol{B}_{n\times m}$ 为配水系数矩阵，代表区域的配水方案。矩阵元素 $B_{ij}$ ($i$=1,2,…,$n$；$j$=1,2,…，$m$) 为配水系数，表示第 $i$ 种枯水资源中分配给第 $j$ 种用水对象的比例，$0 \leqslant B_{ij} \leqslant 1.0$，$\sum_{i=1}^{n}\sum_{j=1}^{m} B_{ij} = 1.0$，显然，若 $WU_{ij}$=0，则 $B_{ij}$=0。则第 $j$ 种用水对象从第 $i$ 种枯水资源中分配得到的枯水资源量为

$$WB_{ij} = B_{ij} \cdot Wa_i \tag{6-6}$$

$$Wa_i = \sum_{j=1}^{m} WB_{ij} \tag{6-7}$$

第 $j$ 种用水对象分配得到的枯水资源总量为

$$\boldsymbol{WB}_j = \left(WB_{1j}, WB_{2j}, \cdots, WB_{nj}\right) \tag{6-8}$$

则该喀斯特地区枯水资源对第 $j$ 种用水对象的支持能力为

$$WZ_j = \boldsymbol{WB}_j \cdot \boldsymbol{WU}_j = \sum_{i=1}^{n} WB_{ij} \cdot WU_{ij} \tag{6-9}$$

则该喀斯特地区枯水资源对所有用水对象的支持能力为

$$\boldsymbol{WZ} = \left(WZ_1, WZ_2, \cdots, WZ_m\right) \tag{6-10}$$

显然，随着配水方案 $\boldsymbol{B}_{n\times m}$ 的不同，$\boldsymbol{WZ}$ 是变化的，即不同的配水方案的承载状况不同。则喀斯特地区枯水资源承载能力 $WC$ 可表示为 $WC = \text{opt}\cdot\{\boldsymbol{WZ}\}$，指在充分节水和水资源最优(最合理)配置条件下的流域枯水资源承载状况。在喀斯特地区可供利用的枯水资源潜力 $\boldsymbol{W}$、开发利用程度 $\boldsymbol{a}$ 及反映喀斯特地区的各种用水方式和用水水平的水资源功效矩阵 $\boldsymbol{WU}_{n\times m}$ 已定的情况下，喀斯特地区枯水资源承载力 $WC$ 客观上就是确定的，即 $WC = \text{opt}\cdot\{\boldsymbol{WB}\}$。

2. 枯水资源承载力计算方法

对于一个地区而言，各种用水方面的最终目的是满足人的需求，是以人为核心、为主体，是以人的价值观出发来考虑问题的。人的需求是多方面的，假定人对自己的需求构成了一个向量，可表示为

$$\boldsymbol{R} = \left(r_1, r_2, \cdots, r_m\right) \tag{6-11}$$

式中，$r_i(i=1,2,\cdots,m)$ 为对第 $i$ 方面的理想人均需求量；$\boldsymbol{R}$ 为人均需求量向量。

为了更直观地判断一个喀斯特地区的枯水资源承载力，可用“枯水资源的承载人口数”这一综合性指标来反映，这样不仅直观，而且便于对不同阶段及不同地区间的枯水资源承载力进行分析比较。

经分析，可建立喀斯特地区枯水资源承载力计算模型：

$$\begin{aligned} WC &= \max\left\{\min\left\{WZ_j / r_j\right\}\right\} \\ &= \max\left\{\min\left\{\sum_{i=1}^{n} WB_{ij} \cdot WU_{ij} / r_j\right\}\right\} \\ &= \max\left\{\min\left\{\sum_{i=1}^{n} \left(Wa_i \cdot B_{ij}\right) \cdot WU_{ij} / r_j\right\}\right\} \end{aligned} \tag{6-12}$$

3. 枯水资源承载力分类系统

从本质上看，枯水资源承载力类型划分是枯水资源承载力分析的核心，是枯水资源承载力状况的综合概括，它能综合反映枯水资源的承载状况，因此，本节选取两个基本指标进行枯水资源承载力类型划分，其分类标准见表 6-1。

(1) 相对承载指数(relative carrying index，RCI)是指现在或将来某一阶段的实际人口数或工业总产值或农业总产值与预测的枯水资源承载人口数或工业总产值或农业总产值的比值。公式为

$$\text{相对承载指数(RCI)} = \frac{\text{(现在或将来)实际人口数或工业总产值或农业总产值}}{\text{预测的枯水资源承载人口数或工业总产值或农业总产值}} \tag{6-13}$$

(2) 绝对承载指数(absolute carrying index，ACI)是指现在或将来某一阶段的实际人口

数或工业总产值或农业总产值与预测的枯水资源承载人口数或工业总产值或农业总产值的差值。公式为

绝对承载指数(ACI)=(现在或将来)实际人口数或工业总产值或农业总产值
－预测的枯水资源承载人口数或工业总产值或农业总产值 (6-14)

表 6-1 枯水资源承载力的分类系统及划分标准

| 基本类型 | 亚类型 | 划分指标与标准 | | 相应的人水关系 |
|---|---|---|---|---|
| | | RCI | ACI | |
| 超载(Ⅰ) | 强(Ⅰa) | RCI≥2 | ACI≥$WC$ | 人水关系呈不可持续发展状态 |
| | 中(Ⅰb) | 1.5≤RCI<2 | 0.5$WC$≤ACI<$WC$ | |
| | 弱(Ⅰc) | 1<RCI<1.5 | 0<ACI≤0.5$WC$ | |
| 临界(Ⅱ) | — | RCI=1 | ACI=0 | 人水关系处于潜在危险中 |
| 缺载(Ⅲ) | 强(Ⅲa) | RCI<0.5 | ACI<-$WC$ | 人水关系呈可持续发展状态 |
| | 中(Ⅲb) | 0.5≤RCI<2/3 | -$WC$≤ACI<-0.5$WC$ | |
| | 弱(Ⅲc) | 2/3≤RCI<1 | -0.5$WC$≤ACI<0 | |

## 6.1.4 实例研究

贵阳市位于贵州省中部，辖区包括南明区、云岩区、花溪区、乌当区、白云区、小河区、开阳县、息烽县、修文县、清镇市，辖区总面积 8034km$^2$，降水量多年均值为 934.7mm。本节以贵阳市为研究对象，选用 1998～2003 年的《贵阳市水资源公报》和《贵阳统计年鉴》为基础数据，分析得出贵阳市 1998～2003 年可供国民经济和生活利用的枯水资源、枯水资源利用状况以及枯季经济状况见表 6-2～表 6-4。

表 6-2 贵阳市 1998～2003 年可利用的枯水资源(六年均值) (单位：亿 m$^3$)

| 水资源 | 南明区 | 云岩区 | 花溪区 | 乌当区 | 白云区 | 小河区 | 清镇市 | 开阳县 | 息烽县 | 修文县 |
|---|---|---|---|---|---|---|---|---|---|---|
| 地表水 | 0.0207 | 0.0153 | 0.2352 | 0.2269 | 0.0549 | 0.0141 | 0.3715 | 0.5058 | 0.2125 | 0.2515 |
| 地下水 | 0.0062 | 0.0046 | 0.0713 | 0.0688 | 0.0167 | 0.0043 | 0.1137 | 0.1533 | 0.0643 | 0.0762 |

注：①外流域来水、地下水已包括在地表水内。②由于贵阳市污水处理及污水利用系统未成熟，目前所处理的污水还未能充分利用。

表 6-3 贵阳市 1998～2003 年枯水资源利用状况(六年均值) (单位：万 m$^3$)

| 项目 | 南明区 | 云岩区 | 花溪区 | 乌当区 | 白云区 | 小河区 | 清镇市 | 开阳县 | 息烽县 | 修文县 |
|---|---|---|---|---|---|---|---|---|---|---|
| 总用水量 | 465.30 | 775.80 | 389.70 | 476.10 | 520.65 | 184.95 | 533.25 | 450.45 | 366.30 | 301.50 |
| 总耗水量 | 71.55 | 156.15 | 152.55 | 158.85 | 115.65 | 30.60 | 213.30 | 209.70 | 135.00 | 165.15 |
| 工业用水 | 302.40 | 599.40 | 111.60 | 247.05 | 405.00 | 144.90 | 193.95 | 118.35 | 157.95 | 23.40 |
| 工业耗水 | 43.20 | 125.55 | 15.30 | 28.35 | 58.05 | 18.90 | 31.05 | 13.95 | 9.90 | 2.25 |

续表

| 项目 | 南明区 | 云岩区 | 花溪区 | 乌当区 | 白云区 | 小河区 | 清镇市 | 开阳县 | 息烽县 | 修文县 |
|---|---|---|---|---|---|---|---|---|---|---|
| 农业用水 | 3.15 | 2.70 | 227.25 | 178.20 | 75.60 | 6.75 | 263.25 | 277.20 | 175.95 | 238.95 |
| 农业耗水 | 2.25 | 1.80 | 129.60 | 104.40 | 45.90 | 4.50 | 136.80 | 154.80 | 100.80 | 133.65 |
| 城镇生活用水 | 157.5 | 171.45 | 27.45 | 29.70 | 33.30 | 31.05 | 36.45 | 17.10 | 9.45 | 13.05 |
| 城镇生活耗水 | 23.85 | 26.55 | 4.50 | 4.95 | 4.95 | 4.95 | 5.40 | 2.70 | 1.35 | 1.80 |
| 农村生活用水 | 2.25 | 2.25 | 23.40 | 21.15 | 6.75 | 2.25 | 39.60 | 37.80 | 22.95 | 26.10 |
| 农村生活耗水 | 2.25 | 2.25 | 3.15 | 21.15 | 6.75 | 2.25 | 40.05 | 38.25 | 22.95 | 27.45 |

**表 6-4　贵阳市 1998～2003 年枯季经济状况(六年均值)**

| 行政分区 | 南明区 | 云岩区 | 花溪区 | 乌当区 | 白云区 | 小河区 | 清镇市 | 开阳县 | 息烽县 | 修文县 |
|---|---|---|---|---|---|---|---|---|---|---|
| 辖区面积/$km^2$ | 89.1 | 67.5 | 961.4 | 962.4 | 259.6 | 63.1 | 1492.4 | 2026.2 | 1036.5 | 1075.7 |
| 人口/万人 | 49.3080 | 55.6453 | 31.9398 | 29.2130 | 17.4841 | 11.3281 | 50.2003 | 41.7166 | 24.5509 | 29.0528 |
| 城镇人口/万人 | 46.1061 | 53.2200 | 8.9817 | 8.9699 | 10.7607 | 9.2216 | 11.4026 | 5.2450 | 2.6801 | 3.7438 |
| 农村人口/万人 | 3.2019 | 2.4253 | 22.9581 | 20.2431 | 6.7234 | 2.1065 | 38.7977 | 36.4716 | 21.8708 | 25.3090 |
| GDP/亿元 | 3.08250 | 4.70475 | 1.31850 | 1.87380 | 0.73305 | 1.79370 | 1.51965 | 0.87705 | 0.63405 | 0.60435 |
| 工业总产值/亿元 | 2.2700 | 4.2538 | 0.9000 | 2.4851 | 2.7423 | 1.1897 | 1.6880 | 1.1041 | 1.3785 | 0.6867 |
| 农业总产值/万元 | 329.81 | 270.27 | 2962.53 | 3448.53 | 1062.77 | 323.46 | 3120.84 | 3612.15 | 1727.10 | 2568.51 |

通过计算处理表 6-2～表 6-4 中数据，得出贵阳市 1998～2003 年不同用水对象的枯水资源分配系数(表 6-5)和枯水资源功效系数(表 6-6)。

**表 6-5　贵阳市 1998～2003 年不同用水对象的枯水资源分配系数**

| 项目 | 南明区 | 云岩区 | 花溪区 | 乌当区 | 白云区 | 小河区 | 清镇市 | 开阳县 | 息烽县 | 修文县 |
|---|---|---|---|---|---|---|---|---|---|---|
| GDP | 0.0014 | 0.0010 | 0.0022 | 0.0019 | 0.0018 | 0.0044 | 0.0016 | 0.0019 | 0.0025 | 0.0029 |
| 工业用水 | 0.6499 | 0.7726 | 0.2864 | 0.5189 | 0.7779 | 0.7835 | 0.3637 | 0.2627 | 0.4312 | 0.0776 |
| 工业耗水 | 0.0928 | 0.1618 | 0.0393 | 0.0595 | 0.1115 | 0.1022 | 0.0582 | 0.0310 | 0.0270 | 0.0075 |
| 农业用水 | 0.0068 | 0.0035 | 0.5831 | 0.3743 | 0.1452 | 0.0365 | 0.4937 | 0.6154 | 0.4803 | 0.7925 |
| 农业耗水 | 0.0048 | 0.0023 | 0.3327 | 0.2193 | 0.0882 | 0.0243 | 0.2565 | 0.3437 | 0.2752 | 0.4433 |
| 城镇生活用水 | 0.3385 | 0.2210 | 0.0704 | 0.0624 | 0.0640 | 0.1679 | 0.0684 | 0.0380 | 0.0258 | 0.0433 |
| 城镇生活耗水 | 0.0516 | 0.0342 | 0.0115 | 0.0104 | 0.0095 | 0.0268 | 0.0101 | 0.006 | 0.0037 | 0.0060 |
| 农村生活用水 | 0.0048 | 0.0029 | 0.0600 | 0.0444 | 0.0130 | 0.0122 | 0.0743 | 0.0839 | 0.0627 | 0.0866 |
| 农村生活耗水 | 0.0048 | 0.0029 | 0.0081 | 0.0444 | 0.0130 | 0.0122 | 0.0751 | 0.0849 | 0.0627 | 0.0910 |

表 6-6 贵阳市 1998～2003 年不同用水对象的枯水资源功效系数

| 项目 | 南明区 | 云岩区 | 花溪区 | 乌当区 | 白云区 | 小河区 | 清镇市 | 开阳县 | 息烽县 | 修文县 |
|---|---|---|---|---|---|---|---|---|---|---|
| GDP /(元/$m^3$) | 100.8837 | 781.3901 | 38.9110 | 44.0635 | 15.2528 | 118.2789 | 33.2382 | 22.1729 | 18.9892 | 23.0360 |
| 工业用水 /(元/$m^3$) | 75.0665 | 70.9676 | 80.6452 | 100.591 | 67.7111 | 82.1049 | 87.0327 | 93.2911 | 87.2745 | 293.4615 |
| 工业耗水 /(元/$m^3$) | 525.5 | 338.8 | 588.2 | 876.6 | 472.4 | 629.5 | 543.6 | 791.5 | 1392.4 | 3052.0 |
| 农业用水 /(元/$m^3$) | 104.7000 | 100.1000 | 13.0364 | 19.3520 | 14.0577 | 47.9200 | 11.8550 | 13.0308 | 9.8159 | 10.7492 |
| 农业耗水 /(元/$m^3$) | 146.5800 | 150.1500 | 22.8590 | 33.0319 | 23.1539 | 71.8800 | 22.8132 | 23.3343 | 17.1339 | 19.2182 |
| 城镇生活用水 /(人/$m^3$) | 0.2927 | 0.3104 | 0.3272 | 0.3020 | 0.3231 | 0.2970 | 0.3128 | 0.3067 | 0.2836 | 0.2869 |
| 城镇生活耗水 /(人/$m^3$) | 1.9332 | 2.0045 | 1.9959 | 1.8121 | 2.1739 | 1.8629 | 2.1116 | 1.9426 | 1.9853 | 2.0799 |
| 农村生活用水 /(人/$m^3$) | 1.6756 | 0.3867 | 0.9735 | 0.3849 | 0.2809 | 9.2978 | 1.0086 | 1.0078 | 1.0097 | 1.0232 |
| 农村生活耗水 /(人/$m^3$) | 1.6756 | 0.3867 | 7.2317 | 0.3849 | 0.2809 | 9.2978 | 0.9973 | 0.9960 | 1.0097 | 0.9729 |

根据贵阳市 1998～2003 年的用水状况，结合贵阳市的有关规划并参考相关城市的用水标准，可将贵阳市的用水水平划分为温饱型、总体小康型、全面小康型和初步富裕型。每种类型的用水可分为城镇生活用水、农村生活用水、工业用水、农业用水四大类，并制定出各种类型的生活用水定额、人均 GDP 定额、工业产值定额、农业产值定额(表 6-7)，并以此为依据，对贵阳市枯水资源承载力进行计算，得出每种用水类型对不同种用水对象的承载状况(表 6-8)。

表 6-7 贵阳市用水定额、GDP 定额及工农产值

| 类型 | | 温饱型 | 总体小康型 | 全面小康型 | 初步富裕型 |
|---|---|---|---|---|---|
| 生活用水定额 /[L / (人·天)] | 城镇 | 60 | 100 | 140 | 200 |
| | 农村 | 40 | 70 | 120 | 160 |
| GDP 定额 / (元 / 人) | | 800 | 8000 | 30000 | 50000 |
| 工业产值定额 / (元 / 人) | | 400 | 600 | 900 | 1200 |
| 农业产值定额 / (元 / 人) | | 360 | 420 | 500 | 900 |

**表 6-8　贵阳市 1998～2003 年不同利用类型的枯水资源承载力类型**

| 地区 | 承载对象 | 温饱型 | | | 总体小康型 | | | 全面小康型 | | | 初步富裕型 | | |
|---|---|---|---|---|---|---|---|---|---|---|---|---|---|
| | | ACI | RCI | 类型 | ACI | RCI | 类型 | ACI | RCI | 类型 | ACI | RCI | 类型 |
| 南明区 | 工业/亿元 | −8 | 0.2 | Ⅲa | −5 | 0.3 | Ⅲa | 0.6 | 1.2 | Ⅰc | 1.9 | 6.3 | Ⅰa |
| | 农业/万元 | 2 | 1.1 | Ⅰc | 222 | 3.0 | Ⅰa | 309 | 15.8 | Ⅰa | 320 | 32.7 | Ⅰa |
| | 城镇人口/万人 | −28 | 0.6 | Ⅲb | 2 | 1.0 | Ⅱ | 4 | 1.1 | Ⅰc | 28 | 2.6 | Ⅰa |
| | 农村人口/万人 | −3 | 0.5 | Ⅲb | −2 | 0.6 | Ⅲb | 1 | 1.7 | Ⅰb | 2 | 3.3 | Ⅰa |
| 云岩区 | 工业/亿元 | −16 | 0.2 | Ⅲa | −9 | 0.3 | Ⅲa | 1 | 1.4 | Ⅰc | 4 | 6.4 | Ⅰa |
| | 农业/万元 | 153 | 2.3 | Ⅰa | 232 | 6.9 | Ⅰa | 263 | 36.2 | Ⅰa | 267 | 74.9 | Ⅰa |
| | 城镇人口/万人 | 5 | 1.1 | Ⅰc | 26 | 1.9 | Ⅰb | 26 | 1.9 | Ⅰb | 42 | 4.6 | Ⅰa |
| | 农村人口/万人 | 1 | 2.1 | Ⅰa | 1 | 2.5 | Ⅰa | 2 | 6.9 | Ⅰa | 2 | 13.6 | Ⅰa |
| 花溪区 | 工业/亿元 | −2 | 0.3 | Ⅲa | −1 | 0.4 | Ⅲa | 1 | 1.9 | Ⅰb | 1 | 8.7 | Ⅰa |
| | 农业/万元 | −45645 | 0.1 | Ⅲa | −13057 | 0.2 | Ⅲa | −131 | 0.9 | Ⅲc | 1469 | 1.9 | Ⅰb |
| | 城镇人口/万人 | −6 | 0.6 | Ⅲb | 1 | 11 | Ⅰa | 1 | 2.3 | Ⅰa | 5 | 2.4 | Ⅰa |
| | 农村人口/万人 | −42 | 0.4 | Ⅲa | −33 | 0.4 | Ⅲa | 3 | 1.2 | Ⅰc | 13 | 2.2 | Ⅰa |
| 乌当区 | 工业/亿元 | −19 | 0.1 | Ⅲa | −12 | 0.2 | Ⅲa | −1 | 0.8 | Ⅲc | 2 | 3.5 | Ⅰa |
| | 农业/万元 | −55498 | 0.1 | Ⅲa | −15978 | 0.2 | Ⅲa | −303 | 0.9 | Ⅲc | 1637 | 1.9 | Ⅰb |
| | 城镇人口/万人 | −5 | 0.7 | Ⅲb | 1 | 1.1 | Ⅰc | 1 | 1.2 | Ⅰc | 6 | 2.7 | Ⅰa |
| | 农村人口/万人 | 1 | 1.0 | Ⅱ | 4 | 1.2 | Ⅰc | 14 | 3.4 | Ⅰa | 17 | 6.6 | Ⅰa |
| 白云区 | 工业/亿元 | −37 | 0.1 | Ⅲa | −24 | 0.1 | Ⅲa | −3 | 0.5 | Ⅲb | 1 | 2.1 | Ⅰa |
| | 农业/万元 | −7491 | 0.1 | Ⅲa | −1756 | 0.4 | Ⅲa | 518 | 1.9 | Ⅰb | 799 | 4.0 | Ⅰa |
| | 城镇人口/万人 | −3 | 0.8 | Ⅲc | 4 | 1.4 | Ⅰc | 3 | 1.4 | Ⅰc | 7 | 3.2 | Ⅰa |

续表

| 地区 | 承载对象 | 温饱型 | | | 总体小康型 | | | 全面小康型 | | | 初步富裕型 | | |
|---|---|---|---|---|---|---|---|---|---|---|---|---|---|
| | | ACI | RCI | 类型 | ACI | RCI | 类型 | ACI | RCI | 类型 | ACI | RCI | 类型 |
| 白云区 | 农村人口/万人 | 3 | 1.7 | Ⅰb | 3 | 1.9 | Ⅰb | 5 | 5.5 | Ⅰa | 6 | 10.7 | Ⅰa |
| 小河区 | 工业/亿元 | -31 | 0.1 | Ⅲa | -20 | 0.1 | Ⅲa | -4 | 0.2 | Ⅲa | 1 | 1.1 | Ⅰa |
| | 农业/万元 | -3120 | 0.1 | Ⅲa | -811 | 0.3 | Ⅲa | 104 | 1.5 | Ⅰb | 218 | 3.1 | Ⅰa |
| | 城镇人口/万人 | -27 | 0.3 | Ⅲa | -12 | 0.4 | Ⅲa | -12 | 0.4 | Ⅲa | 1 | 1.1 | Ⅰc |
| | 农村人口/万人 | -130 | 0.1 | Ⅲa | -111 | 0.1 | Ⅲa | -39 | 0.1 | Ⅲa | -19 | 0.1 | Ⅲa |
| 清镇市 | 工业/亿元 | -3 | 0.3 | Ⅲa | -2 | 0.5 | Ⅲb | 1 | 2.2 | Ⅰa | 2 | 9.9 | Ⅰa |
| | 农业/万元 | -21963 | 0.1 | Ⅲa | -5146 | 0.4 | Ⅲa | 1524 | 1.9 | Ⅰb | 2350 | 4.0 | Ⅰa |
| | 城镇人口/万人 | -3 | 0.8 | Ⅲc | 3 | 1.4 | Ⅰc | 3 | 1.3 | Ⅰc | 8 | 3.2 | Ⅰa |
| | 农村人口/万人 | -45 | 0.5 | Ⅲb | -33 | 0.5 | Ⅲb | 13 | 1.5 | Ⅰb | 26 | 2.9 | Ⅰa |
| 开阳县 | 工业/亿元 | -2 | 0.4 | Ⅲa | -1 | 0.5 | Ⅲb | 1 | 2.3 | Ⅰa | 1 | 10.7 | Ⅰa |
| | 农业/万元 | -44258 | 0.1 | Ⅲa | -12164 | 0.2 | Ⅲa | 567 | 1.2 | Ⅰc | 2141 | 2.5 | Ⅰa |
| | 城镇人口/万人 | -3 | 0.6 | Ⅲb | -3 | 0.6 | Ⅲb | -3 | 0.6 | Ⅲb | -3 | 0.6 | Ⅲb |
| | 农村人口/万人 | -59 | 0.2 | Ⅲa | -45 | 0.4 | Ⅲa | 7 | 1.2 | Ⅰc | 21 | 2.4 | Ⅰa |
| 息烽县 | 工业/亿元 | -9 | 0.1 | Ⅲa | -5 | 0.2 | Ⅲa | -1 | 0.9 | Ⅲc | 1 | 3.1 | Ⅰa |
| | 农业/万元 | -21137 | 0.1 | Ⅲa | -5808 | 0.2 | Ⅲa | 272 | 1.2 | Ⅰc | 1025 | 2.5 | Ⅰa |
| | 城镇人口/万人 | -3 | 0.5 | Ⅲb | -3 | 0.5 | Ⅲb | -3 | 0.5 | Ⅲb | -3 | 0.5 | Ⅲb |
| | 农村人口/万人 | -50 | 0.3 | Ⅲa | -40 | 0.4 | Ⅲa | -1 | 0.9 | Ⅲc | 10 | 1.9 | Ⅰb |
| 修文县 | 工业/亿元 | -2 | 0.3 | Ⅲa | -1 | 0.4 | Ⅲa | 1 | 1.7 | Ⅰb | 1 | 8.0 | Ⅰa |
| | 农业/万元 | -49350 | 0.1 | Ⅲa | -14542 | 0.2 | Ⅲa | -737 | 0.8 | Ⅲc | 973 | 1.6 | Ⅰb |

续表

| 地区 | 承载对象 | 温饱型 | | | 总体小康型 | | | 全面小康型 | | | 初步富裕型 | | |
|---|---|---|---|---|---|---|---|---|---|---|---|---|---|
| | | ACI | RCI | 类型 | ACI | RCI | 类型 | ACI | RCI | 类型 | ACI | RCI | 类型 |
| 修文县 | 城镇人口/万人 | −6 | 0.4 | IIIa | −6 | 0.5 | IIIb | −6 | 0.4 | IIIa | −6 | 0.4 | IIIa |
| | 农村人口/万人 | −74 | 0.3 | IIIa | −60 | 0.3 | IIIa | −5 | 0.8 | IIIc | 9 | 1.6 | Ⅰb |

注：绝对承载指数(ACI)取整数，相对承载指数(RCI)取一位小数。

根据表 6-8，得出贵阳市 1998～2003 年的枯水资源对该区域的承载状况如下。

(1) 在温饱型条件下：①对工业的承载，各区县市的枯水资源承载力均处于强度缺载(IIIa)，即枯水资源对工业生产存在极大的发展空间；从绝对承载指数看，其中白云区缺载高达 37 亿元。②对农业的承载，除云岩区处于强度超载(Ⅰa)、南明区处于弱度超载(Ⅰc)外，其余各区县市均处于强度缺载(IIIa)；从绝对承载指数看，云岩区超载高达 153 万元，乌当区缺载达 55498 万元。③对城镇人口的承载，除云岩区处于弱度超载(Ⅰc)、白云区处于弱度缺载(IIIc)外，其余各区县市均处于中度缺载(IIIb)；从绝对承载指数看，南明区缺载达 28 万人，云岩区超载达 5 万人。④对农村人口的承载，除云岩区处于强度超载(Ⅰa)外，其余各区县市分别处于中度缺载(IIIb)和强度缺载(IIIa)；缺载人数最多的是小河区高达 130 万人，云岩区超载人数达 1 万人。

(2) 在总体小康型条件下：①对工业的承载，除清镇市和开阳县由强度缺载(IIIa)转变为中度缺载(IIIb)外，其余各区县市仍处于强度缺载(IIIa)，其中小河区缺载达 20 亿元。②对农业的承载，南明区由弱度超载(Ⅰc)转变为强度超载(Ⅰa)，云岩区仍处于强度超载(Ⅰa)，超载绝对指数达 232 万元，其他各区县市均处于强度缺载(IIIa)，乌当区缺载由 55498 万元减少到 15978 万元。③对城镇人口的承载，除小河区、开阳县和息烽县的相对承载指数无变化外，其余各区县市均发生不同程度的变化，其中变化最大的是白云区和清镇市，均由弱度缺载(IIIc)转变为弱度超载(Ⅰc)。④对农村人口的承载，除乌当区的相对承载指数由临界型(II)转变为弱度超载型(Ⅰc)外，其余各区县市的相对承载指数均无变化。

(3) 在全面小康型条件下：①对工业的承载，南明区、云岩区、花溪区、清镇市、开阳县、修文县由缺载型(III)转变为超载型(Ⅰ)，其余各区县市仍处于缺载型(III)。②对农业的承载，南明区、云岩区无变化，仍处于超载型(Ⅰ)，花溪区、乌当区、修文县仍处于缺载型(III)，其余各区县市均由缺载型(III)转变为超载型(Ⅰ)，其中超载最高的是清镇市达 1524 万元，缺载最高的是修文县达 737 万元。③对城镇人口的承载，除南明区由临界型(II)转变为超载型(Ⅰ)外，其余各区县市的相对承载指数变化较小。④对农村人口的承载，南明区、花溪区、清镇市、开阳县都由缺载型(III)转变为超载型(Ⅰ)，其余各区县市分别处于缺载型(III)和超载型(Ⅰ)。

(4) 在初步富裕型条件下：除了小河区对农村人口的承载和开阳县、息烽县、修文县对城镇人口的承载处于缺载型(III)外，其余各区县市，无论是对工农业的承载还是对城镇农村人口的承载，均处于超载型(Ⅰ)。

综上所述，云岩区、南明区是贵阳市的政治、文化、商业中心，同时也是人口高度集中的区域，对枯水资源的需求量远远大于贵阳市的其他区域；这些区域则是贵阳市的远效城市，地广人稀，经济相对落后，对枯水资源的需求量也相对较少，人水关系处于优良的状态。

### 6.1.5 小结

(1)贵阳市的用水类型由温饱型过渡到初步富裕型，枯水资源对各种用水对象的承载力总体呈下降趋势。

(2)目前贵阳市应采取“总体小康型”的用水类型，能更好地发展经济。

(3)在四种用水类型中：对工业的承载，超载最大的是云岩区(4 亿元)；缺载最大的是白云区(37 亿元)。对农业的承载，超载最大的是清镇市(2350 万元)，缺载最大的是乌当区(55498 万元)。对城镇人口的承载，超载最大的是云岩区(42 万人)，缺载最大的是南明区(28 万人)。对农村人口的承载，超载最大的是清镇市(26 万人)，缺载最大的是小河区(130 万人)。

(4)从整个区域上看，修文县是最大的缺载区，即枯水资源对该区域的经济发展存在极大的发展空间，人水关系呈可持续发展状态；云岩区是最大的超载区，即枯水资源已经严重制约着该区域的经济发展，人水关系呈不可持续发展状态。

## 6.2 喀斯特地区相对水资源承载力研究

### 6.2.1 概述

喀斯特流域可溶性的双重含水介质，以及地表-地下二元流场所组成的独特水文地貌结构及其产生的功能效应，使得喀斯特流域在水系发育、水文动态上表现出与非喀斯特流域的巨大差异，这种差异增大了喀斯特流域水资源的开发利用难度，使喀斯特流域水资源对生态环境、人口和社会经济发展的支撑能力也与非喀斯特地区存在差异。同时，喀斯特地区生态环境脆弱，水土流失严重。因而，以非喀斯特地区为参照区，对喀斯特地区的相对水资源承载力进行研究可以更加明显地突出两者的不同，以利于在喀斯特地区采取合适的水资源开发利用策略，促进喀斯特地区社会、经济、生态的协调发展。

### 6.2.2 相对水资源承载力

(1)以水资源承载的人口为指标，对比研究区内的水资源量与参照区的人均水资源量，计算出研究区的相对水资源承载力：

$$C_{rw} = I_1 \cdot Q_{w1} \tag{6-15}$$

$$I_1 = Q_{p0} / Q_{w0} \tag{6-16}$$

式中：$C_{rw}$ 为相对水资源承载力（$\times 10^4$ 人）；$I_1$ 为水资源承载力（$\times 10^4$ 人/$\times 10^8 m^3$）；$Q_{w0}$ 为研究区水资源利用量（$\times 10^8 m^3$）；$Q_{p0}$ 为参照区人口数量（$\times 10^4$ 人）；$Q_{w0}$ 为参照区水资源利用量（$\times 10^8 m^3$）。

(2) 以水资源承载的经济发展为指标，对比研究区内的水资源量与参照区的万元 GDP 所耗水资源量，计算出研究区的相对水资源承载力：

$$C'_{rw} = I_2 \cdot Q_{w1} \tag{6-17}$$

$$I_2 = Q_{e0} / Q_{w0} \tag{6-18}$$

式中：$C'_{rw}$ 为相对水资源承载力（$\times 10^8$ 元）；$I_2$ 为水资源承载指数（$\times 10^8$ 元/$\times 10^8 m^3$）；$Q_{e0}$ 为参照区 GDP（$\times 10^4$ 元）；$Q_{w1}$ 为研究区水资源利用量（$\times 10^8 m^3$）；$Q_{w0}$ 为参照区水资源利用量（$\times 10^8 m^3$）。

### 6.2.3　喀斯特地区相对水资源承载力

选取参照区是进行喀斯特流域水资源承载力研究工作的基础，通常首先需要分析喀斯特地区水资源承载力相对全国总体所处的状态；其次需要选取某个非喀斯特地区作为参照区，分析喀斯特地区相对于非喀斯特地区的水资源承载力状况。本节以贵州省为例，分别以全国和湖北省为参照区，进行喀斯特地区相对水资源承载力研究。

在中国喀斯特分布很广泛，其面积约占全国总面积的 13%，主要分布在贵州、广西、云南、四川、湖南、西藏等省区，是世界上最大、最集中的连片喀斯特区之一。而贵州地处我国西南喀斯特石山区的中心地带，喀斯特发育强烈，喀斯特面积达 $13\times 10^4 km^2$，占全省总面积的 73%，95%的县（市）有喀斯特分布，是中国乃至世界热带、亚热带喀斯特分布面积最大、发育最强烈的高原山区之一。全省山地多、平地少、土壤贫瘠，人口 3700 多万，人均耕地少，经济相对落后；气候温和，雨量丰沛，多年平均降水量 1179mm，但由于喀斯特发育，形成了特殊的喀斯特山区地表水和地下水资源分布与变化规律，降水很快转入地下，水资源开发利用困难，直接影响到水资源的承载力。

1. 以全国为参照区

以全国为参照区，分别计算出水资源总量、水资源利用量对人口和 GDP 的承载指数，得出贵州省在不同指数标准下的水资源承载力。根据《中国统计年鉴》和《中国水资源公报》得出的 1999～2002 年全国人口数、水资源总量、水资源利用量和 GDP 状况见表 6-9。根据《中国统计年鉴》《贵州省统计年鉴》《贵州省水资源公报》统计得出的 1999～2003 年贵州省人口数、水资源总量、水资源利用量和 GDP 状况见表 6-10。把表 6-9 和表 6-10 中的数据代入式(6-15)～式(6-18)，计算可得 1999～2002 年贵州省相对全国的水资源承载力(表 6-11)。

由表 6-10、表 6-11 可以得出，以全国为参照区的贵州省相对水资源承载力与其实际承载力的对照情况(图 6-1、图 6-2)。

表 6-9 1999～2002 年全国人口数、水资源总量、水资源利用量和 GDP 状况

| 年份 | 人口/($\times 10^8$人) | 水资源总量/($\times 10^8 m^3$) | 水资源利用量/($\times 10^8 m^3$) | GDP/($\times 10^8$元) |
| --- | --- | --- | --- | --- |
| 1999 | 12.36 | 28195.70 | 5590.88 | 82067.50 |
| 2000 | 12.67 | 27710.00 | 5497.59 | 89468.10 |
| 2001 | 12.76 | 26867.80 | 5567.43 | 97314.80 |
| 2002 | 12.85 | 28254.90 | 5497.28 | 103553.60 |

表 6-10 1999～2003 年度贵州省人口数、水资源总量、水资源利用量和 GDP 状况

| 年份 | 人口/($\times 10^4$人) | 水资源总量/($\times 10^8 m^3$) | 水资源利用量/($\times 10^8 m^3$) | GDP/($\times 10^8$元) |
| --- | --- | --- | --- | --- |
| 1999 | 3710.00 | 1206.50 | 88.64 | 911.86 |
| 2000 | 3525.00 | 1217.50 | 84.18 | 993.52 |
| 2001 | 3798.51 | 972.50 | 87.16 | 1082.19 |
| 2002 | 3837.00 | 1117.60 | 89.90 | 1185.04 |
| 2003 | 3869.66 | 916.10 | 89.50 | 1356.10 |

表 6-11 1999～2002 年贵州省相对全国的水资源承载力

| 年份 | $I_1$($\times 10^4$人/$\times 10^8 m^3$) | | $C_{rw}$($\times 10^4$人) | | $I_2$($\times 10^8$元/$\times 10^8 m^3$) | | $C'_{rw}$($\times 10^8$元) | |
| --- | --- | --- | --- | --- | --- | --- | --- | --- |
| | $I_1$总量 | $I_1$利用量 | $C_{rw}$总量 | $C_{rw}$利用量 | $I_2$总量 | $I_2$利用量 | $C'_{rw}$总量 | $C'_{rw}$利用量 |
| 1999 | 4.38 | 22.11 | 5289.98 | 1960.02 | 2.91 | 14.68 | 3511.69 | 1301.13 |
| 2000 | 4.57 | 23.05 | 5568.73 | 1940.71 | 3.23 | 16.27 | 3930.98 | 1369.95 |
| 2001 | 4.75 | 22.92 | 4619.55 | 1998.04 | 3.62 | 17.48 | 3522.38 | 1523.50 |
| 2002 | 4.55 | 23.37 | 5080.86 | 2100.66 | 3.66 | 18.84 | 4095.95 | 1693.47 |

由图 6-1 可以看出，以全国为参照区，从水资源利用量上，1999～2002 年贵州省的相对水资源承载力比较稳定，且略呈上升趋势，但其可承载的人口数远远低于贵州省实际的人口数量，处于严重超载状态。从水资源总量上看，贵州省的相对水资源承载力远高于其实际人口数，处于相当富余状态。这说明贵州省水资源虽然比较丰富，但是由于喀斯特的强烈发育，水资源大量流失，可以利用的水资源量占水资源总量的比例非常小，实际的水资源承载力较小。

由图 6-2 可以看出，以全国为参照区，从水资源利用量上，1999～2002 年贵州省的相对水资源承载力比较稳定，呈上升趋势，但其可承载的 GDP 高于贵州省实际的 GDP。从水资源总量上看，贵州省水资源可承载的 GDP 更是远高于其实际 GDP。这说明贵州省经济发展水平相对较为落后，对经济发展来说相对水资源承载力处于富余状态，具有相当大的潜力。

因此，尽管我国西南喀斯特地区水资源相对比较丰富，但是由于喀斯特的发育，降水很快转入地下或由地表径流排走。地下喀斯特通道发育，使地表径流与地下径流之间的关系复杂化，这就形成了较为特殊的喀斯特山区水资源分布变化规律，加大了水资源的开发

利用难度，造成水资源的实际承载力比较低。再加上喀斯特地区受到地表土层薄、地形破碎、土地承载力低、自然地理条件和生态环境等各方面的限制，经济发展相对比较落后。

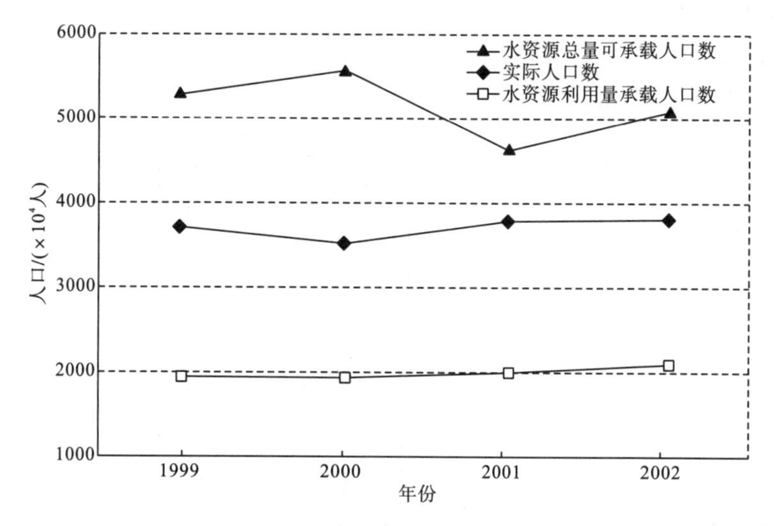


图 6-1　1999～2002 年以全国为参照区的贵州省相对水资源承载力(人口状况)

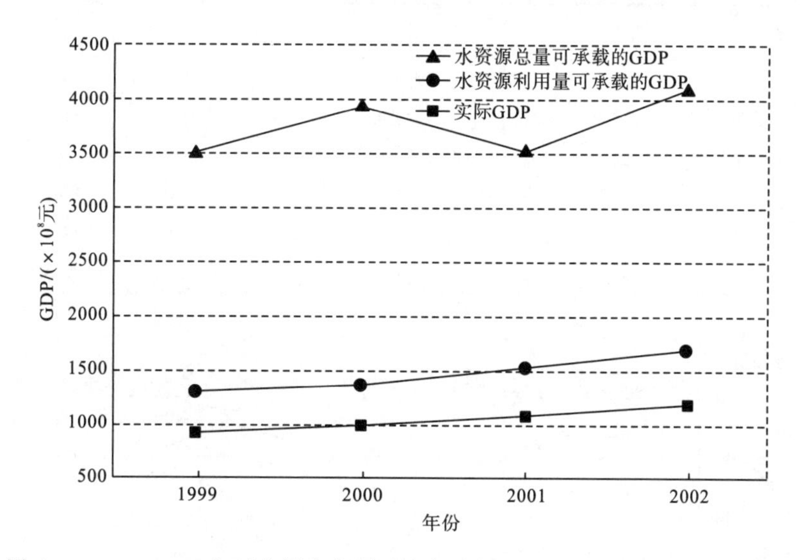


图 6-2　1999～2002 年以全国为参照区的贵州省相对水资源承载力(GDP 状况)

2. 以湖北省为参考区

湖北省属亚热带季风区，雨水较为丰沛，全省多年平均降水量 1166mm；贵州省也属于亚热带季风区，全省多年平均降水量 1179mm。两省降水量相当，而且降水都是两省水资源的主要来源。根据刘昌明《中国 21 世纪水问题方略》中的“中国水资源与人口、耕地资源组合状况”可以得出，与贵州省水资源总量最接近的是湖北省，且两省相差不大。因而选取湖北省作为研究贵州省相对水资源承载力的参照区。

由表 6-10 和表 6-12 数据可得出 1999～2003 年湖北省和贵州省水资源总量和水资源

利用量的对比图(图 6-3)。

从图 6-3 可以看出，1999～2003 年湖北省和贵州省水资源总量的变化趋势基本类似，且 1999～2001 年贵州省的水资源总量均高于湖北省，但水资源利用量上，在两省变化都比较稳定的情况下，湖北省一直高于贵州省，甚至是贵州省的 2～3 倍。同样，可以由表 6-10 和表 6-12 得出贵州省相对湖北省的水资源承载力(表 6-13)。

**表 6-12 1999～2003 年度湖北省人口数、水资源总量水资源利用量和 GDP 状况**

| 年份 | 人口/(×10^4 人) | 水资源总量/(×10^8m^3) | 水资源利用量/(×10^8m^3) | GDP/(×10^8 元) |
|---|---|---|---|---|
| 1999 | 5938 | 1077.40 | 269.30 | 3857.99 |
| 2000 | 6028 | 1008.10 | 270.50 | 4276.32 |
| 2001 | 5975 | 596.70 | 278.60 | 4662.28 |
| 2002 | 5988 | 1155.50 | 240.80 | 4975.63 |
| 2003 | 6002 | 1234.10 | 245.10 | 5395.90 |

数据来源：《中国统计年鉴》《中国水资源公报》《湖南省水资源公报》。

**表 6-13 1999～2003 年贵州省相对湖北省的水资源承载力**

| 年份 | $I_1$/(×10^4 人/×10^8m^3) | | $C_{rw}$/(×10^4 人) | | $I_2$/(×10^8 元/×10^8m^3) | | $C'_{rw}$/(×10^8 元) | |
|---|---|---|---|---|---|---|---|---|
| | 总量 | 利用量 | 总量 | 利用量 | 总量 | 利用量 | 总量 | 利用量 |
| 1999 | 5.51 | 22.05 | 6649.52 | 1954.49 | 3.58 | 14.33 | 4320.28 | 1269.86 |
| 2000 | 5.98 | 22.28 | 7280.12 | 1875.92 | 4.24 | 15.81 | 5164.50 | 1330.78 |
| 2001 | 10.01 | 21.45 | 9738.04 | 1869.28 | 7.81 | 16.73 | 7598.57 | 1458.59 |
| 2002 | 5.18 | 24.86 | 5791.60 | 2235.55 | 4.31 | 20.66 | 4812.43 | 1857.60 |
| 2003 | 4.86 | 24.49 | 4455.42 | 2191.67 | 4.37 | 22.02 | 2005.50 | 1970.35 |

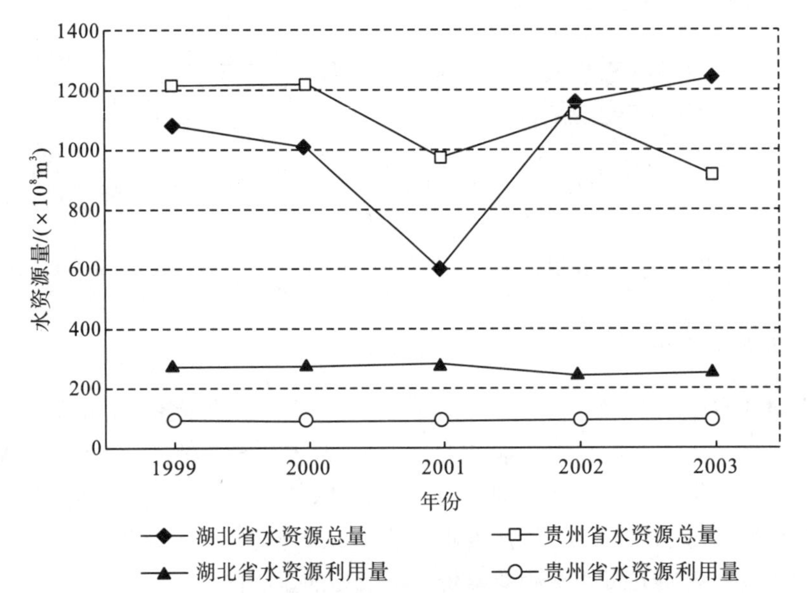


图 6-3 1999～2003 年湖北省和贵州省的水资源总量和利用量对比

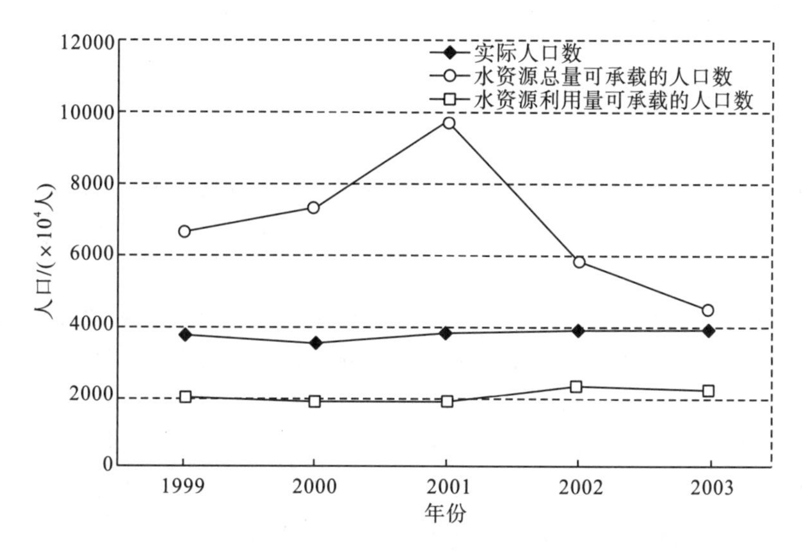


图 6-4　1999～2003 年以湖北省为参照区的贵州省相对水资源承载力(人口状况)

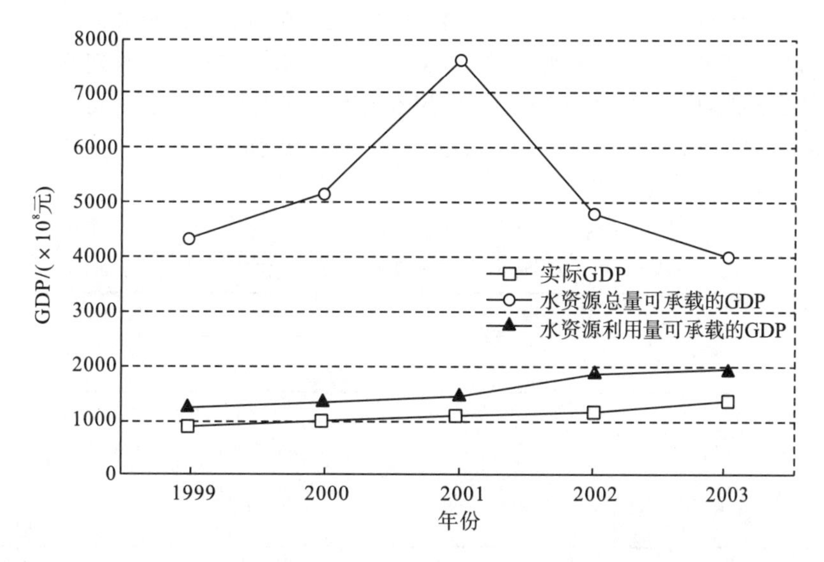


图 6-5　1999～2003 年以湖北省为参照区的贵州省相对水资源承载力(GDP 状况)

对比表 6-10 和表 6-13，可得出贵州省实际的人口数、GDP 与以湖北省为参照区的相对水资源承载力的对比图(图 6-4、图 6-5)。从图 6-4 和图 6-5 中可以看出，与湖北省相比，从水资源总量看，1999～2003 年贵州省水资源总量可承载的人口数和 GDP 都远高于实际的人口数和 GDP，相对水资源承载力处于相当富余状态。从水资源利用量上看，贵州省水资源利用量可承载的人口数仍然远低于实际的人口数，其相对水资源承载力处于超载状态；贵州省水资源利用量可承载的 GDP 高于实际的 GDP，处于富余状态。与湖北省这一非喀斯特地区相比，贵州省虽然水资源丰富，但是由于喀斯特的发育，水资源大量流失，可利用的水资源量不足，导致实际的水资源承载力较低。再加上受喀斯特山区条件的限制，经济发展水平相对比较落后。同时，也可以看出，尽管贵州水资源总量有所波动，但水资源利用量的相对承载力却一直保持相对稳定并略呈上升的态势。

### 6.2.4 喀斯特地区相对水资源承载力特征分析

喀斯特地区由于受喀斯特发育的影响，水资源很容易流失，且三水转化关系复杂，再加上时空分布不均，水资源开发利用困难，开发利用率较低。与非喀斯特地区相比，其相对水资源承载力大致有如下特点。

(1) 由于喀斯特地区水资源极易流失，开发利用率低，因而与非喀斯特地区相比，喀斯特地区水资源总量的相对承载力远高于其水资源利用量的相对承载力。由表 6-11 和表 6-13 可得出相对全国和湖北省，贵州省水资源总量和水资源利用量的承载力分别与贵州省实际人口数的比值。从表 6-14 可以看出，相对全国和湖北省，贵州省水资源总量可承载的人口数应是实际人口数的 1～2 倍，而其实际的水资源利用量不仅不足以承载实际人口数，甚至只可承载一半左右的实际人口，远远超载。

(2) 由于喀斯特地区水资源开发利用困难，在水资源总量相当的情况下，一般喀斯特地区水资源可承载的人口数远低于非喀斯特地区。根据相对水资源承载力的计算方法同样可以得出湖北省相对全国的水资源承载力，其与贵州省水资源利用量相对承载力的对比见表 6-15。由图 6-3 可知，1999～2002 年贵州省的水资源总量略高于湖北省，但由表 6-15 可以看出贵州省的水资源利用量可承载的人口数和 GDP 远低于湖北省，这正是由于喀斯特地区水资源开发利用率低所致。

**表 6-14 贵州省水资源承载人口与其实际人口之比**

| 年份 | 相对全国 | | 相对湖北 | |
|---|---|---|---|---|
| | $C_{rw总量}/C_{人口}$ | $C_{rw利用量}/C_{人口}$ | $C_{rw总量}/C_{人口}$ | $C_{rw利用量}/C_{人口}$ |
| 1999 | 1.43 | 0.53 | 1.79 | 0.53 |
| 2000 | 1.58 | 0.55 | 2.07 | 0.53 |
| 2001 | 1.22 | 0.53 | 2.56 | 0.49 |
| 2002 | 1.32 | 0.55 | 1.50 | 0.58 |

**表 6-15 贵州省与湖北省的水资源承载力比较**

| 年份 | $C_{rw利用量}/(\times10^4人)$ | | $C_{rw利用量}/(\times10^8元)$ | |
|---|---|---|---|---|
| | 贵州 | 湖北 | 贵州 | 湖北 |
| 1999 | 1960.02 | 5954.22 | 1301.13 | 3953.32 |
| 2000 | 1940.71 | 6325.03 | 1369.95 | 4401.04 |
| 2001 | 1998.04 | 6385.51 | 1523.50 | 4869.93 |
| 2002 | 2100.66 | 5627.50 | 1693.47 | 4536.67 |

(3) 喀斯特地区水资源易流失，土壤贫瘠，土地资源承载力低，生态环境脆弱，往往经济发展较为落后。因而与非喀斯特地区相比，喀斯特地区相对水资源承载力可承载的 GDP 远高于实际的 GDP。根据贵州省和湖北省相对全国计算出的水资源利用量可承载的

GDP 与实际 GDP 的对比，可以得出 1999～2002 年贵州省的水资源利用量可承载的 GDP 都高于其实际 GDP；除 2002 年外，1999～2001 年湖北省的水资源利用量可承载的 GDP 也高于其实际 GDP。采用下式对两者作对比：

$$I=\frac{C'-C}{C} \tag{6-19}$$

式中：$C'$ 表示水资源利用量可承载的 GDP；$C$ 表示实际 GDP。根据上式计算两省的值的对比见表 6-15。可以看出，与湖北省相比，贵州省水资源利用量可承载的 GDP 远高于其实际 GDP。受喀斯特条件的限制，喀斯特地区经济发展相对比较落后，这与脆弱生态环境和贫困的耦合也是相一致的。

(4) 喀斯特地区水资源利用量占水资源总量的比率远低于非喀斯特地区，因而与非喀斯特地区相比，随着经济科学技术水平及水资源开发利用率的提高，在一定时间限度内，喀斯特地区水资源承载力有更大的开发潜力。

### 6.2.5　小结

通过喀斯特地区相对水资源承载力的研究，并与非喀斯特地区比较，可以明确下垫面喀斯特发育对水资源承载力的影响，以在喀斯特地区采取合理的水资源开发利用策略。本节以贵州省为例，分别选取全国和湖北省作为对照区的研究可以得出以下结论。

(1) 相对于全国而言，从水资源总量上看，贵州省水资源总量可承载的人口数和 GDP 远高于其实际上的人口数和 GDP，处于相当富余的状态；从水资源利用量上看，贵州省水资源利用量可承载的人口数远低于其实际人口数，处于严重超载状态，可承载的 GDP 高于其实际 GDP，处于一定的富余状态。

(2) 相对于湖北省而言，从水资源总量看，贵州省的水资源总量可承载的人口数和 GDP 都远高于其实际的人口数和 GDP 量，处于相当富余的状态；从水资源利用量看，贵州省的水资源利用量可承载的人口数远低于其实际人口数，处于超载状态；可承载的 GDP 高于其实际 GDP，处于富余状态。

(3) 贵州省的水资源虽然相当丰富，但受喀斯特发育的影响，其实际的水资源承载力并不高。

(4) 在水资源总量相当的情况下，受喀斯特发育的影响及生态环境的制约，一般喀斯特地区水资源的承载力低于非喀斯特地区；喀斯特地区水资源利用量可承载的 GDP 远高于其实际 GDP；与非喀斯特地区相比，在一定时间限度内，喀斯特地区水资源承载力会有更大的开发潜力。

## 6.3　贵州省水资源承载力空间地域差异

### 6.3.1　概述

水资源承载力是指在某一历史发展阶段，以可预见的技术、经济和社会发展水平为依据，以可持续发展为原则，以维护生态环境良性发展为条件，在水资源得到合理的开发利用下，某一研究区域人口增长与经济发展的最大容量。水资源承载力是一个国家或地区持续发展过程中各种自然资源承载力的重要组成部分，且往往是水资源紧缺和贫水地区社会发展的“瓶颈”因素，它对一个国家或地区的综合发展和发展规模有至关重要的影响。作为可持续发展研究和水资源安全战略研究中的一个基础课题，水资源承载力研究已引起学术界的高度关注，成了当前水资源科学中的一个重点和热点研究问题，并取得了大量的研究成果。

水资源承载力研究是涉及人口、社会、经济以及资源环境在内的复杂巨系统，对其进行定量化研究，可揭示区域发展中存在的主要问题，为该区可持续发展提供具有可操作性的调控对策。本节以多维状态空间的方法，从综合、宏观的角度描述研究区域现实的承载状况，并对其进行定量化的表示和分析。

### 6.3.2 状态空间法模型的建立

状态空间法是欧氏几何空间用于定量描述系统状态的一种有效方法。通常由表示系统各要素状态向量的三维状态空间轴组成。水资源承载力的大小可用状态空间的原点同系统状态点所构成的矢量模来表示。由于现实的水资源承载状况(water resources carrying states，WRCS)与状态空间中理想的水资源承载力大小(water resources carrying capacity，WRCC)并不完全吻合，通常会有一定的偏差，从而导致水资源承载状况出现超载(WRCS>WRCC)、满载(WRCS=WRCC)、可载(WRCS<WRCC)3 种情况。而应用状态空间法可以定量地描述和测度水资源承载力及其承载状态。

利用状态空间法定量研究水资源承载力的步骤如下。

(1)选取 $n$ 个能较好地描绘贵州省水资源承载力的指标，结合实际情况确定其在某一特定时间段内，遵循可持续发展前提下最大(对效益型指标，值越大越好)或最小(对成本型指标，值越小越好)应取的值，称之为时段理想值，记为 WRCC，该值实际上也就是贵州省在可持续发展状态下的水资源承载力值：

$$\mathrm{WRCC}=|M|=\sqrt{\sum_{i=1}^{n}\left(\omega_i\cdot \mathrm{WRCC}_i\right)^2} \tag{6-20}$$

其中，WRCC 表示贵州省水资源承载力的理想值；$\omega_i$ 为各指标的权重。

(2)结合贵州省的具体情况，对 $n$ 个指标进行重要性排序，并计算出各指标的权重，记为 $\omega_i\left(i=1,2,\cdots n\right)$。

(3)标定 $n$ 个指标的现实值 $\mathrm{WRCS}_i\left(i=1,2,\cdots n\right)$：

$$\mathrm{WRCS}=|M|=\sqrt{\sum_{i=1}^{n}\left(\omega_i\cdot \mathrm{WRCS}_i\right)^2} \tag{6-21}$$

式中，WRCS 为贵州省水资源承载力的现实值。

(4)由所选定的 $n$ 个指标构造一个 $n$ 维的状态空间。上面的两个向量即表示在这一 $n$ 维状态空间中分别代表贵州省在现状资源环境下的承载力状态点和贵州省现状承载力状态点。这两个点在状态空间中的位置关系即反映了区域承载状况。为了使承载状况的判断更简化，可以采用以下步骤进行。

首先构造向量 $\mathbf{WRCS}_i^*$：

$$\mathbf{WRCS}_i^* = \mathrm{WRCS}_i(OP_r)\ \mathrm{WRCC}_i \tag{6-22}$$

式中，$(OP_r)$ 代表某种运算符、运算方法或过程，其作用在于使 WRCS 的值在取>1、=1 或<1 中的某种情况时，向量 $\mathbf{WRCS}_i^*$ 的每一个元素可以表示相对于可持续时段理想的水资源承载力，该指标代表水资源系统某一方面所处的状态(即 $\mathrm{WRCS}_i^*$>1、=1 或<1 时分别代表贵州省水资源在该指标所表示的状态上是超载、满载和可载)。

其次，计算 $n$ 维状态空间中点到坐标原点 $\mathbf{WRCS}_i^*$ 的加权距离 $M$：

$$M = \sqrt{\sum_{i=1}^{n}\left(\omega_i \cdot \mathrm{WRCS}_i\right)^2} \tag{6-23}$$

根据对状态空间的描述，$M$ 值的大小可定量地代表贵州省现状水资源的发展状况。此外，在经过式(6-21)转换后，代表可持续发展状态下的水资源承载力状态向量实际上已经转换成了一个单位向量。通过加权处理以后，该单位向量的模为

$$\mathrm{WRCC} = \sqrt{\sum_{i=1}^{n}\left(\omega_i \cdot \mathrm{WRCS}_i^*\right)^2} = \sqrt{\omega_i^2} \tag{6-24}$$

根据 $M$ 与 WRCC 值的比较，可以对贵州省水资源的实际承载状况进行判断：$M>$ WRCC 为超载；$M=$ WRCC 为满载；$M<$ WRCC 为可载。

### 6.3.3 指标体系构建与水资源承载状况计算

#### 1. 贵州省水资源承载力指标体系的构建

水资源承载力评价指标体系是水资源承载力研究中的一个关键问题，其核心是用什么指标体系来反映人口、社会经济以及资源环境这个复杂巨系统的发展规模与质量。目前，国内外对水资源承载力评价指标体系的研究，大致可分为两类：一类是从传统的水资源供需平衡分析基础上发展起来的对区域水资源承载力的评价；另一类是选择反映区域水资源承载力的主要影响因素指标，借助一定的评价模型和方法，综合评价水资源承载力。根据贵州省具体情况，本研究选取以下指标评价贵州省水资源承载力的空间差异。

(1) 水资源总量是水资源系统满足用水需求最重要的指标，是水资源系统最主要的物理特征，也是水资源承载力评价中最重要的因素。以水资源量表示。

(2) 水资源开发利用程度是表征水资源物理特征的一个重要指标，一个地区即使其水资源蕴藏量很大，但开发利用程度低，其实际可利用的水资源少，实际承载力就低。以人均用水量、用水效益等表示。

(3) 水资源短缺是一定区域一定时期内水资源供不应求的一种状态。以水资源可利用率表示。

(4) 社会经济发展指标是推动水资源发展变化的关键指标。可用人均 GDP、城市化水平、人均粮食产量等反映社会的发展程度。人均产量的提高和较高的城市化水平均有助于污水治理投资的增加。

(5)采用人口自然增长率指标反映人口对水资源系统及生态环境系统的压力状况。

(6)水资源系统超载会引起生态系统的破坏和退化，因此生态系统的完整性也是衡量水资源系统变化的一个方面。采用废污水排放率、森林覆盖率等表征生态环境质量。

2. 各指标体系权重的计算

显然各个指标对贵州省水资源承载力的影响程度不可能完全一致，这就要求对各指标进行权重分析。通常确定指标权重的方法有：层次分析法、经验权数法、专家咨询法、统计平均值法、抽样权数法、比重权数法、模糊逆方程法、熵值法等数学方法。本节选用熵值法来计算其权重。

其计算步骤如下。

(1)构建 $m$ 个事物 $n$ 个评价指标的判断矩阵：

$$\boldsymbol{R}=\left(x_{ij}\right)_{mn}\left(i=1,2,\cdots,n;\ j=1,2,\cdots,m\right)$$

(2)对判断矩阵进行归一化处理，得到归一化判断矩阵 $\boldsymbol{B}$：

$$b_{ij}=\frac{x_{ij}-x_{\min}}{x_{\max}-x_{\min}} \tag{6-25}$$

其中：$x_{\max}$、$x_{\min}$ 分别为同指标下不同事物中的最满意者或最不满意者(越小越满意或越大越满意)。

(3)根据熵的定义，$m$ 个评价事物 $n$ 个评价指标，可以确定评价指标的熵 $H_i$ 为

$$H_i=-\frac{1}{\ln m}\left[\sum_{j=1}^{m}f_{ij}\ln f_{ij}\right]\quad (i=1,2,\cdots,n;\ j=1,2,\cdots,m) \tag{6-26}$$

其中：

$$f_{ij}=\frac{1+b_{ij}}{\sum_{j=1}^{m}1+b_{ij}}$$

(4)计算评价指标的熵权 $W$：

$$W=\left(\omega_i\right)_{1\times n} \tag{6-27}$$

其中：

$$\omega_i=\frac{1-H_i}{n-\sum_{i=1}^{n}H_i}，且满足\sum_{i=1}^{n}\omega_i=1$$

利用式(6-25)～式(6-27)可计算出各评价指标的权重值。贵州省水资源承载力评价指标体系及其权重值见表 6-16。

3. 贵州省水资源承载力计算

由于水资源承载状况同理想的水资源承载力之间的偏差值是定量描述一个地区水资源承载状况的基础，因此，首先要确定研究区水资源承载力的理想状态值和现状值。贵州省水资源承载力各评价指标的现状值采用 2003 年的统计资料(数据来源于《贵州省水资源公报》)。通常采用问卷调查法或者利用现有的国际或国内较权威的可持续发展等相关指

标值来确定不同时期水资源承载力的理想状态值，也可利用与研究区域条件相近，但更接近可持续发展状态的区域作为参考标准，求得一定时期内水资源承载力的理想状态值。根据贵州省“十五”发展规划以及相关研究，确定出理想状态下贵州省水资源承载力的各指标值(表 6-17)。

**表 6-16 贵州省水资源承载力评价指标及其权重**

| 一级评价指标 | 二级评价指标 | 指标含义 | 权重 |
|---|---|---|---|
| 水资源系统 | 水资源可利用率/% | 可利用的水资源量与水资源总量之比 | 0.1103 |
| | 人均水资源量/$m^3$ | 水资源量与总人口数量之比 | 0.1594 |
| | 人均用水量/$m^3$ | 用水量与总人口数量之比 | 0.0851 |
| | 用水效率/（元/$m^3$） | 每立方米用水创造的地区生产总值 | 0.1026 |
| 水与社会经济发展 | 人均 GDP/元 | 地区生产总值与总人口数量之比 | 0.1226 |
| | 人均粮食产量/kg | 粮食产量与总人口数量之比 | 0.0705 |
| | 非农业人口所占比重/% | 非农业人口与总人口数量之比 | 0.1101 |
| | 人口自然增长率/% | 人口自然增加数与该时期内平均人数之比 | 0.1328 |
| 水与环境 | 废污水排放率/% | 污水排放量与用水量之比 | 0.1068 |

**表 6-17 贵州省水资源承载力的理想状态值及现状值**

| 评价指标 | 理想值 | 现状值 | $WRCS_i^*$ |
|---|---|---|---|
| 水资源可利用率/% | 20 | 12.33 | 0.62 |
| 人均水资源量/$m^3$ | 4000 | 2420.2 | 1.65 |
| 人均用水量/$m^3$ | 480 | 247 | 0.52 |
| 用水效益/(元/$m^3$) | 50 | 15 | 6.67 |
| 人均 GDP/元 | 9047 | 3881 | 2.33 |
| 人均粮食产量/kg | 500 | 297.2 | 1.68 |
| 非农业人口所占比重/% | 41 | 15.67 | 2.62 |
| 人口自然增长率/% | 6 | 8.56 | 1.47 |
| 废污水排放率/% | 20 | 26.2 | 1.31 |

为了消除不同指标量纲和数量级差对评价的负面影响，首先应对单项评价指标的原始数据进行标准化处理。由于评价指标具有较为明显的波动性和模糊性，将指标群作为模糊集合，利用梯形模糊隶属函数方法来计算单项指标评价值。

由表 6-17 可知，各评价指标的 $WRCS_i^*$ 分别为：0.62、1.65、0.52、6.67、2.33、1.68、2.62、1.47、1.31。在该 9 维状态空间中，该点到坐标原点的加权距离 $M$，即 2003 年贵州省现实的水资源承载力为

$$M=\sqrt{\sum_{i=1}^{9}\left(\omega_i\cdot \mathrm{WRCS}_i^*\right)^2}=0.655$$

理想的水资源承载力 WRCC 的值为

$$\mathrm{WRCC}=\sqrt{\sum_{i=1}^{9}\left(\omega_i\cdot \mathrm{WRCS}_i^*\right)^2}=\sqrt{\sum_{i=1}^{9}\omega_i^2}=0.341$$

根据计算结果，可以得出 $M$>WRCC，这说明贵州省的水资源承载状况已经严重超载，从而影响了经济发展。但是不同的地区又有所差异。通过计算可得出贵州省各分区水资源的现状承载力(表 6-18、图 6-6)。根据表 6-18 和图 6-6 可以看出，贵州省不同的地区其水资源的承载力也有所差异，表现出一定的空间地域性。

表 6-18　2003 年贵州省各分区水资源现状承载力

| 分区 | 贵阳 | 遵义 | 安顺 | 黔南 | 黔东南 | 铜仁 | 毕节 | 六盘水 | 黔西南 |
|---|---|---|---|---|---|---|---|---|---|
| WRCS | 0.7392 | 0.6631 | 0.7049 | 0.3152 | 0.3994 | 0.4339 | 0.4199 | 0.5306 | 0.2871 |
| 与理想 WRCS 差值 | 0.3982 | 0.3221 | 0.3639 | −0.0258 | 0.0584 | 0.0929 | 0.0789 | 0.1896 | −0.0539 |

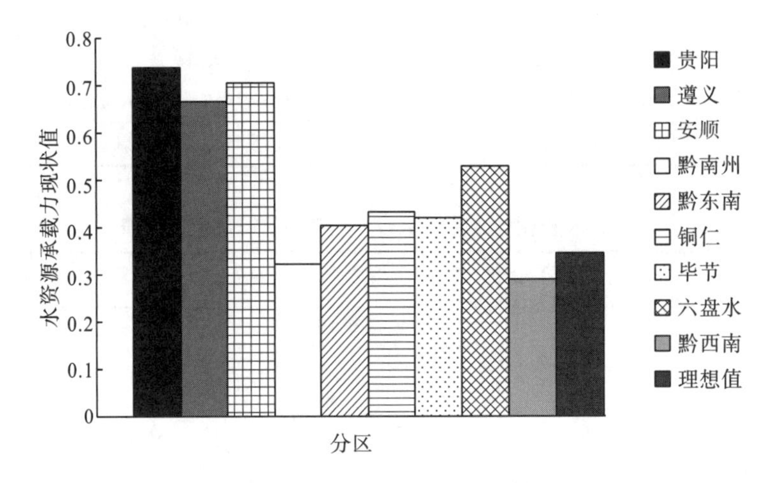


图 6-6　2003 年贵州省各分区水资源现状承载力

## 6.3.4　水资源承载力类型分区

根据水资源现状承载力与理想承载力的对比，把贵州省划分为以下 3 种类型区。

(1)类型区Ⅰ：水资源严重超载区。这类地区主要包括贵阳、安顺、遵义和六盘水 4 个分区。此类地区水资源的承载能力已严重超载，表明这 4 个地区水资源承载潜力较小。这主要是由于这几个地区经济发达，用水量大且喀斯特地区所占分区面积的比重较大。喀斯特地区各种地貌类型有机组合，再加上不同空间尺度、不同岩性组成形态多样的下垫面因素对地表及地下径流有着重要的影响，本类地区的水文地质地貌及气候因素严格控制着地下水系的形成与分布，影响着地表及地下水资源的数量和径流循环条件，使得本类地区的水资源系统复杂化。而水资源系统是水资源承载的主体，所能提供的可利用水资源量控制着本类地区社会经济的发展，进而决定着水资源的承载水平。尤其是贵阳市，其水资源的现状承载力值大大超过了理想承载力值(超出值高达 0.3982)，虽然可利用水量较多，但由于人口相对较多、工业发达，人均用水量大，废污水排放率高(34.31%)，导致人均水资源量小，水资源的承载潜力小，继续发展下去，势必对贵阳市的经济发展产生消极影响。

(2)类型区Ⅱ：水资源满载区。这类地区包括铜仁、毕节和黔东南 3 个地区。这 3 个地区虽然水资源现状承载力值大于理想承载力值，但相差不大(分别高出理想值 0.0929、0.0789 和 0.0584)，所以应归属于满载区。其中铜仁、毕节属喀斯特中等发育区，喀斯特地貌类型和岩性组合等下垫面因素对水资源系统的影响要较类型区Ⅰ弱，经济也相对不太发达，人均用水量较少，且水资源开发利用率较低(平均仅为 7.89%)；黔东南地区基本属于非喀斯特地区，经济欠发达，水资源开发利用率仅为 6.359%，但人均用水量较多，随着科技的发展，水资源利用率和节水能力的提高，水资源将有一定的开发利用潜力。

(3)类型区Ⅲ：水资源可载区。主要有黔南和黔西南两个地区。这一类型区属贵州省碳酸盐岩地层及岩溶最发育的地区，以峰丛洼地、河谷及溶丘谷地为主，岩性则以石灰岩、白云质灰岩和碎屑岩为主。区内岩溶大泉及地下河发育，水力坡度大，流速大，地表水与地下水交替频繁，岩溶水资源丰富，人均水资源量多。但此类地区经济落后，非农业人口较少，且用水量较少，水资源的开发利用率低(仅为 6.5%)。因此，此类地区水资源的现实承载力值小于理想承载力值(分别低于理想值 0.0258 和 0.0539)，即水资源的承载潜力较大，属于可载区。

### 6.3.5　小结

本节通过引入熵值法来确定水资源承载力的指标权重，并运用综合多种因素的状态空间法，对贵州省水资源承载力进行了分析，得出贵州省的水资源承载状况已经严重超载，但不同地区水资源承载力也有所差异，表现出一定的空间地域性。根据水资源现状承载力与理想承载力的差值，把贵州省划分为 3 种类型区，其中，贵阳、安顺、遵义和六盘水属水资源严重超载区；铜仁、毕节和黔东南属水资源满载区；黔南州和黔西南属水资源可载区，这为贵州省各市州制定相应的人口、经济及水资源管理政策提供了依据，也对贵州省水资源的规划及利用具有指导意义。

## 6.4　基于熵权法的喀斯特地区水资源承载力动态变化研究

### 6.4.1　概述

水资源是人类社会不可替代的重要资源，随着水资源的日益紧张，水资源承载力的研究已成为水资源科学领域的一个重点与热点问题。迄今水资源承载力的研究已取得了丰硕成果，但由于其系统的复杂性和模糊性，仍未形成统一的、科学的理论体系。但内涵上也有其统一的认识：水资源承载力受社会经济、技术以及人口和生态环境等因素的共同制约而处在动态变化中，水资源承载力是有限度的，必须以可持续发展为原则。受喀斯特发育的影响，喀斯特地区环境脆弱，水资源渗漏严重，开发利用率低，水资源承载力的动态变化表现出特定的规律。本节以贵阳市为例，分析其 6 年的水资源承载力变化情况，为贵阳市水资源的合理年际调配利用提供一定的理论依据，以指导喀斯特地区可持续发展。

### 6.4.2 喀斯特地区水资源承载力分析

自然方面，喀斯特地区的入渗系数一般为 0.3～0.6，甚至达到 0.8，地下水系十分发育，但地表水系不完整，常干涸无水，区域内水运动及其变化规律特殊，水资源开发利用困难。喀斯特地区坡陡土薄，土壤蓄水保墒性能欠佳，加之石灰土表层疏松，蒸发较强，稍遇连续晴天就会出现干旱。喀斯特山区封闭，一般靠落水洞排水行洪，雨季降大雨时，口径很小的落水洞很容易被洪水所挟带的泥沙、枯枝落叶堵塞，导致洪水漫溢，形成灾害。

社会方面，随着人口的增长、经济的发展，地下水开采量加大，造成了一系列喀斯特塌陷问题，污水沿塌陷进一步污染深层地下水，导致水环境承载力降低。

喀斯特地区水资源的主体和客体都是动态的，水资源系统因地貌、赋水条件等因素的差异处于水文地貌相互作用的变化中；社会经济系统中人口的增加、社会经济的发展，以及人们开发利用水资源的程度和方式不断转变，使喀斯特地区水资源承载力处于不断变化中。喀斯特地区自然变化和人类活动影响下的喀斯特流域水循环规律是研究其水资源承载力变化的重要基础。自然和社会两大因素相互耦合、相互关联，自然方面是相对稳定的，它主要影响水资源量的变化；人类社会活动既影响用水量的变化，又影响水资源的开发利用和环境的变化，是影响水资源承载力变化的主要驱动因素。

### 6.4.3 喀斯特地区水资源承载力动态变化主要驱动因子的选取及变化方向判断

一个地区的水资源承载力与当地水资源的可开发利用量和利用水平密切相关，而水资源的可开发利用量与当地的水资源总量、水资源开发利用难易程度和技术水平有关。喀斯特地区山高水低，蓄水困难，水资源开发利用较难，可选取区域内水资源总量、水资源开发利用程度和经济发展水平的变化来反映水资源承载力变化。当地的水资源利用水平取决于技术水平和节水水平，通常水价越高，节水水平越高；越缺水的地方，节水水平越高；技术水平越高，节水水平越高。节水水平主要反映在用水指标上，如人均生活用水量、单位耕地用水量、单位工业产品的取水量等，同一地区，指标值越小，说明水资源利用效率越高，相应的单位水资源的承载力也越高。水资源可利用量越大，其承载力也越高，可以选取总人口数，生活、农业和工业等用水量的变化来反映水资源承载力的变化。同时，影响水资源承载力的各个因子又相互作用，相互影响。鉴于各因素间的复杂耦合关系，采用主成分分析法找出影响喀斯特地区水资源承载力变化的主成分因子。

1. 主成分分析对驱动因子的选择

主成分分析法可以用少数几个相互独立的主成分因子的线性组合来反映水资源承载

力影响因子的绝大部分信息，表达不同时段水资源承载力的状况。其步骤为：①对数据进行标准化处理；②求出样本的相关系数矩阵；③计算特征值、主成分的贡献率及累积贡献率；④求出主成分荷载，确定主成分个数。具体操作可借助 SPSS 软件进行，选出能反映绝大部分信息(通常大于 85%)的前 $t$ 个主成分因子。

2. 熵值在变化方向判断上的应用

喀斯特地区水资源承载力是受喀斯特地区水资源、生态环境、社会经济活动等许多因子制约的一个有机体，各影响因素都有各自的变化规律，各因子相互联系、相互支持和制约，共同决定喀斯特地区水资源承载力的运行和变化。在信息论中，熵是对不确定性的一种度量。信息量越大，不确定性就越小，熵也就越小；信息量越小，不确定性越大，熵也越大。因而，可以借助熵值来判断各主成分因子的离散程度，因子的离散程度越大，该因子对水资源承载力变化的影响就越大。首先，对各主成分因子的数据进行非负化处理。现设某一地区第 $i$ 时段水资源承载力第 $j$ 个影响因子的值为 $X_{ij}$ $(i=1,2,\cdots,n;\ j=1,2,\cdots,m)$。为避免求熵值时对数的无意义，进行以下处理：

$$X'_{ij}=\frac{X_{ij}-\min(X_{ij})}{\max(X_{ij})-\min(X_{ij})}+1 \tag{6-28}$$

其次，计算第 $i$ 时段第 $j$ 个影响因子占所有时段该因子和的比重：

$$P_{ij}=\frac{X'_{ij}}{\sum_{i=1}^{n}X'_{ij}}(i=1,2,\cdots,n;\ j=1,2,\cdots,m) \tag{6-29}$$

然后，求各因子的权重：

$$\omega_{ij}=\frac{d_i}{\sum_{i=1}^{m}d_i}(1\leqslant j\leqslant m) \tag{6-30}$$

$$d_j=\frac{1-e_j}{m-\sum_{j=1}^{m}e_j}\left(0\leqslant d_j\leqslant n,\sum_{j=1}^{m}d_j=1\right) \tag{6-31}$$

第 $j$ 项因子的熵值 $e=-1/\ln(n)\sum_{i=1}^{m}P_{ij}\ln(P_{ij})e_j>0$

$$S_i=\sum_{j=1}^{m}\omega_{ij}\cdot P_{ij}(i=1,2,\cdots,n) \tag{6-32}$$

主成分的综合得分越高，水资源承载力的状况相对越好。根据不同时段综合得分的大小变化，可以判断在某一时间序列上水资源承载力向有序或无序的变化。综合得分逐渐增大、减小或中间出现波动可表征水资源承载力的变化状况。

### 6.4.4　实例分析

贵州省位于云贵高原东部斜坡，地处我国西南喀斯特石山区中心地带，喀斯特强烈发育，喀斯特面积达 $13\times10^4$km²，占全省总面积的 73%，全省 95%的县(市)有喀斯特分布。贵阳市位于贵州省中部，喀斯特面积占全市面积的 85%，降水量多年平均值为 934.7mm，本节以贵阳市为例研究喀斯特地区水资源承载力的变化。

1. 影响贵阳市水资源承载力变化主成分因子的选取

根据《贵阳市统计年鉴》和《贵阳市水资源公报》统计贵阳市的人口、经济和水资源等状况，并从中选取以下 15 个驱动力影响因子进行分析：$X_1$ 为总人口数($10^4$ 人)，$X_2$ 为 GDP($10^8$ 元)，$X_3$ 为固定资产投资($10^8$ 元)，$X_4$ 为城镇居民消费水平(元)，$X_5$ 为农村居民消费水平(元)，$X_6$ 为农业用水量($10^8\text{m}^3$)，$X_7$ 为单位耕地用水量($10^4\text{m}^3/\text{hm}^2$)，$X_8$ 为工业用水量($10^8\text{m}^3$)，$X_9$ 为单位工业产值用水量($\text{m}^3$/元)，$X_{10}$ 为生活用水量($10^8\text{m}^3$)，$X_{11}$ 为人均日生活用水量(L)，$X_{12}$ 为水资源总量($10^8\text{m}^3$)，$X_{13}$ 为水资源开发利用率(%)，$X_{14}$ 为供水量($10^8\text{m}^3$)，$X_{15}$ 为耗水量($10^8\text{m}^3$)(表 6-19)。

应用 SPSS 软件进行主成分分析可得贵阳市水资源承载力变化驱动因素的相关系数矩阵(表 6-20)和主成分特征值及贡献率(表 6-21)。

表 6-19 贵阳市经济及水资源状况统计

| 年份 | 人口/$10^4$人 | GDP/$10^8$元 | 固定资产投资/$10^8$元 | 城镇居民消费水平/元 | 农村居民消费水平/元 | 农业用水量/$10^8\text{m}^3$ | 单位耕地用水量/($10^4\text{m}^3/\text{hm}^2$) | 工业用水量/$10^8\text{m}^3$ | 单位工业产值用水量/($\text{m}^3$/元) | 生活用水量/$10^8\text{m}^3$ | 人均日生活用水量/L | 水资源总量/$10^8\text{m}^3$ | 水资源开发利用率/% | 供水量/$10^8\text{m}^3$ | 耗水量/$10^8\text{m}^3$ |
|---|---|---|---|---|---|---|---|---|---|---|---|---|---|---|---|
| 1998 | 315.72 | 219.14 | 72.06 | 5036 | 1330 | 3.70 | 34.20 | 3.66 | 31.01 | 1.55 | 134.50 | 35.44 | 12.05 | 4.27 | 1.37 |
| 1999 | 321.50 | 234.59 | 86.52 | 5327 | 1418 | 3.78 | 35.06 | 3.96 | 29.88 | 1.94 | 165.32 | 57.44 | 18.18 | 10.44 | 3.27 |
| 2000 | 331.57 | 264.81 | 108.13 | 5550 | 1453 | 3.68 | 39.69 | 4.27 | 26.25 | 1.97 | 162.78 | 50.61 | 19.36 | 9.80 | 3.64 |
| 2001 | 335.81 | 302.75 | 151.13 | 5776 | 1532 | 3.43 | 31.64 | 4.45 | 34.34 | 2.08 | 169.70 | 42.93 | 23.27 | 9.99 | 3.23 |
| 2002 | 346.27 | 336.37 | 187.40 | 5801 | 1552 | 3.86 | 36.06 | 4.55 | 37.64 | 2.11 | 166.95 | 56.82 | 18.51 | 10.52 | 3.84 |
| 2003 | 348.70 | 380.92 | 239.90 | 6288 | 1651 | 3.22 | 29.70 | 5.12 | 37.49 | 1.58 | 124.14 | 42.41 | 24.55 | 10.41 | 3.53 |

表 6-20 贵阳市水资源承载力变化驱动因素相关关系数矩阵

| 变量 | $X_1$ | $X_2$ | $X_3$ | $X_4$ | $X_5$ | $X_6$ | $X_7$ | $X_8$ | $X_9$ | $X_{10}$ | $X_{11}$ | $X_{12}$ | $X_{13}$ | $X_{14}$ | $X_{15}$ |
|---|---|---|---|---|---|---|---|---|---|---|---|---|---|---|---|
| $X_1$ | 1.000 | | | | | | | | | | | | | | |
| $X_2$ | 0.974 | 1.000 | | | | | | | | | | | | | |
| $X_3$ | 0.958 | 0.997 | 1.000 | | | | | | | | | | | | |
| $X_4$ | 0.946 | 0.972 | 0.964 | 1.000 | | | | | | | | | | | |
| $X_5$ | 0.960 | 0.978 | 0.972 | 0.994 | 1.000 | | | | | | | | | | |
| $X_6$ | −0.439 | −0.585 | −0.600 | −0.675 | −0.620 | 1.000 | | | | | | | | | |
| $X_7$ | −0.331 | −0.499 | −0.543 | −0.492 | −0.498 | 0.765 | 1.000 | | | | | | | | |
| $X_8$ | 0.951 | 0.975 | 0.968 | 0.998 | 0.989 | −0.662 | −0.466 | 1.000 | | | | | | | |
| $X_9$ | 0.727 | 0.799 | 0.823 | 0.676 | 0.728 | −0.369 | −0.698 | 0.667 | 1.000 | | | | | | |
| $X_{10}$ | 0.235 | 0.049 | −0.006 | 0.078 | 0.140 | 0.424 | 0.424 | 0.050 | −0.030 | 1.000 | | | | | |
| $X_{11}$ | −0.046 | −0.229 | −0.279 | −0.183 | −0.124 | 0.549 | 0.519 | −0.214 | −0.249 | 0.960 | 1.000 | | | | |

续表

| 变量 | $X_1$ | $X_2$ | $X_3$ | $X_4$ | $X_5$ | $X_6$ | $X_7$ | $X_8$ | $X_9$ | $X_{10}$ | $X_{11}$ | $X_{12}$ | $X_{13}$ | $X_{14}$ | $X_{15}$ |
|---|---|---|---|---|---|---|---|---|---|---|---|---|---|---|---|
| $X_{12}$ | 0.208 | 0.500 | 0.250 | 0.780 | 0.134 | 0.563 | 0.504 | 0.760 | −0.680 | 0.703 | 0.673 | 1.000 | | | |
| $X_{13}$ | 0.761 | 0.776 | 0.758 | 0.893 | 0.882 | −0.715 | −0.465 | 0.870 | 0.426 | 0.251 | 0.057 | 0.125 | 1.000 | | |
| $X_{14}$ | 0.676 | 0.587 | 0.558 | 0.688 | 0.714 | −0.161 | −0.016 | 0.670 | 0.262 | 0.615 | 0.457 | 0.706 | 0.791 | 1.000 | |
| $X_{15}$ | 0.745 | 0.625 | 0.587 | 0.700 | 0.719 | −0.088 | 0.138 | 0.695 | 0.239 | 0.631 | 0.448 | 0.715 | 0.732 | 0.966 | 1.000 |

**表 6-21　主成分的特征值和贡献率**

| 主成分 | 特征值 | 贡献率/% | 累积贡献率/% |
|---|---|---|---|
| 1 | 8.817 | 58.780 | 58.780 |
| 2 | 4.196 | 27.971 | 86.751 |
| 3 | 0.911 | 6.073 | 92.824 |
| 4 | 0.702 | 4.682 | 97.506 |
| 5 | 0.374 | 2.494 | 100.000 |

**表 6-22　旋转后的因子荷载矩阵**

| 变量 | $C_1$ | $C_2$ | $C_3$ |
|---|---|---|---|
| $X_1$ | 0.985 | 0.120 | $5.476\times10^{-2}$ |
| $X_2$ | 0.968 | $-4.762\times10^{-2}$ | 0.138 |
| $X_3$ | 0.953 | −0.101 | 0.133 |
| $X_4$ | 0.924 | $-1.967\times10^{-2}$ | 0.340 |
| $X_5$ | 0.926 | $4.169\times10^{-2}$ | 0.289 |
| $X_6$ | −0.457 | 0.382 | −0.752 |
| $X_7$ | −0.286 | 0.347 | −0.456 |
| $X_8$ | 0.939 | $-5.612\times10^{-2}$ | 0.304 |
| $X_9$ | 0.704 | $-5.215\times10^{-2}$ | −0.136 |
| $X_{10}$ | 0.115 | 0.971 | $-6.680\times10^{-2}$ |
| $X_{11}$ | −0.187 | 0.925 | $-6.054\times10^{-2}$ |
| $X_{12}$ | $3.651\times10^{-3}$ | 0.888 | −0.273 |
| $X_{13}$ | 0.863 | 0.206 | 0.668 |
| $X_{14}$ | 0.620 | 0.696 | 0.305 |
| $X_{15}$ | 0.612 | 0.702 | 0.158 |

由表 6-21 可以看出，前 2 个主成分的累积贡献率达到了 86.751%，为更充分地表示喀斯特地区水资源承载力的状况，选取前 3 个主成分(分别用 $C_1$、$C_2$、$C_3$ 表示)进行分析。对因子荷载作方差最大化旋转，可更清楚地看出各变量在主成分上的荷载，旋转后的因子载荷矩阵见表 6-22。

可见，$C_1$ 与人口、GDP、固定资产投资、居民消费水平、工业用水水平及水资源开发利用水平之间存在强正相关关系，可以认为它主要代表了人口和经济技术的发展水平；

$C_2$ 与生活用水量、水资源总量、供水量和耗水量之间存在强正相关关系，它主要代表了生活用水量和地区水资源量的状况；$C_3$ 与农业用水量之间存在明显的负相关，与水资源利用率之间存在明显的正相关，这主要是由于喀斯特地区水资源渗漏严重，灌溉方面渠系水利用系数比较小，农业用水量比较大，利用率较低。三大主成分比较全面地包括了水资源承载力变化的驱动因子，能很好地反映水资源承载力所处的状况。因而，可用这 3 个主成分的变化来表达贵阳市水资源承载力的变化状况。1998～2003 年影响贵阳市水资源承载力三大主成分的得分情况见表 6-23。

**表 6-23　主成分得分矩阵**

| 年份 | $C_1$ | $C_2$ | $C_3$ |
|---|---|---|---|
| 1998 | −11.128040 | −4.571351 | −3.420000 |
| 1999 | −4.950569 | 1.755388 | −0.945744 |
| 2000 | −2.565841 | 2.102389 | −0.920608 |
| 2001 | 3.234770 | 1.208423 | 2.100000 |
| 2002 | 4.701647 | 2.920172 | −0.418018 |
| 2003 | 11.793782 | −3.459412 | 5.052345 |

2. 贵阳市水资源承载力变化的判断及分析

把贵阳市水资源承载力三大主成分因子得分代入式(6-27)～式(6-30)，可以得出三大主成分因子的权重和 1998～2003 年各年份水资源承载力的综合得分(表 6-24、表 6-25)。由表 6-25 可以看出，1998～2003 年贵阳市水资源承载力总体变化趋势为逐渐增大，2002 年出现了一个小的波动。出现这种变化的原因如下。

**表 6-24　主因子的权重**

| 主成分 | $C_1$ | $C_2$ | $C_3$ |
|---|---|---|---|
| 权重 | 0.340223 | 0.338276 | 0.321501 |

**表 6-25　1998～2003 年水资源承载力的综合得分**

| 年份 | 1998 | 1999 | 2000 | 2001 | 2002 | 2003 |
|---|---|---|---|---|---|---|
| 得分 | 0.094583 | 0.156033 | 0.161826 | 0.193659 | 0.182083 | 0.211816 |

(1) 由表 6-22 可以看出，三大主成分比较全面地反映了水资源承载力的驱动因素，包括人口、社会经济、各方面用水量、水资源量以及水资源开发利用率等。

(2) 从表 6-23 可知，影响贵阳市水资源承载力的主成分得分有正有负，正值说明高于平均水平，负值说明低于平均水平。$C_1$ 逐年增长，这主要是由于与 $C_1$ 相关性比较大的人口数量和经济科学技术水平逐年提高所致，它既包含了水资源承载力的压力因素，也有助其提高的动力因素。$C_2$ 在 2001 年和 2003 年出现波动，主要由与 $C_2$ 相关性较大的水资源量变化引起。2001年贵阳市年平均降水量为982.5mm，比多年平均值偏少11.2%，比2000年偏少21.9%；2003年平均降水量为933.7mm，比多年平均值偏少14.8%，比2002年偏少21%。而2002年平均降水量为1181.6mm，比多年平均值偏多5.6%，因而2002年分值最大。$C_3$在2002年出现波动，是由与$C_3$呈负相关的农业用水量的大增和农灌节水水平低造成的。

(3)2002年贵阳的水资源总量较大，高于多年平均水平，也高于2001年和2003年，但其水资源承载力状况却低于这两年。从其主成分看，2002年$C_3$中的农业用水量增大到6年中的最高水平，单位耕地用水量也相应大增；$C_3$中的生活用水和人均日生活用水也相应大增；而水资源开发利用率却有所降低。由于喀斯特地区水资源渗漏严重，降水很快转入地下，存蓄困难，开发利用率低，相对于当前的经济和科学技术水平，增加的降水量未能得到充分利用。从水资源承载力指标看，水资源承载力(尤其是单位水资源承载力)反而有所降低。

(4)人口和经济发展因素是贵阳市水资源承载力变化的主要驱动因子，同时也是水资源承载力的两大压力，从表6-19可以看出，这两大因子逐年稳步增长，对水资源承载力的压力逐渐增大，但是从表6-25可知，贵阳市水资源承载力表现出逐年向良好方向变化的态势。贵阳市水资源总量相对比较丰富，但受喀斯特发育的影响，水资源开发利用率较低，而表现出工程性水资源承载力不高。随着经济和科技水平的发展，人们对水资源调蓄和开发利用水平的提高，喀斯特地区水资源承载力还会有较大的富余空间。

2003年贵阳市的水资源量低于多年平均水平，但水资源承载力却处于较良好状态。从表6-19可看出，2003年的水资源总量仅高于1998年，但开发利用率却最高。从节水水平上看，2003年的人均日用水量、单位耕地用水量在6年中也最低，单位工业产值用水量也比上一年有所降低。可见，在水资源总量比较丰富的喀斯特地区，随着水资源开发利用率和节水水平的提高，水资源承载力还有较大的弹性区间。

### 6.4.5 小结

(1)喀斯特地区水资源承载力变化的影响因子众多，通过主成分分析法可以得出其主要因子，利用熵值法可以对主成分进行客观赋权，从而对喀斯特地区水资源承载力的状况进行合理分析。

(2)通过主成分分析得出贵阳市水资源承载力变化的三大主成分，其中包括人口、经济和科技的发展、水资源量和用水的变化情况，能较全面地表达水资源承载力的变化状况。

(3)喀斯特地区水资源渗漏严重，存蓄困难，开发利用率低，使得贵阳市2002年虽有较大的水资源总量，但增加的降水量并没有得到充分利用，反而使水资源承载力(尤其是单位水资源承载力)有所降低。

(4)人口和经济发展是贵阳市水资源承载力变化的两大主要压力，1998～2003年，这两大压力逐年增大，但水资源承载力状况基本上表现出良好的变化趋势。随着科技的发展、水资源开发利用率和节水水平的提高，喀斯特地区水资源承载力还会有较大的富余空间。

# 第7章 喀斯特地区水资源、枯水资源承载力综合评价

## 7.1 喀斯特地区水资源承载力评价研究

在水资源日益紧张的今天，其供需矛盾已成为制约我国许多地区经济可持续发展的重要因素。水资源承载力问题受到了广泛关注，并已有不少的研究成果发表。但在这些成果中，对我国西北地区的研究较多，而对西南喀斯特地区的研究则较少。喀斯特地区独特的水文地貌结构及其功能效应，使其流域空间结构、水系发育规律、水文动态等方面表现出与常态流域的巨大差异。这也增加了喀斯特地区水资源的开发和利用难度。同时，由于喀斯特地区生态环境脆弱，因而必须合理估算喀斯特地区的水资源量及其可开发和利用程度，明确喀斯特发育与水资源承载力的关系，对喀斯特地区水资源承载力作出合理评价。

### 7.1.1 喀斯特地区的水资源承载力

对水资源承载力的研究至今仍未形成统一的概念与理论体系。我们认为对水资源承载力的定义比较有代表性的是2001年惠泱河等的定义："水资源承载力是某一地区的水资源在某一具体历史发展阶段下，以可预见的技术、经济和社会发展水平为依据，以可持续发展为原则，以维护生态环境良性发展为条件，经过合理优化配置，对该地区社会经济发展的最大支撑能力。"可以看出，不同生态环境下，水资源对人们生活及社会经济系统的承载阈值是不同的，这个阈值又取决于不同时间、不同条件下生态系统与社会系统的协调程度。喀斯特地区，一方面由于地貌类型复杂多样，地形起伏大，土壤贫瘠，植被结构简单，地下裂隙、管道发育，降水大部分径流转入地下或由地表径流排走，致使地表水资源短缺；另一方面由于喀斯特水的赋存在时间和空间上不均匀，水资源开发困难，利用率较低。因此造成喀斯特水资源对社会经济和人们生活的承载阈值相对较小。特别是近年来随着经济的发展，人们毁林开荒，生态环境遭到破坏，水土流失严重，甚至出现石漠化，生态系统与社会经济系统的矛盾进一步削弱了喀斯特地区的水资源承载力。

目前，对喀斯特地区水资源承载力的研究主要有王在高2001年构建了喀斯特水资源承载力的指标体系并用Logistic对水资源承载力进行了预测；贺中华等(2005)提出了喀斯特地区枯水资源承载力的概念及其计算模型，并用承载指数对水资源承载力系统进行了类型划分等。本节运用多目标灰色关联投影法，对水资源承载力进行评价，以对不同喀斯特地区的水资源承载力状态进行合理排序，为地区间水资源的调度和合理安排经济生产活动

提供一定的理论依据。同时，通过对评价结果与喀斯特地区水资源承载力主要影响因素的灰色关联度分析，明确喀斯特发育对水资源承载力的影响程度。

### 7.1.2　喀斯特地区水资源承载力评价指标体系的选取

水资源承载力评价已有大量研究，评价不同地区的水资源承载力，其评价指标体系的选取也不尽相同。在参考前人成果和充分考虑喀斯特地区特殊性的基础上，选取如下方法和评价指标进行评价。

首先将喀斯特地区的水资源系统分为供水和需水两大系统，然后根据供需水的影响特性选取相应的评价指标。由于水资源总量主要由地区气候条件决定，以及喀斯特地区地下裂隙、管道、溶洞发育，渗漏严重，水资源开发利用率较低，因此水资源承载力评价的供水系统方面选用：①供水模数，即供水量与土地面积之比(万 $m^3/km^2$)；②水资源开发程度，即供水量与水资源总量之比(%)；③人均供水量($m^3$/人)。在需水系统方面，主要有工业用水、农业用水、生活用水和生态环境用水。由于喀斯特地区生态环境脆弱、土壤贫瘠、抗旱能力低，因此水资源承载力的评价方面选用：①需水模数，即需水量与土地面积之比(万 $m^3/km^2$)；②工业用水重复利用率(%)；③耕地灌溉率，即灌溉面积与耕地面积之比(%)；④生态环境用水率，即生态环境用水与总用水量之比(%)。

无论供水还是需水都与喀斯特分布相关。喀斯特分布既影响本区的生态环境，又在一定程度上影响着人们的生活和工农业生产活动。因而在上述指标体系下，可进一步研究水资源承载力与喀斯特分布面积的关系。

### 7.1.3　评价方法

喀斯特地区的水资源承载力系统是一个灰色系统，其评价指标体系之间存在着一些联系，但这些关系又不明确，是一种灰色关系。同时前已述及，水资源承载力是以可预见的经济、技术和社会经济发展水平为依据，以可持续发展为原则，由于不同地区的经济发展水平不同，其水资源开发利用程度也不相同，因而可以不同地区的水资源利用状况与经济技术发展水平作对比和参照，从中选取在可预见期内表征水资源承载力处于富余状态的各指标值组成理想方案、各地区水资源承载力指标的不同值组成投标方案。首先，计算出各投标方案指标值与理想方案指标值的灰色关联度，组成判断矩阵；再计算出各投标方案在理想方案上的投影值，运用多目标灰色关联投影法对喀斯特地区的水资源承载力进行评价，得出不同地区水资源承载力的合理排序。该方法理论模型简单，操作方便，不需要进行过多的数据运算，且评价结果与模糊综合评判法取得较好的一致性，评价结果可靠。

1. 决策矩阵的建立

令多目标决策域的集合为

$$D=\left(D_0,D_1,\cdots,D_n\right) \tag{7-1}$$

其中，$D_n$ 为 $n$ 个不同的方案。

令方案中各因素指标的集合为

$$I=\left(I_0,I_1,\cdots,I_m\right) \tag{7-2}$$

其中，$I_m$ 为 $m$ 个不同的评价指标。

记 $Y_{ij}\left(i=0,1,\cdots,n;\ j=1,2,\cdots,m\right)$ 为方案 $Y_i$ 对指标 $I_j$ 的指标值。记理想决策方案的因素指标为 $Y_{0j}$，且满足：当 $V_j$ 为效益指标时，$Y_{0j}=\max(Y_{1j},Y_{2j},\cdots,Y_{nj})$；当 $V_j$ 为成本指标时，$Y_{0j}=\min(Y_{1j},Y_{2j},\cdots,Y_{nj})$。这时，称矩阵 $\boldsymbol{Y}=(Y_{ij})_{(n+1)\times m}\left(i=0,1,\cdots,n;j=1,2,\cdots,m\right)$ 为方案 $D$ 对指标 $V$ 的决策矩阵。对其进行初值化处理使其无量纲化。

当 $V_j$ 为成本指标时：

$$Y_{ij}'=Y_{0j}/Y_{ij} \tag{7-3}$$

当 $V_j$ 为效益指标时：

$$Y_{ij}'=Y_{ij}/Y_{ij} \tag{7-4}$$

很明显，无量纲化处理后 $Y_{0j}'=1$，为理想方案的各指标值。

以 $Y_{0j}'$ 为母因素，$Y_{ij}'$ 为子因素，可得到各方案与理想方案的关联度；

$$a\left(i,j\right)=\frac{\min\limits_{n}\min\limits_{m}\left|Y_{0j}'-Y_{ij}'\right|+\lambda\max\limits_{n}\max\limits_{m}\left|Y_{0j}'-Y_{ij}'\right|}{\left|Y_{0j}'-Y_{ij}'\right|+\lambda\max\limits_{n}\max\limits_{m}\left|Y_{0j}'-Y_{ij}'\right|} \tag{7-5}$$

其中；$\lambda$ 为分辨系数，通常取 0.5。

2. 各方案投影值的计算

由 $(n+1)\times m$ 个 $a(i，j)$ 组成的矩阵为多目标灰色关联判断矩阵 $\boldsymbol{F}$：

$$\boldsymbol{F}=\left\{\begin{matrix} F_{01} & F_{02} & \cdots & F_{0m} \\ F_{11} & F_{12} & \cdots & F_{1m} \\ \cdots & \cdots & \cdots & \cdots \\ F_{n1} & F_{n2} & \cdots & F_{nm} \end{matrix}\right\} \tag{7-6}$$

进行多目标决策就是比较指标 $V$ 中各方案点与理想方案点的关联度。投标方案 $D_i$ 在理想方案(由 $Y_{0j}'$ 的不同值组成的方案)上的投影值为灰色关联投影值 $P_i$：

$$P_i=d_ir_i \tag{7-7}$$

其中，$d_i$ 为投标方案的模数：

$$d_i=\sqrt{\sum_{j=1}^{m}\left(W_jF_{ij}\right)^2} \tag{7-8}$$

$r_i$ 为投标方案与理想方案之间夹角的余弦值：

$$r_i=\frac{\sum\limits_{j=1}^{m}W_jF_{ij}}{\sqrt{\sum\limits_{j=1}^{m}\left(W_jF_{ij}\right)^2}\cdot\sqrt{\sum\limits_{j=1}^{m}W_j^2}} \tag{7-9}$$

式中，$W_j$ 为各指标因素的权重。$0<r_i\leqslant 1$，其值越大，表示投标方案与理想方案之间的变化方向越一致。将式(7-8)和式(7-9)代入式(7-7)就可得出各投标方案的投影值，根据投

影值大小就可得出多目标决策的科学排序。

### 7.1.4　实例分析

贵州省地处我国西南喀斯特石山区的中心地带，喀斯特强烈发育，喀斯特面积达 $13\times10^4$km²，占全省总面积的 73%，全省 95%的县(市)都有喀斯特分布。全省气候温和，雨量丰沛，但由于喀斯特发育，山高水深，因此水资源开发利用困难，直接影响到水资源的承载力。

1. 多目标投影值的计算

根据 1999～2003 年《贵州省水资源公报》和 2003 年《贵州岩溶石山地区地下水资源勘查与生态环境地质调查报告》的水资源综合平衡分析，统计并计算 1999～2003 年各指标的平均值(表 7-1)。水资源承载力评价指标体系统计结果见表 7-2。根据表 7-2 和式(7-1)、式(7-2)可得理想方案 $D_0$ 为

$$D_0 = (0.03，4.78，0.03，20.80，15.42，0.24，32.49)$$

**表 7-1　贵州省水资源相关资料统计(1999～2003 年平均值)**

| 分区 | 人口/万人 | 土地面积/km² | 水资源总量/亿 m³ | 供水量/亿 m³ | 用水量/亿 m³ | 需水量/亿 m³ | 耕地面积/km² | 灌溉面积/km² |
|---|---|---|---|---|---|---|---|---|
| 贵阳市 | 340.98 | 8034 | 49.66 | 11.08 | 10.86 | 13.33 | 1015 | 404 |
| 遵义市 | 721.57 | 30762 | 191.20 | 22.37 | 21.74 | 27.90 | 3953 | 1489 |
| 安顺市 | 248.07 | 9267 | 58.97 | 6.37 | 6.25 | 8.58 | 1189 | 459 |
| 黔南州 | 383.32 | 26193 | 168.36 | 9.59 | 9.98 | 12.44 | 1831 | 798 |
| 黔东南州 | 426.60 | 30337 | 193.70 | 12.81 | 12.58 | 14.87 | 1827 | 1044 |
| 铜仁地区 | 378.57 | 18003 | 131.80 | 7.24 | 7.40 | 8.49 | 1760 | 694 |
| 毕节地区 | 696.74 | 26853 | 125.87 | 8.49 | 8.36 | 8.54 | 3748 | 578 |
| 六盘水市 | 279.71 | 9914 | 67.25 | 4.98 | 5.79 | 6.29 | 990 | 241 |
| 黔西南州 | 294.06 | 16804 | 102.08 | 4.88 | 5.11 | 6.27 | 1691 | 474 |

**表 7-2　贵州省水资源承载力评价指标体系**

| 分区 | 供水模数/(万 m³/km²) | 水资源开发程度/% | 需水模数/(万 ³/km²) | 工业用水重复利用率/% | 耕地灌溉率/% | 生态环境用水率/% | 人均供水量/(m³/人) |
|---|---|---|---|---|---|---|---|
| 贵阳市 | 14 | 22.31 | 17 | 67.10 | 39.77 | 0.86 | 32.49 |
| 遵义市 | 7 | 11.70 | 9 | 69.20 | 37.68 | 0.32 | 31.00 |
| 安顺市 | 7 | 10.80 | 9 | 86.30 | 38.58 | 0.43 | 25.68 |
| 黔南州 | 4 | 5.70 | 5 | 27.80 | 43.55 | 0.29 | 25.02 |
| 黔东南州 | 4 | 6.61 | 5 | 36.80 | 57.17 | 0.24 | 30.03 |
| 铜仁地区 | 4 | 5.50 | 5 | 20.80 | 39.42 | 0.25 | 19.12 |
| 毕节地区 | 3 | 6.75 | 3 | 42.00 | 15.42 | 0.40 | 12.19 |

续表

| 分区 | 供水模数/(万 $m^3/km^2$) | 水资源开发程度/% | 需水模数/(万 $^3/km^2$) | 工业用水重复利用率/% | 耕地灌溉率/% | 生态环境用水率/% | 人均供水量/($m^3$/人) |
|---|---|---|---|---|---|---|---|
| 六盘水市 | 5 | 7.41 | 6 | 65.30 | 24.39 | 0.68 | 17.80 |
| 黔西南州 | 1 | 4.78 | 4 | 47.50 | 28.01 | 0.37 | 16.60 |

于是，根据式(7-3)、式(7-4)可以得出方案 $D$ 对指标体系 $V$ 的属性矩阵：

$$
\boldsymbol{Y}' = \begin{vmatrix}
1 & 1 & 1 & 1 & 1 & 1 & 1 \\
0.2143 & 0.2143 & 0.1765 & 0.3100 & 0.3877 & 0.2791 & 1 \\
0.4286 & 0.4085 & 0.3333 & 0.3006 & 0.4092 & 0.75 & 0.9541 \\
0.4286 & 0.4226 & 0.3333 & 0.2410 & 0.3997 & 0.5881 & 0.7904 \\
0.75 & 0.8386 & 0.6 & 0.7482 & 0.3541 & 0.8276 & 0.7701 \\
0.75 & 0.7231 & 0.6 & 0.5652 & 0.2697 & 1 & 0.9243 \\
0.75 & 0.8691 & 0.6 & 1 & 0.3912 & 0.96 & 0.5885 \\
1 & 0.7081 & 1 & 0.4952 & 1 & 0.6 & 0.3752 \\
0.6 & 0.6451 & 0.5 & 0.3185 & 0.6322 & 0.3529 & 0.5479 \\
1 & 1 & 0.75 & 0.4379 & 0.5505 & 0.6486 & 0.5109
\end{vmatrix}
$$

再根据式(7-6)计算得其灰色关联矩阵：

$$
\boldsymbol{F} = \begin{vmatrix}
1 & 1 & 1 & 1 & 1 & 1 & 1 \\
0.3439 & 0.3439 & 0.3333 & 0.3737 & 0.4021 & 0.3635 & 1 \\
0.4294 & 0.4203 & 0.3892 & 0.3770 & 0.4206 & 0.6596 & 1 \\
0.6195 & 0.6288 & 0.5631 & 0.5174 & 0.6012 & 0.7172 & 1 \\
0.8454 & 1 & 0.6700 & 0.8427 & 0.4992 & 0.9778 & 0.8761 \\
0.5936 & 0.5688 & 0.4772 & 0.4565 & 0.3333 & 1 & 0.8283 \\
0.5491 & 0.6993 & 0.4322 & 1 & 0.3333 & 0.8839 & 0.4252 \\
1 & 0.5170 & 1 & 0.3823 & 1 & 0.4385 & 0.3333 \\
0.9392 & 1 & 0.8274 & 0.6805 & 0.9819 & 0.7043 & 0.8720 \\
1 & 1 & 0.5292 & 0.3333 & 0.3847 & 0.4444 & 0.3649
\end{vmatrix}
$$

以 $D_0$ 为标准，用理想方案的指标对各地区指标进行无量纲化处理，然后计算各指标权重，得出各指标间的加权向量为

$$\boldsymbol{W}=(0.16，0.15，0.13，0.11，0.12，0.16，0.17)^{\mathrm{T}}$$

将相关数值代入式(7-8)可得各投标方案的模数 $d_i$ 为

$d_i$=(0.1223，0.2357，0.2730，0.3275，0.2640，0.2466，0.2698，0.3333，0.2554)

根据式(7-9)可得投标方案与理想方案之间夹角的余弦值 $r_i$ 为

$r_i$ = (1.6886，1.0344，1.0886，1.995，1.0618，1.0537，1.0186，0.8965，1.0132)

由式(7-7)可得各决策方案的投影值 $P_i$(表 7-3)。

表 7-3　各决策方案的投影值

| 投影值 | 贵阳市 | 遵义市 | 安顺市 | 黔南州 | 黔东南州 | 铜仁地区 | 毕节地区 | 六盘水市 | 黔西南州 |
|---|---|---|---|---|---|---|---|---|---|
| $P_i$ | 0.2066 | 0.2438 | 0.2972 | 0.3601 | 0.2803 | 0.2598 | 0.2747 | 0.2988 | 0.2587 |

根据表 7-3 中各投影值的大小得出贵州省各地区水资源承载力的状态为：黔南州水资源承载力处于最富余状态；其次为六盘水市、安顺市和黔东南州；再次为毕节地区、铜仁地区和黔西南州；最低的是贵阳和遵义，水资源承载力富余部分相当小，两市需水量又较大，有些地区水资源承载力已处于严重超载状态。据贵州省水利科学研究院的《贵州省抗旱战略研究报告》统计，2003 年贵阳市中心区水资源开发利用率已达 49.8%，人均占有水量为 642m$^3$，已属严重资源性缺水；遵义市蓄水和供水设施相对较少且落后，市中心区水资源开发利用率为 28.99%，人均占有水量为 813m$^3$，属严重工程性缺水区，必须采取相应的调水措施，以满足人口增长和经济发展的需要。

2. 计算结果分析

贵州省各地区水资源承载力存在上述差异主要是由人口、社会经济发展、水资源量以及喀斯特生态环境造成的。现选取人口、GDP、水资源量和喀斯特面积 4 个因素进行分析。根据 1999～2003 年《贵州省水资源公报》统计并计算人口、GDP 和水资源量的 5 年平均值及其占全省的百分比，根据《贵州省地理信息数据集》统计喀斯特面积占各区面积的百分比情况，统计计算结果见表 7-4。

表 7-4　贵州省人口、GDP 和喀斯特面积统计（%）

| 指标 | 贵阳市 | 遵义市 | 安顺市 | 黔南州 | 黔东南州 | 铜仁地区 | 毕节地区 | 六盘水市 | 黔西南州 |
|---|---|---|---|---|---|---|---|---|---|
| 人口占全省百分比 | 9.05 | 19.14 | 6.58 | 10.17 | 11.32 | 10.04 | 18.48 | 7.42 | 7.80 |
| GDP 占全省百分比 | 25.48 | 22.09 | 5.53 | 9.18 | 7.16 | 5.79 | 11.19 | 7.81 | 5.77 |
| 水资源量占全省百分比 | 4.56 | 17.56 | 5.42 | 15.46 | 17.79 | 12.10 | 11.56 | 6.18 | 9.37 |
| 喀斯特面积占各区百分比 | 85.00 | 65.80 | 71.50 | 81.50 | 23.20 | 60.60 | 73.30 | 63.20 | 60.30 |

现以 $x_{ij}$ 表示第 $i$ 个地区的第 $j$ 个指标，$y_i$ 表示第 $i$ 个地区的决策方案投影值，计算两者的灰色关联度。首先以下式计算其灰色关联系数：

$$a(i)=\frac{\Delta(\min)+\rho\Delta(\max)}{\left|x_{ij}-y_i\right|+\rho\Delta(\max)} \tag{7-10}$$

其中，$\Delta(\min)$ 和 $\Delta(\max)$ 分别为 $x_{ij}$ 与 $y_i$ 差的绝对值的最小值和最大值，$\rho$ 取 0.5。

其次，计算两者的灰色关联度：

$$r = \frac{\sum_{i=1}^{n} a(i)}{n}, 1 \leqslant i \leqslant n \tag{7-11}$$

根据以上公式可得贵州省各地区的人口百分比、GDP 百分比、水资源量百分比、喀斯特面积百分比与表 7-3 中各决策方案投影值 $P_i$ 的灰色关联度（表 7-5）。

**表 7-5 贵州省水资源承载力各因素与各决策方案投影值 $P_i$ 的灰色关联度**

| 灰色关联系数 | 贵阳市 | 遵义市 | 安顺市 | 黔南州 | 黔东南州 | 铜仁地区 | 毕节地区 | 六盘水市 | 黔西南州 | 灰色关联度 |
|---|---|---|---|---|---|---|---|---|---|---|
| 人口与 $P_i$ | 0.7403 | 1 | 0.5036 | 0.4685 | 0.6129 | 0.6292 | 0.8288 | 0.5133 | 0.5860 | 0.6536 |
| GDP 与 $P_i$ | 0.8613 | 1 | 0.4176 | 0.3902 | 0.4580 | 0.4673 | 0.5289 | 0.4426 | 0.4686 | 0.5594 |
| 水资源量与 $P_i$ | 0.6715 | 1 | 0.5204 | 0.5801 | 0.8473 | 0.7288 | 0.6760 | 0.5291 | 0.6621 | 0.6906 |
| 喀斯特面积与 $P_i$ | 0.3834 | 0.5027 | 0.5003 | 0.4764 | 1 | 0.5540 | 0.4744 | 0.5650 | 0.5556 | 0.5569 |

总的来看，贵州省的水资源承载力与以上 4 个因素都具有一定关系，其关联度大小顺序为：水资源量(0.6906)>人口(0.6536)>GDP(0.5594)>喀斯特面积(0.5569)。

从地区因素看，贵阳和遵义两市的水资源承载力状态与其人口、GDP 和水资源量的关联度相当高，导致其水资源承载力富余部分都相当小。这正是由于两市的人口数量较大，经济相对比较发达，需水量较大造成的。而黔南州的水资源承载力除与水资源量的关联系数为 0.5801 外，与其他因素的关联系数都小于 0.5。它本身的水资源量较大，水资源承载力受其他因素的影响又相对较小，因而它的水资源承载力处于相当富余状态。

从人口因素看，贵阳、遵义和毕节地区的水资源承载力与人口的关联系数都较大，因此这 3 个地区水资源的承载力受人口因素的影响较大。

从 GDP 因素看，除贵阳和遵义外，其他地区的水资源承载力与 GDP 的关联系数都很小，甚至小于 0.5，这主要与贵州喀斯特山区生态环境脆弱、环境承载力较低、交通不便、经济发展比较落后密切相关。

从水资源因素看，各地区的水资源承载力与它的关联程度相较于其他因素都比较高，尤其是经济相对落后的地区。

从喀斯特面积因素看，喀斯特的发育是导致水资源渗漏严重、时空分布不均、开发利用困难的主要因素。由表 7-5 可以看出尽管各地区的水资源承载力与喀斯特面积的相关系数不是很大，但基本上都有一定的相关关系。需指出的是，由于贵阳市经济技术水平发达，水资源开发利用率较高，虽然喀斯特面积占到全市面积的 85%，但它对贵阳市水资源承载力的影响却较小。由此可以看出，随着经济和科学技术的发展，喀斯特对水资源承载力的影响将逐渐减小。

### 7.1.5 小结

(1) 多目标灰色关联投影法理论模型简单，操作方便，应用到喀斯特地区水资源承载力的评价研究中，能够得出合理的评价结果。通过对贵州省水资源承载力的研究可知，其各地区水资源承载力状况为：黔南州水资源承载力处最富余状态；其次为六盘水、安顺和黔东南州；再次为毕节、铜仁和黔西南州；最低的是贵阳和遵义。对于贵阳和遵义两市必须采取相应的调水措施，以满足人口增长和经济发展的需要。

(2) 贵州省水资源承载力状态与其影响因素都具有一定的相关关系，其关联度大小顺序为：水资源量>人口>GDP>喀斯特面积。其中，人口和经济发展是影响贵阳和遵义两市水资源承载力最为明显的两个因素。

(3) 喀斯特分布面积对水资源承载力存在一定程度的影响，喀斯特地区环境承载力低，经济发展落后，导致其经济发展与水资源承载力状态的关系不明显。随着经济技术水平的提高，喀斯特分布面积对水资源承载力的影响会逐渐减小。

## 7.2 基于模糊物元法的喀斯特流域水资源承载力综合评价

### 7.2.1 概述

由于水资源承载力研究面对的是涉及社会、经济、生态环境、资源的复杂系统，因此其评价是一个多指标的评价问题。目前其评价方法主要有：常规趋势法、系统动力学方法、多目标模型分析法、模糊分析法等，但这些评价方法中使用到的水资源承载力指标介于两个相邻级别时，很难准确判断其属于哪个级别，而且评价指标间就可能存在着不相容问题。而物元分析理论常常用于研究不相容的问题，适用于多指标评价，它把人们解决问题的过程形式化，从而建立起相应的物元模型。基于此，本节在物元分析的基础上，结合模糊集和贴近度的概念，将熵值法引入权重的计算中，为评价水资源承载力提供一种新的方法。

### 7.2.2 评价指标的选取

为了更好地选取合理的指标体系，对贵州省水资源承载力进行科学评价，本节利用灰色关联分析方法从众多的指标中选出对水资源承载力影响较大的几个指标。

### 7.2.3 模糊物元模型理论

1. 模糊物元

给定事物的名称 $M$，它关于特征 $C$ 有量值 $V$，以有序 3 元组 $R=(M, C, V)$ 作为描述事物的基本元，称为物元。如果量值 $V$ 具有模糊性，则称为模糊物元，记作：

$$\boldsymbol{R}=\begin{vmatrix} & M \\ C, & u(x) \end{vmatrix} \tag{7-12}$$

式中，$\boldsymbol{R}$ 表示模糊物元；$M$ 表示事物；$C$ 为事物 $M$ 的特征；$u(x)$ 表示与事物特征 $C$ 相应的模糊量值，即事物 $M$ 对于其特征 $C$ 相应量值 $x$ 的隶属度。对于水资源承载力评价而言，$M$ 就是评价样本；$C$ 是评价指标；$u(x)$ 则是评价样本 $M$ 对于评价指标 $C$ 相应指标值 $x$ 的隶属度。

2. 复合模糊物元

若事物 $M$ 有 $n$ 个特征 $C_1$，$C_2$，…，$C_n$ 及其相应的量值 $u_1$，$u_2$，…，$u_n$，则称 $\boldsymbol{R}$ 为 $n$ 维模糊物元，即

$$\boldsymbol{R}=\begin{vmatrix} & M \\ C_1 & u_1 \\ C_2 & u_2 \\ \vdots & \vdots \\ C_n & u_n \end{vmatrix} \tag{7-13}$$

如果 $m$ 个事物的 $n$ 维物元组合在一起便构成 $m$ 个事物的 $n$ 维复合模糊物元 $\boldsymbol{R}_{mn}$，即

$$\boldsymbol{R}_{mn}=\begin{vmatrix} & M_1 & M_2 & \cdots & M_m \\ C_1 & u(x_{11}) & u(x_{21}) & \cdots & u(x_{m1}) \\ C_2 & u(x_{12}) & u(x_{22}) & \cdots & u(x_{m2}) \\ \vdots & \vdots & \vdots & & \vdots \\ C_n & u(x_{1n}) & u(x_{2n}) & \cdots & u(x_{mn}) \end{vmatrix} \tag{7-14}$$

式中，$\boldsymbol{R}_{mn}$ 为 $m$ 个事物的 $n$ 个模糊特征的复合物元；$M_i$ 为第 $i$ 个事物 $(i=1,2,\cdots,m)$；$C_j$ 为第 $j$ 个特征 $(j=1,2,\cdots,n)$；$u(x_{ij})$ 为第 $i$ 个事物第 $j$ 个特征对应的模糊量值。

3. 从优隶属度模糊物元

各单项指标相应的模糊值从属于标准方案各对应评价指标相应的模糊量值隶属程度，称为从优隶属度。从优隶属度一般为正值，由此建立的原则，称为从优隶属度原则。由于各评价指标特征值对于方案评价而言，有的是越大越优，有的是越小越优，因此，对于不同的隶属度分别采用不同的计算公式。计算隶属度的公式有很多，为了更充分地反映水质评价各指标的相对性，采用如下形式。

越大越优型：

$$u(x_{ij})=x_{ij}/\max(x_{ij}) \tag{7-15}$$

越小越优型：

$$u(x_{ij})=\min(x_{ij})/x_{ij} \tag{7-16}$$

式中，$u(x_{ij})$ 为从优隶属度；$x_{ij}$ 表示第 $i$ 个事物第 $j$ 项评价指标对应的量值；$\max(x_{ij})$、$\min(x_{ij})$ 分别为各事物中每一项评价指标所有量值 $x_{ij}$ 中的最大值和最小值。

由此可以构建从优隶属度模糊物元 $\boldsymbol{R}'_{mn}$：

$$\boldsymbol{R}'_{mn}=\begin{vmatrix} & M_1 & M_2 & \cdots & M_m \\ C_1 & u_{11} & u_{21} & \cdots & u_{m1} \\ C_2 & u_{12} & u_{22} & \cdots & u_{m2} \\ \vdots & \vdots & \vdots & & \vdots \\ C_n & u_{1n} & u_{2n} & \cdots & u_{mn} \end{vmatrix} \tag{7-17}$$

4. 标准模糊物元与差平方复合模糊物元

标准模糊物元 $\boldsymbol{R}_{0n}$ 是指从优隶属度模糊物元 $\boldsymbol{R}'_{mm}$ 中各评价指标的从优隶属度的最大值或最小值，即

$$\boldsymbol{R}_{0n}=\begin{vmatrix} & M_0 \\ C_1 & u_{01} \\ C_2 & u_{02} \\ \vdots & \vdots \\ C_n & u_{0n} \end{vmatrix} \tag{7-18}$$

若以 $\Delta_{ij}(i=1,2,\cdots,m;\ j=1,2,\cdots,n)$ 表示标准模糊物元 $\boldsymbol{R}_{0n}$ 与复合模糊物元 $\boldsymbol{R}'_{mn}$ 中各项差的平方，则组成差平方复合模糊物元 $\boldsymbol{R}_{\Delta}$，即

$$\boldsymbol{R}_{\Delta}=\begin{vmatrix} & M_1 & M_2 & \cdots & M_m \\ C_1 & \Delta_{11} & \Delta_{21} & \cdots & \Delta_{m1} \\ C_2 & \Delta_{12} & \Delta_{22} & \cdots & \Delta_{m2} \\ \vdots & \vdots & \vdots & & \vdots \\ C_n & \Delta_{1n} & \Delta_{2n} & \cdots & \Delta_{mn} \end{vmatrix} \tag{7-19}$$

式中：$\Delta_{0j}=(u_{0j}-u_{ij})^2$。

### 7.2.4　熵值法确定权重系数

在水资源承载力评价中，常需以权重系数衡量各评价指标的重要程度。目前，权重确定方法有很多种，根据定权思路和步骤大致可以分为经验估计法、调查统计法、二元比较法、公式计算法和统计分析法等，但有些方法由于人为干扰较大，导致评价结果出现一定的偏差。为尽量避免主观因素的影响，选用熵值法赋权。

在信息论中，熵值反映了信息的无序化程度，其值越小，系统无序度越小，故可用信息熵评价所获系统信息的有序度及其效用，即由评价指标值构成的判断矩阵来确定指标权重，它能最大限度地消除各指标权重计算的人为干扰，使评价结果更符合实际。其计算步骤如下。

(1) 构建 $m$ 个事物 $n$ 个评价指标的判断矩阵 $\boldsymbol{R}=(x_{ij})_{mn}(i=1,2,\cdots,n;\ j=1,2,\cdots,m)$。

(2) 对判断矩阵进行归一化处理，得到归一化判断矩阵 $\boldsymbol{B}$：

$$b_{ij}=\frac{x_{ij}-x_{\min}}{x_{\max}-x_{\min}} \tag{7-20}$$

式中：$x_{max}$、$x_{min}$分别为同指标下不同事物中最满意者或最不满意者(越小越满意或越大越满意)。

(3)根据熵的定义，$m$个评价事物$n$个评价指标，可以确定评价指标的熵为

$$H_i=-\frac{1}{\ln m}\left[\sum_{j=1}^{m}f_{ij}\ln f_{ij}\right] \tag{7-21}$$

其中：

$$f_{ij}=\frac{b_{ij}}{\sum_{j=1}^{m}b_{ij}}$$

为使$\ln f_{ij}$有意义，当$f_{ij}=0$时，根据水资源评价的实际意义，可以理解$\ln f_{ij}$为一较大的数值，与$f_{ij}$相乘趋于0，故可认为$f_{ij}\ln f_{ij}=0$。但当$f_{ij}=1$，$f_{ij}\ln f_{ij}=0$，这显然与熵所反映的信息无序化程度相悖，不切合实际，故需对$f_{ij}$进行修正，将其定义为

$$f_{ij}=\frac{1+b_{ij}}{\sum_{j=1}^{m}\left(1+b_{ij}\right)} \tag{7-22}$$

(4)计算评价指标的熵权$W$。

$$W=\left(\omega_i\right)_{1\times n} \tag{7-23}$$

其中：

$$\omega_i=\frac{1-H_i}{n-\sum_{i=1}^{n}H_i}，且满足\sum_{j=1}^{m}\omega_i=1$$

### 7.2.5 欧氏贴近度和水资源承载力评价

贴近度是指被评价样品与标准样品互相接近的程度，其值越大表示两者越接近，反之则较远。可用于两物元贴近度计算的公式有很多，如欧氏贴近度公式就是其中一种。考虑到本研究具有综合评价的意义，采用$M(°, +)$算法，即先乘后加运算欧氏贴近度$\rho H_j$，则

$$\rho H_j=1-\sqrt{\sum_{j=1}^{n}\omega_i{}^{\circ}\Delta_{ij}} \tag{7-24}$$

式中，$\rho H_j(j=1,2,\cdots,m)$为第$j$个评价样本与标准样本之间相互接近的程度，其值越大，表示两者越接近，反之，则相差越大；$\Delta_{ij}\left(i=1,2,\cdots,m;\ j=1,2,\cdots,n\right)$表示标准模糊物元$\boldsymbol{R}_{0n}$与复合物元$\boldsymbol{R}'_{mn}$中各项差的平方。然后，以此构造欧氏贴近度复合模糊物元$\boldsymbol{R}_{\rho H}$，即

$$\boldsymbol{R}_{\rho H}=\begin{vmatrix} & M_1 & M_2 & \cdots & M_m \\ \rho H_j & \rho H_1 & \rho H_2 & \cdots & \rho H_m \end{vmatrix} \tag{7-25}$$

由于欧氏贴近度是表示各评价样本与标准样本之间的贴近程度，根据贴近度值即可对评价样本水资源承载力的相对大小进行排序。

### 7.2.6　实例应用

贵州省位于我国的西南部，全省总面积约为 17.62 万 $km^2$，占全国总面积的 1.84%，在地理位置上是一个亚热带浅内陆省份，属亚热带湿润季风气候。

贵州省年降雨量为 1100～1400mm，是一个喀斯特广泛发育的地区，有 95%的县(市)有喀斯特分布，且碳酸盐岩出露面积占全省的面积高达 73%。根据贵州省的自然、社会和经济以及水资源开发利用状况，对贵州省各分区有关资料的统计见表 7-6。

**表 7-6　贵州省基本资料统计(1999～2003 年的平均值)**

| 分区 | 人口/万人 | 土地面积/$km^2$ | 水资源总量/亿 $m^3$ | 供水量/亿 $m^3$ | 利用水量/亿 $m^3$ | 耕地面积/$km^2$ | 灌溉面积/$km^2$ |
|---|---|---|---|---|---|---|---|
| 贵阳市 | 340.98 | 8034 | 49.66 | 11.08 | 10.86 | 1015 | 404 |
| 遵义市 | 721.57 | 30762 | 191.20 | 22.37 | 21.74 | 3953 | 1489 |
| 安顺市 | 248.07 | 9267 | 58.97 | 6.37 | 6.25 | 1189 | 459 |
| 黔南州 | 383.32 | 26193 | 168.36 | 9.59 | 9.98 | 1831 | 798 |
| 黔东南 | 426.60 | 30337 | 193.70 | 12.81 | 12.58 | 1827 | 1044 |
| 铜仁地区 | 378.57 | 18003 | 131.80 | 7.24 | 7.40 | 1760 | 694 |
| 毕节地区 | 696.74 | 26853 | 125.87 | 8.49 | 8.36 | 3748 | 578 |
| 六盘水市 | 279.71 | 9914 | 67.25 | 4.98 | 5.79 | 990 | 241 |
| 黔西南州 | 294.06 | 16804 | 102.08 | 4.88 | 5.11 | 1691 | 474 |

1. 水资源承载力评价指标的选取

水资源利用率是反映水资源合理开发和利用程度的指标，它不仅能直接反映一个地区水资源的利用水平，也可用来表示区域水资源的开发潜力。

贵州省水资源总量丰富，但由于全省范围内喀斯特强烈发育，水资源渗漏严重，开发利用困难，开发利用率相当低。

水资源开发利用率不仅直接决定着水资源的供给水平，而且还通过影响人口的聚居分布，在一定程度上决定着水资源的需求状况，从而对水资源承载力带来直接影响。因此本节选用水资源利用率作为贵州省水资源承载力评价指标的参考指标。

由于不同的水平年水资源的供需状况不同，偏枯年供水量比平水年要大，因此对水资源承载力的评价就会有所不同。为了更好地评价贵州省的水资源承载力状况，采用 $P$=75%来水频率，并把 1999～2003 年平均值作为现状值。

根据式(7-10)和式(7-11)，利用灰色关联度分析方法从众多的指标中选出与水资源利用率关联度最大的 5 个指标，共 6 个指标作为评价指标。灰色关联度的计算结果及评价指标选取结果见表 7-7。

表 7-7 水资源承载力评价指标的选取

| 评价指标 | 关联度 | 选择结果 | 评价指标 | 关联度 | 选择结果 |
|---|---|---|---|---|---|
| 人均水资源量 | 0.6151 | 选 | 用水模数 | 0.6873 | 选 |
| 人均供水量 | 0.6026 | 选 | GDP 模数 | 0.5430 | — |
| 人口密度 | 0.5410 | — | 耕地灌溉率 | 0.7542 | 选 |
| 供水模数 | 0.7004 | 选 | 水资源利用率 | 参考指标 | 选 |

各指标的含义如下：①水资源利用率($U_1$)：频率 75%的供水量与可利用水资源总量之比(%)。②人均水资源量($U_2$)：水资源量与总人口数量之比($m^3$/人)。③人均供水量($U_3$)：频率 75%的供水量与总人口数量之比($m^3$/人)。④供水模数($U_4$)：频率 75%的供水量与土地面积之比(万 $m^3/km^2$)。⑤用水模数($U_5$)：用水总量与土地面积之比(万 $m^3/km^2$)。⑥耕地灌溉率($U_6$)：灌溉面积与耕地面积之比(%)。

由表 7-6 可计算出贵州省各分区各评价指标的数值(表 7-8)，同时根据贵州省水资源承载力状况，将其分为 3 级：1 级属情况较好，表示本区水资源开发处于初始阶段，开发规模小，利用程度低，工农业及整个经济处于耗水型，但水资源具有较大的承载力；3 级表示状况较差，表明水资源承载力已接近饱和值，进一步开发利用潜力较小，发展下去将发生水资源短缺，因而水资源将制约国民经济的发展，这时应采取相应的对策；2 级情况介于以上两级之间，表明本区水资源供给开发利用已有相当规模，但仍有一定的开发利用潜力。其分级的评价指标值见表 7-9。

表 7-8 贵州省各分区评价指标统计

| 分区 | 水资源利用率/% | 人均水资源量/$m^3$ | 人均供水量/$m^3$ | 供水模数/(万 $m^3/km^2$) | 用水模数/(万 $m^3/km^2$) | 耕地灌溉率/% |
|---|---|---|---|---|---|---|
| 贵阳 | 102.03 | 1456.39 | 324.95 | 13.79 | 13.52 | 39.77 |
| 遵义 | 102.90 | 2649.78 | 310.02 | 7.27 | 7.07 | 37.68 |
| 安顺 | 101.92 | 2377.15 | 256.78 | 6.87 | 6.74 | 38.57 |
| 黔南 | 96.09 | 4392.15 | 250.18 | 3.66 | 3.81 | 43.55 |
| 黔东南 | 101.83 | 4540.55 | 300.28 | 4.22 | 4.15 | 57.17 |
| 铜仁 | 97.84 | 3481.52 | 191.25 | 4.02 | 4.11 | 39.42 |
| 毕节 | 101.56 | 1806.56 | 121.85 | 3.16 | 3.11 | 15.42 |
| 六盘水 | 86.01 | 2404.28 | 178.04 | 5.02 | 5.84 | 24.39 |
| 黔西南 | 95.50 | 3471.40 | 165.95 | 2.90 | 3.04 | 28.01 |

表 7-9 分级评价指标值

| 分级 | 水资源利用率/% | 人均水资源量/($m^3$/人) | 人均供水量/($m^3$/人) | 供水模数/(万 $m^3/km^2$) | 用水模数/(万 $m^3/km^2$) | 耕地灌溉率/% |
|---|---|---|---|---|---|---|
| 1 级 | 45.00 | 3435 | 430 | 10.50 | 10.50 | 17.50 |
| 2 级 | 62.50 | 2500 | 300 | 5.50 | 5.50 | 35.00 |
| 3 级 | 82.50 | 1750 | 175 | 0.75 | 0.75 | 55.00 |

2. 建立评价模型

(1) 构建复合模糊物元。对贵州省 9 个分区及水资源承载力的 3 个分级共 12 个方案，根据表 7-8 和表 7-9 中的数据确定各方案中 6 项评价指标的复合物元。

(2) 确定从优隶属度模糊物元。在所确定的复合物元中，对于水资源利用率、供水模数、用水模数和耕地灌溉率等越大越优型指标，采用式(7-15)计算；对人均水资源量和人均供水量越小越优型指标，采用式(7-16)计算，从而构建出从优隶属度模糊物元 $\boldsymbol{R}'_{mn}$：

$\boldsymbol{R}'_{mn}=$

| | 贵阳 | 遵义 | 安顺 | 黔南州 | 黔东南 | 铜仁 | 毕节 | 六盘水 | 黔西南 | 1级 | 2级 | 3级 |
|---|---|---|---|---|---|---|---|---|---|---|---|---|
| $C_1$ | 0.9915 | 1.0000 | 0.9905 | 0.9339 | 0.9896 | 0.9508 | 0.9869 | 0.8359 | 0.9281 | 0.4373 | 0.6074 | 0.8018 |
| $C_2$ | 1.0000 | 0.5496 | 0.6127 | 0.3316 | 0.3208 | 0.4183 | 0.8062 | 0.6057 | 0.4195 | 0.4240 | 0.5826 | 0.8443 |
| $C_3$ | 0.3750 | 0.3931 | 0.4745 | 0.4871 | 0.4058 | 0.6372 | 1.0000 | 0.6844 | 0.7343 | 0.2834 | 0.4062 | 0.6963 |
| $C_4$ | 1.0000 | 0.5273 | 0.4984 | 0.2655 | 0.3062 | 0.2916 | 0.2292 | 0.3642 | 0.2106 | 0.7613 | 0.3988 | 0.0544 |
| $C_5$ | 1.0000 | 0.5228 | 0.4989 | 0.2819 | 0.3068 | 0.3041 | 0.2303 | 0.4320 | 0.2250 | 0.7768 | 0.4069 | 0.0555 |
| $C_6$ | 0.6957 | 0.6591 | 0.6748 | 0.7618 | 1.0000 | 0.6896 | 0.2697 | 0.4266 | 0.4900 | 0.3061 | 0.6122 | 0.9621 |

(3) 确定标准模糊物元和差平方复合物元 $\boldsymbol{R}_\Delta$。其中标准模糊物元采用最大值组成，并根据式(7-19)计算 $\boldsymbol{R}_\Delta$，即：

$\boldsymbol{R}_\Delta=$

| | 贵阳 | 遵义 | 安顺 | 黔南 | 黔东南 | 铜仁 | 毕节 | 六盘水 | 黔西南 | 1 级 | 2 级 | 3 级 |
|---|---|---|---|---|---|---|---|---|---|---|---|---|
| $C_1$ | 0.0001 | 0.0000 | 0.0001 | 0.0044 | 0.0001 | 0.0024 | 0.0002 | 0.0269 | 0.0052 | 0.3166 | 0.1541 | 0.0393 |
| $C_2$ | 0.0000 | 0.2028 | 0.1500 | 0.4468 | 0.4614 | 0.3384 | 0.0376 | 0.1554 | 0.3369 | 0.3318 | 0.1743 | 0.0242 |
| $C_3$ | 0.3906 | 0.3684 | 0.2761 | 0.2631 | 0.3531 | 0.1312 | 0.0000 | 0.0996 | 0.0706 | 0.5135 | 0.3526 | 0.922 |
| $C_4$ | 0.0000 | 0.2235 | 0.2516 | 0.5395 | 0.4814 | 0.5018 | 0.5941 | 0.4042 | 0.6232 | 0.0570 | 0.3614 | 0.8942 |
| $C_5$ | 0.0000 | 0.2277 | 0.2511 | 0.5157 | 0.4806 | 0.4843 | 0.5924 | 0.3226 | 0.6007 | 0.0498 | 0.3518 | 0.8921 |
| $C_6$ | 0.0926 | 0.1162 | 0.1058 | 0.0567 | 0.0000 | 0.0964 | 0.5333 | 0.3287 | 0.2601 | 0.4815 | 0.1504 | 0.0014 |

(4) 用熵权法确定权重。根据式(7-20)构造归一化判断矩阵 $\boldsymbol{B}$：

$$
\boldsymbol{B}=\begin{vmatrix}
0.9484 & 1.0000 & 0.9421 & 0.5970 & 0.9367 & 0.7004 & 0.9205 & 0.0000 & 0.5619 \\
0.0000 & 0.3869 & 0.2985 & 0.9519 & 1.0000 & 0.6566 & 0.1135 & 0.3073 & 0.6500 \\
1.0000 & 0.9265 & 0.6644 & 0.6319 & 0.8786 & 0.3417 & 0.0000 & 0.2767 & 0.2171 \\
1.0000 & 0.4012 & 0.3646 & 0.0696 & 0.1211 & 0.1026 & 0.0237 & 0.1946 & 0.0000 \\
1.0000 & 0.3843 & 0.3535 & 0.0734 & 0.1056 & 0.1021 & 0.0069 & 0.2672 & 0.0000 \\
0.5833 & 0.5331 & 0.5546 & 0.6739 & 1.0000 & 0.5749 & 0.0000 & 0.2149 & 0.3016
\end{vmatrix}
$$

由式(7-21)～式(7-23)计算可得熵 $\boldsymbol{H}_i$=(0.9923，0.9887，0.9892，0.9886，0.9885，0.9923)$^{\mathrm{T}}$，及 $\boldsymbol{\omega}_i$=(0.1271，0.1875，0.1792，0.1892，0.1895，0.1275)$^{\mathrm{T}}$。

(5) 计算欧氏贴近度。由式(7-24)和式(7-25)可得：

$\boldsymbol{R}_{\rho H}=$

| | 贵阳 | 遵义 | 安顺 | 黔南 | 黔东南 | 铜仁 | 毕节 | 六盘水 | 黔西南 | 1 级 | 2 级 | 3 级 |
|---|---|---|---|---|---|---|---|---|---|---|---|---|
| $\rho H_j$ | 0.7140 | 0.5480 | 0.5684 | 0.4182 | 0.4239 | 0.4649 | 0.4525 | 0.5205 | 0.4157 | 0.4746 | 0.4807 | 0.4963 |

### 7.2.7　计算结果分析

根据欧氏贴近度大小进行排序，目前贵州省各分区水资源承载潜力由小到大的排序为：贵阳、安顺、遵义、六盘水、铜仁、毕节、黔东南、黔南、黔西南。其中，贵阳、安顺、遵义及六盘水的欧氏贴近度接近 3 级，说明这 4 个地区水资源承载潜力较小，主要是由于这 4 个地区经济发展、人口增加，需水量较大，因此水资源开发利用程度较高，相应的水资源的承载潜力较低，尤其是贵阳市，其贴近度远高于 3 级贴近度，说明水资源承载力已达到饱和状态，水资源开发利用率已高达 49.8%，水资源开发利用潜力很小。因此，应采取相应的措施来提高水资源承载力，如开源节流、提高水资源利用率、加强工程措施防止喀斯特地区地表水渗漏严重的现象等。而其他地区由于经济技术条件比较落后，水资源的开发利用程度较低，开发规模小，需求量相对较少，因此水资源承载力具有一定的空间。其中黔西南的贴近度远远低于 1 级标准，水资源承载潜力最高。这主要是由于黔西南经济发展落后，受喀斯特发育的影响，水资源开发利用率全省最低，供水模数和用水模数也最低，因此水资源承载潜力最大。

## 7.3 喀斯特地区枯水资源承载力综合评价

### 7.3.1 概述

喀斯特地区由于特殊的水文地质地貌条件，其地表水大部分转入地下，能利用的地表水很少，而地下水一般埋藏较深不易被开采利用。可见，缺水已经成为制约喀斯特地区社会经济发展的“瓶颈”，在枯季尤其严重，它对喀斯特地区的综合发展和发展规模有着至关重要的影响。因此枯水资源承载力研究已引起了喀斯特地区乃至非喀斯特地区的高度关注。再加上近几年我国西部地区的城市发展迅速、经济规模扩大、人民生活水平提高，对水资源的需求有较大的增长，寻求解决枯水资源与发展相矛盾的途径对于喀斯特地区具有重大的现实意义。可见，喀斯特地区枯水资源承载力的研究是社会经济、生态环境可持续发展中的一个薄弱环节，亟待加强。本节以贵阳地区为例，运用多目标决策理想区间模型进行枯水资源承载力评价，并提出提高枯水资源承载力的措施，为贵阳地区乃至整个喀斯特地区社会经济、生态环境的可持续发展提供一定的理论基础。

### 7.3.2 枯水资源承载力的概念及特征

对喀斯特地区枯水资源承载力的理解和表述，不同学者有着明显的差异，还没有形成统一认识。在喀斯特地区岩溶发育强烈，地表水与地下水转化频繁，枯水期较长，再加上原本脆弱的生态环境，能利用的枯水资源有限；因科学技术水平、社会发展状况等的不同对枯水资源的开采也存在差异。因此喀斯特地区的枯水资源承载力可定义为：在特定的历史发展阶段和科学技术及经济条件下，考虑可预见的技术、文化、体制和个人价值选择的影响，在不破坏喀斯特地区社会和生态系统的前提下，以维护喀斯特生态、环境良性循环发展为条件，通过合理分配和有效利用获得最合理的社会、经济与环境协调发展的枯水资源的最大可承载喀斯特地区农业、工业、城市规模和人口的能力。从定义可以看出，喀斯特地区枯水资源承载力具有以下几个特征。

(1) 灰色性。由于喀斯特流域具有功能上的耗散结构、流域空间上的动态性、流域边界的开放性，造成水文现象的变异，使人们目前对喀斯特枯水资源的预测无法达到确定的范围，因此，枯水资源系统是一个灰色系统，客观存在着复杂性和不确定性，再加上喀斯特地区社会、经济的发展及环境变化，人类对喀斯特现象及其枯水资源演化等自然规律认识的局限性，具体的承载力评价指标存在着一定的模糊性和不确定性。

(2) 振荡性。由于社会经济发展与环境之间的平衡存在振荡的特性，因而喀斯特地区枯水资源的承载力也不一定总是持续上升或下降，而是具有一种振荡的特性，主要体现在：在不同的历史发展阶段，人类开发利用喀斯特地区枯水资源的能力和水平不同，导致其具有不同的承载力；枯水资源承载能力的大小也会随着枯水资源的开发阶段、目标和条件不同而变化。

(3) 相对性。喀斯特地区枯水资源总量及其变化规律是一定的、可以把握和衡量的，人类可以通过社会经济技术活动有限度地改变枯水资源承载力的大小。由于自然条件和社会因素的约束，枯水资源承载力在某一具体历史发展阶段存在可能的最大承载上限。

(4) 可增强性。随着社会经济的不断发展，喀斯特地区对水资源的需求日益增加，在此驱动下，人们可以通过合理分配和有效利用获得的最合理的社会、经济与环境协调发展的枯水资源来增加枯水资源承载力。再者，由于枯水资源量变化幅度不大，人们可以利用有限的枯水资源选择适合自己的社会发展模式，以达到提高喀斯特地区枯水资源承载力的目的。

### 7.3.3 贵阳地区枯水资源承载力评价

贵阳是贵州省的政治、经济中心，地处黔中山原丘陵中部，长江与珠江分水岭地带，峰丛与碟状洼地、漏斗、伏流、溶洞发育，属中亚热带季风湿润气候，历年平均气温为15.3℃，平均降水量 1100～1200mm。河流多为雨水补给的山区性小河，主要河流有南明河、蒙江、猫跳河等，河流污染比较严重，历年平均总水资源量为 49.7596 亿 $m^3$，历年平均枯水资源量仅为 2.4878 亿 $m^3$。

由于喀斯特地区枯水资源承载力的评价面对的是一个社会－经济－生态－环境－资源复杂巨系统，涉及的影响因素较多，还要研究喀斯特地区受喀斯特水文地貌因素影响的枯水资源与社会经济发展、生态环境和其他资源之间的关系，因此枯水资源承载力评价问题是一典型的多目标、多决策的复合性问题，这为使用多目标决策模型进行枯水资源承载力评价提供了理论依据。郦建强通过改进常用的多目标决策理想点法，将评价标准处理成理想区间的形式，提出了一种新的评价方法——多目标决策理想区间法(MODMIIM)。MODMIIM 既融入了专家的主观意见，又避免了各分目标之间的比较、评分，解决了在多指标决策中出现的相容或不相容评价指标权重确定较为困难的问题，能得到最佳评价权重，比较符合实际。本节以贵阳地区为例，运用多目标决策理想区间法对喀斯特地区的枯水资源承载力进行评价，然后同其他方法进行比较，为评价喀斯特地区枯水资源承载力提供有效的方法。

#### 1. 喀斯特地区枯水资源承载力评价指标的建立

喀斯特地区枯水资源承载力与区域本身的发展目标具有密切关系，而且由多种因素制约，因此在分析喀斯特地区枯水资源承载力时既要考虑岩溶环境因素，还要考虑社会、政治、经济和人文等综合因素；不能简单地以人口数量和城市建设规模来评价，而应以社会、经济、生态综合指标来度量枯水资源承载力。只有这样，研究喀斯特地区的枯水资源承载力才具有一定的现实意义和可操作性。

本节运用主成分分析法对喀斯特地区枯水资源承载力的指标进行分析，选出主成分均值较大的作为评价指标：①人均水资源可利用量($m^3$/人)；②供水模数($10^4m^3/km^2$)；③耕地面积比重(%)；④综合生活用水定额[L/(人·天)]；⑤需水模数($10^4m^3/km^2$)；⑥喀斯特面积比重(%)；⑦工业耗水率(%)；⑧单位面积水资源量($m^3/km^2$)；⑨万元产值农业耗水量($m^3$/万元)。

采用1998～2003年《贵阳市水资源公报》和《贵阳市统计年鉴》中的数据为基础数据，将贵阳地区10个区县市作为10个监测点(表7-10)，根据贵阳市1998～2003年的用水状况，并结合贵阳市的有关规划及相关城市的有关用水标准，划分贵阳市枯水资源承载力评价理想区间标准(表7-11)。

**表7-10　贵阳枯季各监测点评价指标相关数据**

| 评价指标 | 南明区 | 云岩区 | 花溪区 | 乌当区 | 白云区 | 小河区 | 清镇市 | 开阳县 | 息烽县 | 修文县 |
|---|---|---|---|---|---|---|---|---|---|---|
| 人均水资源可利用量/($m^3$/人) | 9.44 | 13.94 | 12.20 | 16.30 | 29.78 | 16.33 | 10.62 | 10.80 | 14.92 | 10.38 |
| 供水模数/($10^4m^3/km^2$) | 3.6560 | 8.0460 | 0.2837 | 0.3463 | 1.4040 | 2.0520 | 0.2501 | 0.1556 | 0.2474 | 0.1962 |
| 耕地面积比重/% | 12.79 | 10.59 | 46.20 | 46.83 | 56.52 | 11.60 | 25.82 | 30.55 | 26.88 | 36.33 |
| 综合生活用水定额/[L/(人·天)] | 324.0 | 312.2 | 95.8 | 174.1 | 229.1 | 294.0 | 152.4 | 132.7 | 132.0 | 139.4 |
| 需水模数/($10^4m^3/km^2$) | 0.8030 | 2.3130 | 0.1587 | 0.1651 | 0.4455 | 0.4850 | 0.1429 | 0.1035 | 0.1302 | 0.1535 |
| 喀斯特面积比重/% | 95.20 | 68.10 | 94.00 | 90.60 | 89.30 | 79.60 | 81.70 | 83.60 | 80.30 | 82.50 |
| 工业耗水率/% | 0.1429 | 0.2095 | 0.1371 | 0.1148 | 0.1433 | 0.1304 | 0.1601 | 0.1179 | 0.0627 | 0.0962 |
| 单位面积水资源量/($m^3/km^2$) | 0.0302 | 0.0295 | 0.0319 | 0.0307 | 0.0276 | 0.0292 | 0.0325 | 0.0325 | 0.0267 | 0.0305 |
| 万元产值农业耗水量/($m^3$/万元) | 68.22 | 66.59 | 471.22 | 302.65 | 431.88 | 139.70 | 438.35 | 428.55 | 583.64 | 520.34 |

**表7-11　贵阳地区枯水资源承载力评价标准**

| 评价指标 | Ⅰ(弱) | Ⅱ(较弱) | Ⅲ(一般) | Ⅳ(强) |
|---|---|---|---|---|
| 人均水资源可利用量/($m^3$/人) | <10 | 10～20 | 20～30 | >30 |
| 供水模数/($10^4m^3/km^2$) | <1 | 1～5 | 5～9 | >9 |
| 耕地面积比重/% | <20 | 20～40 | 40～60 | >60 |
| 综合生活用水定额/[L/(人·天)] | <150 | 150～250 | 250～300 | >300 |
| 需水模数/($10^4m^3/km^2$) | <0.15 | 0.15～0.5 | 0.5～1.0 | >1.0 |
| 喀斯特面积比重/% | >90 | 80～90 | 70～80 | <70 |
| 工业耗水率/% | <0.1 | 0.1～0.16 | 0.16～0.22 | >0.22 |
| 单位面积水资源量/($m^3/km^2$) | <0.025 | 0.025～0.028 | 0.028～0.032 | >0.032 |
| 万元产值农业耗水量/($m^3$/万元) | >500 | 500～300 | 300～100 | <100 |

2. 贵阳地区枯水资源承载力综合评价

MODMIIM 法评价枯水资源承载力的基本步骤如下。

(1)构造目标向量函数。选用枯水资源承载力评价系统中的 10 个指标来综合评价枯水资源承载力，由此构造目标向量函数：

$$\boldsymbol{F}(X)=[f_1(X),f_2(X),f_3(X),\cdots,f_j(X),\cdots,f_n(X)]^{\mathrm{T}} \tag{7-26}$$

式中：$f_j(X)$ 为第 $j$ 个指标，$j=1,2,3,\cdots,10$。

(2)构造监测点(表 7-10)指标向量。设第 $k$ 个监测点指标向量为 $\boldsymbol{F}_k$：

$$\boldsymbol{F}_k=[f_{1,k},f_{2,k},\cdots,f_{j,k},\cdots,f_{n,k}]^{\mathrm{T}} \tag{7-27}$$

式中：$k=1,2,3,\cdots,10$；$f_{j,k}$ 为第 $k$ 个监测点第 $j$ 个指标值。

(3)构造理想区间向量(表 7-11)。枯水资源承载力综合评价标准中每一等级的标准指标构成理想区间向量：

$$\boldsymbol{F}_i=[F_{1,i},F_{2,i},\cdots,F_{j,i},\cdots,F_{n,i}]^{\mathrm{T}} \tag{7-28}$$

$$F_{j,i}=[p_{j,i},q_{j,i}]$$

其中，$i=1$，2，3，4；$p_{j,i}$、$q_{j,i}$ 分别为第 $i$ 个等级第 $j$ 个标准指标所对应区间的左右端点。

(4)计算权重 $\lambda_j$。因指标量纲不同，因此首先要将指标的样本值进行无量纲化处理。

$$A_{jk}=\frac{S_{jk}}{\frac{1}{10}\sum_{k=1}^{10}S_k} \tag{7-29}$$

其中：$A_{jk}$ 为第 $j$ 个指标第 $k$ 个监测点的无量纲化值；$S_{jk}$ 为第 $j$ 个指标第 $k$ 个监测点的值。计算结果见表 7-12。

**表 7-12　贵阳地区评价标准值无量纲化结果**

| 评价指标 | 南明区 | 云岩区 | 花溪区 | 乌当区 | 白云区 | 小河区 | 清镇市 | 开阳县 | 息烽县 | 修文县 |
|---|---|---|---|---|---|---|---|---|---|---|
| 人均水资源可利用量 | 0.6521 | 0.9633 | 0.8431 | 1.1264 | 2.0580 | 1.1285 | 0.7339 | 0.7463 | 1.0310 | 0.7173 |
| 供水模数 | 2.1975 | 4.8361 | 0.1705 | 0.2081 | 0.8439 | 1.2334 | 0.1503 | 0.0935 | 0.1487 | 0.1179 |
| 耕地面积比重 | 0.4206 | 0.3482 | 1.5192 | 1.5399 | 1.8585 | 0.3814 | 0.8490 | 1.0046 | 0.8839 | 1.1946 |
| 综合生活用水定额 | 0.1632 | 1.5722 | 0.4824 | 0.8768 | 1.1537 | 1.4806 | 0.7675 | 0.6683 | 0.6648 | 0.7020 |
| 需水模数 | 1.6386 | 4.7200 | 0.3239 | 0.3369 | 0.9091 | 0.9897 | 0.2916 | 0.2112 | 0.2657 | 0.3132 |
| 喀斯特面积比重 | 1.1268 | 0.8060 | 1.1126 | 1.0723 | 1.0569 | 0.9421 | 0.9670 | 0.9895 | 0.9504 | 0.9764 |
| 工业耗水率 | 1.0868 | 1.5933 | 1.0427 | 0.8731 | 1.0898 | 0.9917 | 1.2176 | 0.8966 | 0.4768 | 0.7316 |
| 单位面积水资源量 | 1.0024 | 0.9785 | 1.0588 | 1.0190 | 0.9161 | 0.9692 | 1.0787 | 1.0787 | 0.8862 | 1.0123 |
| 万元产值农业耗水量 | 0.1977 | 0.1930 | 1.3654 | 0.8770 | 1.2514 | 0.4048 | 1.2702 | 1.2418 | 1.6912 | 1.5077 |

然后按式(7-30)计算枯水资源承载力指标的权重，计算结果见表 7-13。

$$\lambda_j=\frac{A_{jk}}{\frac{1}{9}\sum_{j=1}^{9}A_{jk}} \tag{7-30}$$

表 7-13 贵阳市各枯水资源承载力评价指标权重值

| 评价指标 | 南明区 | 云岩区 | 花溪区 | 乌当区 | 白云区 | 小河区 | 清镇市 | 开阳县 | 息烽县 | 修文县 |
| --- | --- | --- | --- | --- | --- | --- | --- | --- | --- | --- |
| 人均水资源可利用量 | 0.0769 | 0.0602 | 0.1065 | 0.1421 | 0.1848 | 0.1324 | 0.1002 | 0.1077 | 0.1473 | 0.0986 |
| 供水模数 | 0.2590 | 0.3021 | 0.0215 | 0.0262 | 0.0758 | 0.1447 | 0.0205 | 0.0135 | 0.0212 | 0.0162 |
| 耕地面积比重 | 0.0496 | 0.0217 | 0.1919 | 0.1942 | 0.1669 | 0.0448 | 0.1159 | 0.1449 | 0.1263 | 0.1642 |
| 综合生活用水定额 | 0.0192 | 0.0982 | 0.0609 | 0.1106 | 0.1036 | 0.1737 | 0.1048 | 0.0964 | 0.0950 | 0.0965 |
| 需水模数 | 0.1931 | 0.2948 | 0.0409 | 0.0425 | 0.0816 | 0.1161 | 0.0398 | 0.0305 | 0.0380 | 0.0431 |
| 喀斯特面积比重 | 0.1328 | 0.0503 | 0.1405 | 0.1352 | 0.0949 | 0.1106 | 0.1320 | 0.1428 | 0.1358 | 0.1343 |
| 工业耗水率 | 0.0311 | 0.0455 | 0.0298 | 0.0249 | 0.0311 | 0.0283 | 0.0348 | 0.0256 | 0.0136 | 0.0209 |
| 单位面积水资源量 | 0.0286 | 0.0280 | 0.0303 | 0.0291 | 0.0262 | 0.0277 | 0.0308 | 0.0308 | 0.0253 | 0.0289 |
| 万元产值农业耗水量 | 0.0233 | 0.0121 | 0.1724 | 0.1106 | 0.1124 | 0.0475 | 0.1734 | 0.1792 | 0.2416 | 0.2073 |

(5) 计算监测点到各等级的理想区间向量的距离(表 7-14)。

表 7-14 各监测点到各等级理想区间的距离

| 监测点 | 南明区 | 云岩区 | 花溪区 | 乌当区 | 白云区 | 小河区 | 清镇市 | 开阳县 | 息烽县 | 修文县 |
| --- | --- | --- | --- | --- | --- | --- | --- | --- | --- | --- |
| $D(1,k)$ | 1.4448 | 2.5979 | 1.1818 | 1.4627 | 1.9164 | 1.7735 | 0.9503 | 0.6959 | 0.9326 | 0.9111 |
| $D(2,k)$ | 1.4849 | 2.1621 | 1.0476 | 1.027 | 0.8335 | 1.0466 | 0.3919 | 0.7218 | 1.3627 | 1.2125 |
| $D(3,k)$ | 1.4809 | 0.8958 | 1.0027 | 1.1918 | 1.0358 | 1.1365 | 0.6672 | 1.2603 | 1.7969 | 1.6816 |
| $D(4,k)$ | 2.2501 | 0.8224 | 2.0597 | 2.0818 | 2.2469 | 2.0641 | 2.0945 | 2.2218 | 2.5326 | 2.3904 |

具体方法是取第 $k$ 个监测点的监测值到第 $i$ 个理想区间向量的距离 $D(i,k)$ 为

$$D(i,k)=\sum_{j=1}^{9}\lambda_j\Delta(i,k,j) \tag{7-31}$$

式中：$\lambda_j$ 为权重；$\Delta(i,k,j)$ 的计算如下：

当评价因子处于一级时，即 $i=1$ 时：

$$\Delta(i,k,j)=\begin{cases}(f_{j,k}-p_{j,1})/(q_{j,1}-p_{j,1}) & f_{j,k}\in[p_{j,1},q_{j,1}]\\ 1+(f_{j,k}-p_{j,2})/(q_{j,2}-p_{j,2}) & f_{j,k}\in[p_{j,2},q_{j,2}]\\ 3 & f_{j,k}>q_{j,2}\end{cases} \tag{7-32}$$

当评价因子处于二、三级时，即 $i=2$，3 时：

$$\Delta(i,k,j)=\begin{cases}(f_{j,k}-p_{j,i})/(q_{j,i}-p_{j,i}) & f_{j,k}\in[p_{j,i},q_{j,i}]\\ 1+(f_{j,k}-p_{j,i-1})/(q_{j,i-1}-p_{j,i-1}) & f_{j,k}\in[p_{j,i-1},q_{j,i-1}]\\ 1+(f_{j,k}-p_{j,i+1})/(q_{j,i+1}-p_{j,i+1}) & f_{j,k}\in[p_{j,i+1},q_{j,i+1}]\\ 3 & f_{j,k}<p_{j,i-1},f_{j,k}>q_{j,i+1}\end{cases} \tag{7-33}$$

当评价因子处于四级，即 $i=4$ 时：

$$\Delta(i,k,j)=\begin{cases}(f_{j,k}-p_{j,4})/(q_{j,4}-p_{j,4}) & f_{j,k}\in[p_{j,4},q_{j,4}]\\ 1+(f_{j,k}-p_{j,4})/(q_{j,4}-p_{j,4}) & f_{j,k}\in[p_{j,3},q_{j,3}]\\ 3 & f_{j,k}<p_{j,3}\end{cases} \tag{7-34}$$

(6) 求最小距离，即确定枯水资源承载力评价等级。在表 7-14 中，取每一监测点中 $D(i,k)$ 的最小距离，则最小距离所对应的等级 $i$ 即为第 $k$ 个监测点的枯水资源承载力综合评价的等级(表 7-15)。

表 7-15　各监测点到理想区间的最小距离及所属等级

| 南明区 | 云岩区 | 花溪区 | 乌当区 | 白云区 | 小河区 | 清镇市 | 开阳县 | 息烽县 | 修文县 |
|---|---|---|---|---|---|---|---|---|---|
| 1.4448 | 0.8958 | 1.0027 | 1.0270 | 0.8335 | 1.0466 | 0.3919 | 0.6959 | 0.9326 | 0.9111 |
| Ⅰ<br>(很弱) | Ⅲ<br>(一般) | Ⅲ<br>(一般) | Ⅱ<br>(较弱) | Ⅱ<br>(较弱) | Ⅱ<br>(较弱) | Ⅱ<br>(较弱) | Ⅰ<br>(很弱) | Ⅰ<br>(很弱) | Ⅰ<br>(很弱) |

从表 7-15 中可以得出：南明区、开阳县、息烽县、修文县的枯水资源承载力很弱；云岩区和花溪区的枯水资源承载力一般；乌当区、白云区、小河区及清镇市的枯水资源承载力较弱。可见贵阳地区枯水资源承载力总体水平较弱，需采取措施加以提高。

此外，本研究还利用灰色聚类决策模型对贵阳的枯水资源承载力进行了评价，也得到了相似的结论(表 7-16)。

表 7-16　贵阳地区枯水资源承载力评价结果

| 南明区 | 云岩区 | 花溪区 | 乌当区 | 白云区 | 小河区 | 清镇市 | 开阳县 | 息烽县 | 修文县 |
|---|---|---|---|---|---|---|---|---|---|
| 弱 | 中等 | 弱 | 较弱 | 中等 | 较弱 | 较弱 | 较弱 | 弱 | 弱 |

### 7.3.4　建议

在实际工程中，仅知道评价结果是不够的，还应具体分析各指标的作用效果，找到存在的问题，指出解决问题的方向。权重是某指标在枯水资源承载力评价中的贡献率，因此，权重值大的指标就是造成该地区枯水资源承载力向不利方向发展的主要因素，也是该地区在提高枯水资源承载力中必须重点改善的指标。根据表 7-13，表 7-17 列出了今后贵阳地区各区县市枯水资源承载力改善的重点。

表 7-17　贵阳地区各区县市枯水资源承载力改善重点

| 南明区、云岩区 | 花溪区、乌当区 | 白云区 | 小河区 | 清镇市、开阳县、息烽县、修文县 |
|---|---|---|---|---|
| 供水模数 | 耕地面积 | 人均资源可利用量 | 综合生活用水定额 | 万元产值农业耗水量 |

总之，要提高贵阳市枯水资源承载力，建议从以下几个方面入手。

(1) 寻找水源，以增加枯水季节的供水量。由于岩溶发育的不均匀导致岩溶水分布的位置不易确定和找寻，因此应在传统水文地质工作的基础上将遥感、综合物探方法有机结合起来，在喀斯特地区寻找深切河谷区和岩溶表层水。

(2)制定水资源保护规划，加强水资源管理，以法治水，最大限度地发挥水资源的效益，提高水资料的重复利用率，提高枯水资源承载力。

(3)提倡节约用水，建立与社会市场经济相适应的水价体系，实行分质供水、分质定价，建立节水型城市。

(4)控制工业三废的排放，加强污水处理，发展循环经济。

# 第 8 章　喀斯特地区地下水资源承载力评价研究

## 8.1　概　　述

地下水资源承载力的研究与可持续发展一样是一个非常重要的问题，目前，这方面的研究还比较薄弱。地下水资源承载力分析远比地表水复杂，主要是因为地下水资源的界定要比地表水困难，尤其是喀斯特地下水资源，其类型复杂、多呈空间立体式分布，开发利用难度大。如对地下水资源开发不合理，对生态环境的影响比开发地表水资源造成的影响更严重和广泛，同时地下水资源的恢复周期也远长于地表水。目前，已有部分关于地下水资源承载力的研究成果发表，但在这些成果中，对我国西北地区的研究较多，而对西南喀斯特地区的研究则较少。喀斯特地区独特的水文地貌结构及其功能效应，使其流域空间结构、水系发育规律、水文动态等方面表现出与常态流域的巨大差异。这也增加了喀斯特地区地下水资源的开发和利用难度。同时，由于喀斯特地区生态环境的脆弱性及大范围、大面积的缺水问题，因而合理开发喀斯特地区地下水资源，并对其进行合理评价，是发展喀斯特地区经济亟待解决的关键问题。

## 8.2　喀斯特地区地下水资源承载力的概念和内涵

喀斯特地区地下水资源承载力是指在未来不同的时间尺度上，在一定的技术经济水平和社会生产条件下，喀斯特地下水资源可最大供给喀斯特地区工农业生产、人民生活和生态环境保护等用水的能力。

喀斯特地区地下水资源承载力的内涵主要包括：①喀斯特地下水资源承载力必须同时兼顾社会、经济、技术和生态四个因素。②喀斯特地下水资源承载力具有区域性。在喀斯特地区的不同区域，由于经济、技术条件的差异，导致对地下水资源开发利用的程度不同，从而影响喀斯特地下水资源承载力的大小。③喀斯特地下水资源承载力是适度的，具有阈值。地下水资源承载力的阈值大小，一方面取决于喀斯特地下水资源的大气降水补给量，呈正比关系；另一方面取决于生态环境以及喀斯特流域和下垫面结构、地下水类型，它们是地下水资源承载力的制约因素，因此呈反比关系。④喀斯特地下水资源承载力是动态的量。一方面，随着工程建设和开发技术的进步，地下水资源的开发量占当地地下水资源总量的比例可逐渐增大，从而增大地下水资源的承载力，但这种增长具有阈值；另一方面，随着节水技术的进步及节水意识的增强，能有效提高用水效率，从而可提高单位水量的承载力。但是，如果过度开发喀斯特地下水资源或污染地下水，将会引起地下水资源退化，那么地下水资源的承载力将会减小。

## 8.3 喀斯特地区地下水资源承载力评价指标体系

针对不同地区，地下水资源承载力的评价指标也不尽相同。本研究在充分考虑喀斯特地区特殊性的基础上，选取如下评价指标对地下水资源承载力进行评价。

首先将喀斯特地区的地下水资源系统分为供水和需水两大系统，然后根据供需水的影响特性选取相应的评价指标。由于水资源总量主要由地区气候条件决定，加之喀斯特地区地下裂隙、管道、溶洞发育，渗漏严重，地下水资源开发利用率较低，因此在供水系统方面的评价指标选用：①供水模数，即地下水年供水量与土地面积之比（万 $m^3/km^2$）。②水资源开发程度，即地下水年供水量与地下水资源总量之比（%）。③人均供水量，即地下水年供给量与总人口之比（$m^3$/人）。在需水系统方面，主要包括工业用水、农业用水、生活用水和生态环境用水。由于喀斯特地区生态环境脆弱，土壤贫瘠，抗旱能力低。因此在需水系统方面的评价指标选用：①需水模数，即年需水量与土地面积之比（万 $m^3/km^2$）。②重复利用率，即重复用水量与总用水量之比（%）。③耕地灌溉率，即地下水资源灌溉面积与耕地面积之比（%）。④生态环境用水率，即生态环境用水与总用水量之比（%）。

## 8.4 喀斯特地区地下水资源承载力综合评价方法

依据可变模糊集理论，建立喀斯特地区地下水资源承载力综合评价模型，具体步骤如下。

（1）对样本的喀斯特地下水资源基本资料进行预处理，得到样本集的指标特征值矩阵：

$$\boldsymbol{X}=\left(x_{ij}\right) \tag{8-1}$$

式中：$x_{ij}$ 为样本 $j$ 指标 $i$ 的特征值；$i=1,2,\cdots,m$；$j=1,2,\cdots,n$。

（2）样本按 $c$ 个级别进行评价，并设定 1 级优于 2 级，依此类推，$c$ 级最差。设各级别的指标标准值区间矩阵为

$$\boldsymbol{I}_{ab}=\left(\left[a_{ih},b_{ih}\right]\right),h=1,2,\cdots,c \tag{8-2}$$

在实际研究领域，指标标准值区间 $\left[a_{ih},b_{ih}\right]$ 有两种情况：当 $a_{ih}<b_{ih}$ 时，称为递增系列，相当于指标特征值越小，其级别越优；当 $a_{ih}>b_{ih}$ 时，称为递减系列，相当于指标特征值越大，其级别越优。指标 $i$ 级别 $h$ 的范围值区间 $\left[c_{ih},d_{ih}\right]$，可根据矩阵 $\boldsymbol{I}_{ab}$ 中各级指标标准值区间两侧相邻区间的上下限值确定，即

$$\boldsymbol{I}_{cd}=\left(\left[c_{ih},d_{ih}\right]\right) \tag{8-3}$$

根据矩阵 $\boldsymbol{I}_{ab}$，按物理分析与实际情况确定吸引域区间 $\left[a_{ih},b_{ih}\right]$ 中相对差异度等于 1，即 $D_A\left(x_{ij}\right)_h=1$ 的点值矩阵 $\boldsymbol{M}$：

$$\boldsymbol{M}=\left(M_{ih}\right) \tag{8-4}$$

(3)将待评价样本$j$指标$i$的特征值$x_{ij}$与级别$h$指标$i$的相对差异度等于 1 的$M_{ih}$值进行比较，如$x_{ij}$落在$M_{ih}$值的左侧，无论是递增系列($x_{ij}<M_{ih}$)，还是递减系列($x_{ij}>M_{ih}$)，根据文献其相对差异函数模型为

$$\begin{cases} D_A\left(x_{ij}\right)_h = \dfrac{x_{ih}-a_{ih}}{M_{ih}-a_{ih}}, x_{ij}\in\left[a_{ih},M_{ih}\right] \\ D_A\left(x_{ij}\right)_h = -\dfrac{x_{ih}-a_{ih}}{c_{ih}-a_{ih}}, x_{ij}\in\left[c_{ih},a_{ih}\right] \end{cases} \tag{8-5}$$

若$x_{ij}$落入$M_{ih}$的右侧，无论是递增系列($x_{ij}>M_{ih}$)，还是递减系列($x_{ij}<M_{ih}$)，其相对差异函数公式为

$$\begin{cases} D_A\left(x_{ij}\right)_h = \dfrac{x_{ih}-b_{ih}}{M_{ih}-b_{ih}}, x_{ij}\in\left[M_{ih},b_{ih}\right] \\ D_A\left(x_{ij}\right)_h = -\dfrac{x_{ih}-b_{ih}}{d_{ih}-b_{ih}}, x_{ij}\in\left[b_{ih},d_{ih}\right] \end{cases} \tag{8-6}$$

指标相对隶属函数公式：

$$\mu_A\left(x_{ij}\right)_h = \frac{\left(1+D_A\left(x_{ij}\right)_h\right)}{2} \tag{8-7}$$

计算样本$j$指标$i$对各级别的指标相对隶属度矩阵：

$$\boldsymbol{U}_h = \left(\mu_A\left(x_{ij}\right)_h\right) \tag{8-8}$$

(4)计算各样本(区域)对级别的综合相对隶属度：

$${}_j u'_h = \frac{1}{1+\left\{\dfrac{\sum\limits_{i=1}^{m}\left[\omega_i\left(1-\mu_A\left(x_{ij}\right)_h\right)\right]^p}{\sum\limits_{i=1}^{m}\left[\omega_i\mu_A\left(x_{ij}\right)_h\right]^p}\right\}^{\alpha/p}} \tag{8-9}$$

式中：$\alpha$为模型优化准则参数，$\alpha=1$为最小一乘方准则，$\alpha=2$为最小二乘方准则；$p$为距离参数，$p=1$为海明距离，$p=2$为欧氏距离；$\omega_i$为指标权重；$m$为识别特征指标数。

归一化处理得到综合相对隶属度矩阵：

$$\boldsymbol{U} = {}_j u_h \tag{8-10}$$

(5)计算各样本(区域)地下水资源承载力的级别特征值向量

$$\boldsymbol{H} = \left(1,2,\cdots,c\right)\cdot\boldsymbol{U} \tag{8-11}$$

## 8.5　喀斯特地区地下水资源承载力综合评价实例

贵州是我国喀斯特分布范围最广、面积比例最大的省份之一，被称为中国的“喀斯特省”。其中，喀斯特面积比例超过 80%的市(县)有贵阳市、息烽县等 28 个；面积比例超过 70%的有都匀市、凯里市等 42 个；面积比例超过 60%的有威宁县、紫云县等 59 个；面

积比例超过50%的有铜仁市、印江县等68个，占全省总县市个数的79%。全省气候温和，雨量丰沛，但由于喀斯特发育，山高水深，因此水资源，尤其是地下水资源开发利用困难。

## 8.5.1 水文数据获取

根据1999～2007年《贵州省水资源公报》和《贵州统计年鉴》，统计并计算1999～2007年各指标的平均值见表8-1。根据贵州省喀斯特的实际情况并参照文献，确定的喀斯特地下水资源承载力评价标准见表8-2。

表8-1 贵州省地下水资源相关资料统计(1999～2007年平均值)

| 指标 | 贵阳市 | 遵义市 | 安顺市 | 黔南州 | 黔东南州 | 铜仁市 | 毕节市 | 六盘水市 | 黔西南州 |
|---|---|---|---|---|---|---|---|---|---|
| 地下水资源耕地灌溉率/% | 39.80 | 37.67 | 38.60 | 43.58 | 57.14 | 39.43 | 15.42 | 24.34 | 28.03 |
| 地下水资源开发程度/% | 15.87 | 1.20 | 6.39 | 1.39 | 4.67 | 1.79 | 1.56 | 4.63 | 0.47 |
| 供水模数/(万 $m^3/km^2$) | 2.57 | 0.16 | 0.90 | 0.18 | 0.70 | 0.28 | 0.22 | 0.06 | 0.06 |
| 需水模数/(万 $m^3/km^2$) | 4.97 | 2.38 | 2.25 | 1.09 | 1.38 | 1.24 | 1.24 | 0.18 | 0.83 |
| 重复利用率/% | 20.10 | 18.14 | 21.00 | 6.37 | 10.39 | 5.47 | 16.31 | 17.97 | 10.61 |
| 人均供水量/($m^3$/人) | 58.21 | 6.62 | 31.41 | 11.83 | 47.69 | 12.64 | 8.06 | 19.93 | 3.43 |
| 生态环境用水率/% | 1.02 | 0.26 | 0.31 | 0.13 | 0.11 | 0.11 | 0.11 | 0.34 | 0.11 |

表8-2 贵州省地下水资源承载力评价指标体系

| 指标 | 1级 | 2级 | 3级 |
|---|---|---|---|
| 地下水资源耕地灌溉率/% | <10 | 10～40 | >40 |
| 地下水资源开发程度/% | <15 | 15～55 | >55 |
| 供水模数/(万 $m^3/km$) | <5 | 5～10 | >10 |
| 需水模数/(万 $m^3/km$) | <5 | 5～10 | >10 |
| 重复利用率/% | <20 | 20～50 | >50 |
| 人均供水量/($m^3$/人) | >50 | 30～50 | >30 |
| 生态环境用水率/% | >3 | 1～3 | >1 |

## 8.5.2 综合评价计算过程

首先，根据表8-1及式(8-1)，可得贵州省地下水资源承载力的现状指标特征值矩阵

$$
\boldsymbol{X}=\begin{vmatrix}
39.80 & 37.67 & 38.60 & 43.58 & 57.14 & 39.43 & 15.42 & 24.34 & 28.03\\
15.87 & 1.20 & 6.39 & 1.39 & 4.67 & 1.79 & 1.56 & 4.63 & 0.47\\
2.57 & 0.16 & 0.90 & 0.18 & 0.70 & 0.28 & 0.22 & 0.06 & 0.06\\
4.97 & 2.38 & 2.25 & 1.09 & 1.38 & 1.24 & 1.24 & 0.18 & 0.83\\
20.10 & 18.14 & 21.00 & 6.37 & 10.39 & 5.47 & 16.31 & 17.97 & 10.61\\
58.21 & 6.62 & 31.41 & 11.83 & 47.69 & 12.64 & 8.06 & 19.93 & 3.43\\
1.02 & 0.26 & 0.31 & 0.13 & 0.11 & 0.11 & 0.11 & 0.34 & 0.11
\end{vmatrix}=\left(x_{ij}\right) \tag{8-12}
$$

式中：$i=1,2,\cdots,7$ 为指标号；$j=1,2,\cdots,9$ 为研究地区号。

根据式(8-2)及表 8-2，可以确定喀斯特地下水资源承载力可变集合的吸引域矩阵为

$$
\boldsymbol{I}_{ab}=\begin{vmatrix}
[0,10] & [10,40] & [40,70]\\
[0,15] & [15,55] & [55,95]\\
[0,5] & [5,10] & [10,15]\\
[0,5] & [5,10] & [10,15]\\
[0,20] & [20,50] & [50,80]\\
[100,50] & [50,30] & [30,0]\\
[6,3] & [3,1] & [1,0]
\end{vmatrix}=\left(\left[a_{ih},b_{ih}\right]\right) \tag{8-13}
$$

根据式(8-3)及矩阵 $\boldsymbol{I}_{ab}$，得到指标 $i$ 级别 $j$ 的范围值区间矩阵为

$$
\boldsymbol{I}_{cd}=\begin{vmatrix}
[0,40] & [0,70] & [10,70]\\
[0,55] & [0,95] & [15,95]\\
[0,10] & [0,15] & [5,15]\\
[0,10] & [0,15] & [5,15]\\
[0,50] & [0,80] & [20,80]\\
[100,30] & [100,0] & [50,0]\\
[6,1] & [6,0] & [3,0]
\end{vmatrix}=\left(\left[c_{ih},d_{ih}\right]\right) \tag{8-14}
$$

根据式(8-4)，确定相对差异度等于 1，即 $D_A\left(x_{ij}\right)_h=1$ 的点值矩阵 $\boldsymbol{M}$ 为

$$
\boldsymbol{M}=\begin{vmatrix}
0 & 10 & 70\\
0 & 15 & 95\\
0 & 5 & 15\\
0 & 5 & 15\\
0 & 20 & 80\\
100 & 50 & 0\\
6 & 3 & 0
\end{vmatrix}=\left(M_{ih}\right) \tag{8-15}
$$

其次，利用统计软件 SPSS 及 MATLAB，根据矩阵 $\boldsymbol{I}_{ab}$、$\boldsymbol{I}_{cd}$ 与 $\boldsymbol{M}$，判断样本特征值 $x_{ij}$ 在 $M_{ih}$ 点的左侧还是右侧，据此选用式(8-5)或式(8-6)计算差异度 $D_A\left(x_{ij}\right)_h$，再由式(8-7)计算指标 $i$ 对 $h$ 级的指标相对隶属度 $\mu_A\left(x_{ij}\right)_h$，由式(8-8)计算样本 $j$ 指标 $i$ 对各级别的指标相对隶属度矩阵，即 $\boldsymbol{U}_1$、$\boldsymbol{U}_2$、$\boldsymbol{U}_3$。

$$
\boldsymbol{U}_1=\begin{vmatrix}
0.003 & 0.039 & 0.0233 & 0 & 0 & 0.010 & 0.410 & 0.261 & 0.200 \\
0.489 & 0.960 & 0.787 & 0.954 & 0.844 & 0.940 & 0.948 & 0.846 & 0.984 \\
0.743 & 0.984 & 0.910 & 0.982 & 0.930 & 0.972 & 0.978 & 0.994 & 0.994 \\
0.503 & 0.762 & 0.775 & 0.891 & 0.862 & 0.876 & 0.876 & 0.982 & 0.917 \\
0.498 & 0.547 & 0.483 & 0.841 & 0.740 & 0.863 & 0.592 & 0.551 & 0.735 \\
0.582 & 0 & 0.035 & 0 & 0.442 & 0 & 0 & 0 & 0 \\
0.005 & 0 & 0 & 0 & 0 & 0 & 0 & 0 & 0
\end{vmatrix} \tag{8-16}
$$

$$
\boldsymbol{U}_2=\begin{vmatrix}
0.503 & 0.539 & 0.523 & 0.440 & 0.214 & 0.510 & 0.910 & 0.761 & 0.700 \\
0.989 & 0.040 & 0.213 & 0.046 & 0.156 & 0.060 & 0.052 & 0.154 & 0.016 \\
0.257 & 0.016 & 0.090 & 0.018 & 0.070 & 0.028 & 0.022 & 0.006 & 0.006 \\
0.497 & 0.238 & 0.225 & 0.109 & 0.138 & 0.124 & 0.124 & 0.018 & 0.083 \\
0.998 & 0.454 & 0.983 & 0.159 & 0.260 & 0.137 & 0.408 & 0.449 & 0.265 \\
0.418 & 0.110 & 0.535 & 0.197 & 0.942 & 0.211 & 0.134 & 0.332 & 0.057 \\
0.505 & 0.130 & 0.155 & 0.065 & 0.055 & 0.055 & 0.055 & 0.170 & 0.055
\end{vmatrix} \tag{8-17}
$$

$$
\boldsymbol{U}_3=\begin{vmatrix}
0.497 & 0.461 & 0.477 & 0.560 & 0.786 & 0.491 & 0.090 & 0.239 & 0.301 \\
0.011 & 0 & 0 & 0 & 0 & 0 & 0 & 0 & 0 \\
0 & 0 & 0 & 0 & 0 & 0 & 0 & 0 & 0 \\
0 & 0 & 0 & 0 & 0 & 0 & 0 & 0 & 0 \\
0.002 & 0 & 0.017 & 0 & 0 & 0 & 0 & 0 & 0 \\
0 & 0.890 & 0.465 & 0.803 & 0.058 & 0.789 & 0.866 & 0.668 & 0.943 \\
0.495 & 0.870 & 0.845 & 0.935 & 0.945 & 0.945 & 0.945 & 0.830 & 0.945
\end{vmatrix} \tag{8-18}
$$

应用文献中语气算子与相对隶属度之间的关系，可得 7 项评价指标的归一化权向量为：$\boldsymbol{\omega}=(0.1195\ 0.2484\ 0.1836\ 0.1836\ 0.0720\ 0.1491\ 0.0437)=(\omega_i)$。

最后，以$\boldsymbol{U}_1$、$\boldsymbol{U}_2$、$\boldsymbol{U}_3$及$\boldsymbol{\omega}$为基础，利用式(8-9)，计算各样本(区域)对级别的综合相对隶属度；利用式(8-10)进行归一化处理；再利用式(8-11)，计算各样本(区域)地下水资源承载力的级别特征值，结果见表 8-3。

**表 8-3 贵州省地下水资源综合评价结果**

| 区域 | $\alpha=1$；$p=1$ | | $\alpha=1$；$p=2$ | | $\alpha=2$；$p=1$ | | $\alpha=2$；$p=2$ | | 综合评价 | |
|---|---|---|---|---|---|---|---|---|---|---|
| | 级别特征值 | 评价等级 | 级别特征值 | 评价等级 | 级别特征值 | 评价等级 | 级别特征值 | 评价等级 | 均值 | 等级 |
| 贵阳市 | 1.802 | 2 | 1.701 | 2 | 1.618 | 1～2 | 1.600 | 1～2 | 1.680 | 1～2 |
| 遵义市 | 1.625 | 1～2 | 1.693 | 1～2 | 1.244 | 1 | 1.356 | 1 | 1.479 | 1～2 |
| 安顺市 | 1.632 | 1～2 | 1.651 | 1～2 | 1.327 | 1 | 1.326 | 1 | 1.484 | 1～2 |
| 黔南州 | 1.586 | 1～2 | 1.664 | 1～2 | 1.211 | 1 | 1.316 | 1 | 1.444 | 1～2 |
| 黔东南州 | 1.518 | 1～2 | 1.612 | 1～2 | 1.279 | 1 | 1.288 | 1 | 1.424 | 1～2 |
| 铜仁市 | 1.582 | 1～2 | 1.661 | 1～2 | 1.202 | 1 | 1.308 | 1 | 1.438 | 1～2 |
| 毕节市 | 1.536 | 1～2 | 1.657 | 1～2 | 1.168 | 1 | 1.318 | 1 | 1.419 | 1～2 |
| 六盘水市 | 1.535 | 1～2 | 1.623 | 1～2 | 1.171 | 1 | 1.267 | 1 | 1.399 | 1 |
| 黔西南州 | 1.556 | 1～2 | 1.672 | 1～2 | 1.185 | 1 | 1.335 | 1 | 1.437 | 1～2 |

注：1 级：$0<h\leqslant 1.400$；1～2 级：$1.400<h\leqslant 1.700$；2 级：$1.700<h\leqslant 2.400$；2～3 级：$2.400<h\leqslant 2.700$；3 级：$h>2.700$。

根据表 8-3 可知：评价模型的参数变化后，各评价地区地下水资源承载力的评价等级变化较小，说明所得评价结果可信度高。在贵州全省，除六盘水市地下水资源承载力处在 1 级以外，其余各地区均处在 1～2 级。说明贵州省对地下水资源的开发利用已有相当规模，但仍有一定的开发利用潜力，地下水资源的供给能力在一定程度上能满足社会发展；而六盘水市的地下水资源开发规模较小，地下水资源具有较大的承载潜力。另外，从综合评价特征值看，贵阳市最大(1.680)，其次是安顺市(1.484)，最小是六盘水市(1.399)。说明六盘水市地下水资源具有最大的承载潜力，依次减小，贵阳市地下水资源承载潜力最小。

### 8.5.3　综合评价结果分析

贵州省地下水资源承载力存在上述结果的原因不外乎是由人口、社会经济发展、地下水资源量以及喀斯特生态环境造成的。现选取人口、GDP、地下水资源总量和喀斯特面积 4 个因素进行分析。根据 1999～2007 年《贵州省水资源公报》，统计并计算人口、GDP 和地下水资源总量的 9 年平均值及其占全省的百分比；根据《贵州省地理信息数据集》，统计喀斯特面积占各区的百分比情况见表 8-4。

表 8-4　贵州省人口、GDP 和喀斯特面积统计(%)

| 指标 | 贵阳市 | 遵义市 | 安顺市 | 黔南州 | 黔东南州 | 铜仁市 | 毕节市 | 六盘水市 | 黔西南州 |
|---|---|---|---|---|---|---|---|---|---|
| 人口占全省百分比 | 9.012 | 18.810 | 6.732 | 10.037 | 11.252 | 10.047 | 18.449 | 7.710 | 7.951 |
| GDP 占全省百分比 | 25.475 | 22.087 | 5.531 | 9.184 | 7.156 | 5.792 | 11.194 | 7.805 | 5.758 |
| 地下水资源占全省百分比 | 5.432 | 17.357 | 5.229 | 13.163 | 17.534 | 10.947 | 15.316 | 5.549 | 9.473 |
| 喀斯特面积占各区百分比 | 85.023 | 65.812 | 71.542 | 81.545 | 23.233 | 60.605 | 73.323 | 63.245 | 60.323 |

以表 8-4 为基础，根据式(7-10)、式(7-11)，利用 SPSS 及 MATLAB 软件，计算贵州省各地区表 8-4 中的 4 个因素指标与表 8-3 中各地区综合评价级别特征值之间的关联系数及灰色关联度(表 8-5)。

表 8-5　贵州省地下水资源承载力各因素与综合评价结果的灰色关联度

| 指标 | 贵阳市 | 遵义市 | 安顺市 | 黔南州 | 黔东南州 | 铜仁市 | 毕节市 | 六盘水市 | 黔西南州 | 灰色关联度 |
|---|---|---|---|---|---|---|---|---|---|---|
| 人口占全省百分比 | 0.862 | 0.461 | 0.773 | 0.710 | 0.586 | 0.655 | 0.573 | 0.700 | 0.752 | 0.675 |
| GDP 占全省百分比 | 0.537 | 0.415 | 0.818 | 0.733 | 0.832 | 0.809 | 0.738 | 0.697 | 0.844 | 0.714 |
| 地下水资源占全省百分比 | 0.993 | 0.485 | 0.831 | 0.636 | 0.403 | 0.629 | 0.634 | 0.782 | 0.700 | 0.677 |
| 喀斯特面积占各区百分比 | 0.227 | 0.178 | 0.195 | 0.193 | 0.314 | 0.200 | 0.214 | 0.190 | 0.209 | 0.213 |
| 灰色关联度 | 0.655 | 0.385 | 0.654 | 0.568 | 0.533 | 0.573 | 0.540 | 0.592 | 0.626 | — |

从表 8-3～表 8-5 可得出以下结果。

(1)从单个因素看，贵州省地下水资源承载力与以上 4 个因素都有一定关联，其关联度大小顺序为：GDP(0.714)>地下水资源量(0.677)>人口(0.675)>喀斯特面积(0.213)。

(2)这 4 个因素在不同的地区具有不同的组合方式，对喀斯特地区地下水资源承载力的影响也不同(即关联度)，其影响大小顺序为：贵阳市(0.655)>安顺市(0.654)>黔西南州(0.626)>六盘水市(0.592)>铜仁市(0.573)>黔南州(0.568)>毕节市(0.540)>黔东南州(0.533)>遵义市(0.385)。这 4 个因素本身具有一定相关性，它们之间相互影响、相互制约，在不同组合方式下，起主要作用的因素不同，表现为对地下水资源承载力的影响不同。

(3)从地区看，贵阳和安顺两市的地下水资源承载力与其人口、GDP 和地下水资源量的关联系数相当大，导致其地下水资源承载潜力相当小。这是由于两市的人口数量较大，经济相对比较发达，需水量较大，地下水资源供给量小，喀斯特面积分布广造成的。而六盘水市地下水资源承载力与其人口、GDP 和地下水资源量的关联系数也相当大，但其地下水资源承载潜力也相当大。这主要是该市的人口数量较少，经济比较发达，地下水资源供给量充足，喀斯特面积分布相对较小所致。

(4)从人口、GDP、地下水资源因素看，除遵义市外，贵州省各地区的地下水资源承载力与这 3 个因素的关联系数都较大，说明这 3 个因素对地下水资源承载力具有决定性作用。经济是否发达，直接决定了该地区地下水资源的开采技术及用水方式；地下水资源供给量充足与否，表现为在自然状态下的地下水资源供给与在现有经济技术条件下对地下水资源的开发；人口数量表现为对地下水资源的需求量。这 3 个因素将决定地下水资源承载力的大小。

(5)从喀斯特分布面积看，由表 8-4 可知，除黔东南州外，贵州省各地区喀斯特分布面积均大于 60%以上，最大达 85.023%(贵阳市)。由表 8-3、表 8-5 可知，喀斯特地区地下水资源承载力与喀斯特分布面积关联系数相当小(都小于 0.5)，关联度也小，说明喀斯特分布面积对喀斯特地区地下水资源承载力的影响较小。地下水资源主要由流域下垫面介质结构所决定，而喀斯特流域所具有的双重介质结构对喀斯特地下水资源具有一定的影响，但随着经济的发展、科学技术的进步以及人们用水方式的改进，喀斯特地下水资源承载力将得到极大提高，喀斯特对地下水资源承载力的影响将逐渐减小。

## 8.6 小　　节

(1)贵州喀斯特地区地下水资源承载力状态基本都处在 1～2 级，说明贵州省对地下水资源的开发利用已有相当规模，但仍具有一定的开发利用潜力。

(2)对喀斯特地区地下水资源承载力的影响因素主是有：人口、GDP、地下水资源量以及喀斯特分布面积，其影响大小顺序为：GDP(0.714)>地下水资源量(0.677)>人口(0.675)>喀斯特分布面积(0.213)。

(3)随着经济的发展、科学技术的进步以及人们用水方式的改进，喀斯特面积对喀斯特地区地下水资源承载力的影响将逐渐减小。

# 第9章　喀斯特流域洪水资源化理论与探讨

## 9.1　洪水资源化的理论基础

洪水灾害是指洪水超过一定的限度，给人类正常生活、生产带来的损失与祸患。从流域的角度看，一个流域内的河流及其周围环境总是与人类活动联系在一起，河流的流量总是随时间 $T$ 的推移围绕一个平均值 $Q_0$ 而不断地波动(图 9-1)，既可以达到很高的值(洪峰流量：$Q_{max}$)，也可以达到很低的值($Q_{min}$)，甚至于零。河道及其周围环境和人类活动对流量的波动有一个适应范围，其上限和下限为 $Q_{up}$ 和 $Q_{low}$，分别为洪水灾害和干旱灾害的临界值。当 $Q>Q_{up}$ 时将发生洪水灾害；当 $Q_{low}<Q<Q_{up}$ 时，一般不会发生水旱灾害，河流能提供足够的水资源；当 $Q<Q_{low}$ 时，流域的水量不足以供给人类生活和生产需要，将发生干旱灾害。

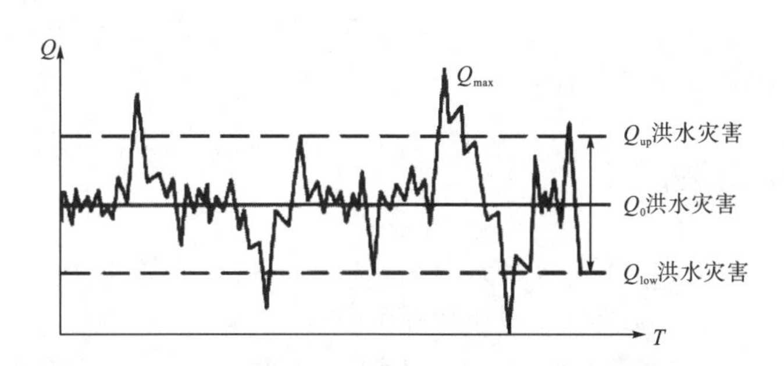


图 9-1　洪水灾害与资源化转换的理论模型

可见，洪水本身是一种自然现象，是否造成灾害除了洪水的自然属性外，在很大程度上取决于人类活动的强度与方式。也就是说，并不是所有的洪水都会造成灾害，当洪水量级未超过一定的临界值时，洪水就是一种资源，通过一系列措施，可以将其转化为水资源，这是洪水资源化的主要理论基础。

## 9.2　洪水资源化概念及其内涵

### 9.2.1　洪水资源化概念

随着我国人口的增长和经济的发展，水资源短缺、水质恶化、水环境污染等问题日趋严重，水质恶化和水环境污染进一步加重了水资源短缺。洪水资源化是洪水管理的一个重要内容，通过洪水资源化利用，有助于解决水资源短缺问题。长期以来，国内外主要从防洪的角度对洪水进行研究，而较少从资源利用的角度对洪水进行定义。因此，目前尚无“洪水资源化”的明确定义。鉴于洪水是地表水资源的重要组成部分和表现形式，本节结合目前有关“地表水资源量”和“洪水”的定义，将“洪水资源”定义为：一定区域由当地降水形成的天然河川洪水径流。将“洪水资源量”定义为“洪水资源的数量”，即一定区域由当地降水形成的天然河川洪水径流量。

洪水资源量的计算，根据年内洪水期天然河川流量过程确定：

$$W_{\mathrm{F}}^{i}=\int_{t_{1}^{i}}^{t_{2}^{i}}Q_{\mathrm{F}}^{i}(t)\,\mathrm{d}t \tag{9-1}$$

式中：$W_{\mathrm{F}}^{i}$为第 $i$ 年流域洪水资源量；$Q_{\mathrm{F}}^{i}(t)$为 $t$ 时刻流域河川天然洪水流量；$t_{1}^{i}$、$t_{2}^{i}$分别为年内洪水期的起止时刻。洪水资源量计算的关键是确定年内洪水期的起止时刻。不同流域的年内洪水期不同，因此需要根据河川径流的季节性规律、水系特性等因素综合确定。

洪水资源化是指在保障防洪安全的前提下，利用各种工程、非工程措施以及管理措施拦蓄洪水、滞蓄洪水和回补地下水，最大限度地把汛期不可利用的水量转换为可利用水量，以满足社会经济和生态环境保护的用水需求。洪水资源化的本质就是实现由灾害水向资源水和环境水的转化，主要途径包括：在保证防洪安全的前提下，适当调整水库汛限水位，提高水资源利用率；通过建设洪水利用工程体系有效蓄洪补灌；完善雨洪利用体系，以达到防洪治涝和雨洪资源化等目的。

### 9.2.2 洪水资源化内涵

从上述理解可以看出，洪水资源化涉及的内容广泛，从洪水资源化的对象、可能风险、经济利益和生态效应四个层次看，其内涵如下。

(1) 洪水资源化的对象，是那些在现有工程常规运用和规范调度情况下排泄入海或泛滥的洪(涝)水，包括工程防洪标准内和超标准的河道洪水、防洪工程常规调度所不能蓄留的洪水以及河道泛滥洪水和内涝水等。

(2) 由于洪水具有利害双重性，在洪水资源化过程中，往往会伴随着利益和风险的再分配。因此，在洪水资源化进程中，应注重对洪水的自然、社会、经济、生态、环境特性进行分析，开展利益和风险的评价，使利益受损者获得相应补偿，开发并充分利用先进的预测预报技术、洪水调度技术，制定科学的洪水资源化预案。

(3) 从经济利益上看，洪水资源化必须遵循安全、经济可行和社会公平的原则。洪水资源化的目的是获取整体上更大的利益，必须避免盲目强调洪水利益而忽视工程、生命、经济和社会风险的行为。对在洪水资源化过程中利益受损者以充分的补偿，避免引发社会问题。权衡利弊，确保利益大于成本(包括投入和损失)是洪水资源化的基本前提。

(4) 在生态效应方面，洪水资源不仅是可供生产、生活所用的水资源，而且是生态环境资源，应避免将洪水资源化片面地理解为仅是缓解生产、生活缺水的手段，应将其作为流域可持续发展的重要途径之一。发挥其恢复地下水位、修复湿地和维持河道基流的生态环境功能，推进人与自然和谐发展。

## 9.3　贵州省洪水资源化实践

### 9.3.1　贵州省实现洪水资源化的必要性分析

随着经济的发展，人们已经逐渐认识到了水资源的重要性，并转变了“水是用之不尽，取之不竭”的传统观念，节约用水、提高水资源利用率已经成为大家的共识。而尽可能地利用现有水资源，实现洪水的资源化，就需要改变洪水“入海为安”的思想观念，综合运用系统论、风险管理、科学调度等现代理论、管理方法、科技手段和工程措施，实施有效的洪水管理机制，给洪水留出适当的滞留空间，在保障防洪安全的前提下，化害为利，实现洪水资源化。

干旱缺水严重影响工农业生产和人们生活。水危机已成为制约我国国民经济发展和社会进步的重要因素。经济社会可持续发展对水的需求全面提升，不仅仅是量的增加，更是供水均衡性以及对水质要求的提高。目前我国一般性水资源开发程度已较高，进一步开发的潜力较小，通过大规模增加新的水利工程来提高水资源利用率已不太现实，把洪水作为资源的一部分进行开发利用已成必要。

截至 2013 年，贵州常住人口 3706 万人，人口密度为 222 人/km$^2$，人口总量排全国第 15 位。贵州多年平均地表水资源量 626.35 亿 m$^3$，地下水资源量 216.69 亿 m$^3$，水资源总量 843.04 亿 m$^3$，属于中国缺水地区之一。近十年来，贵州人口增加了近 1000 万，人均地表水资源已由 495m$^3$ 减至 385m$^3$，减少了 22.2%。贵州人均用水量为 291.7m$^3$，农田灌溉亩均用水量为 270.9m$^3$，城镇生活人均日用水量为 115.7L，农村生活人均日用水量为 55.7L，万元工业增加值(当年价)取用水量为 162.3m$^3$，资源性缺水和生态性缺水日益凸显，表现为经济越发达的区域，人均用水量越大。

近年，贵州由于人多、地多、水少，加上水资源时空分布不均，造成枯水期水资源量严重不足，生产生活用水大量挤占生态用水，导致生态用水得不到保障，正常的生态基流不足，水体自净能力明显减弱。目前贵州省还有 50%以上的耕地基本处于无水灌溉、靠天收获的状态。可见，水资源短缺已成为制约贵州省经济可持续发展的主要因素之一，获得新的水资源来源势在必行。因此，实现洪水资源化是贵州省获得更多水资源的必然选择。

### 9.3.2　贵州省洪水资源化的可行性分析

开发利用洪水资源是有潜力的，据有关统计分析，全国江河平均每年入海水量约为 1.6 万亿 m$^3$，且主要集中在汛期以洪水形式入海。随着水利科学技术的发展，使得洪水资源化成为可能。随着水利系统数字化的发展、气象卫星云图及测雨雷达的应用、“3S”技术的发展，可全面辅助计算洪水资源化的效益，使得洪水资源化技术步入了实际运用阶段。

1. 充沛的降水和丰富的径流是洪水资源化的物质前提

贵州全省多年平均降水量1063.17mm，折合年降水总量1872.89亿$m^3$(图9-2)。全省多年平均水资源总量872.52亿$m^3$，入境水量113.09亿$m^3$，出境水量940.88亿$m^3$。多年平均产水量49.53万$m^3$/km，人均水资源量2204.72$m^3$。

2011年，按行政分区，黔南年降水量最大，为938.8mm，毕节地区最小，为668.3mm。各行政区年降水量与多年平均相比均偏少；黔西南偏少43.1%，六盘水、毕节、安顺、黔东南偏少30%以上，分别偏少39.6%、34.7%、31.4%、30.7%，贵阳、铜仁、黔南、遵义偏少20%以上，分别偏少28.7%、26.3%、24.0%、23.9%。全省降水量偏少30%以上的属枯水年份，偏少20%～30%的属偏枯水年份。

汛期(5～9月)降水量占年降水量的52.2%～83.2%，连续最大四个月降水量占全年降水量的47.8%～68.8%，多集中在4～7月、5～8月、6～9月。

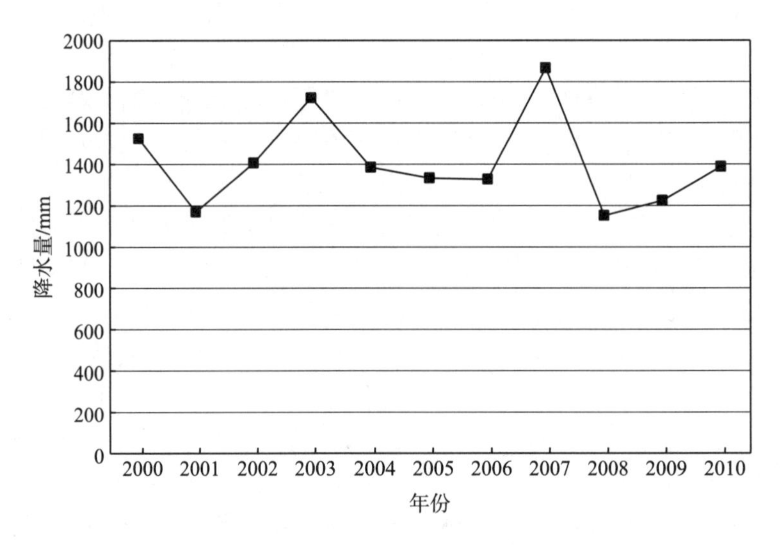


图9-2 贵州省各年降水量分布特征

2. 完善的防洪体系是洪水资源化的基本保证

2011年末贵州省共统计93座大中型水库，年末蓄水量236.70亿$m^3$，比上年末增蓄49.81亿$m^3$。2011年全省总供水量95.08亿$m^3$，比上年减少6.37亿$m^3$，其中地表水源供水量92.31亿$m^3$，地下水源供水量1.10亿$m^3$，其他水源供水量1.67亿$m^3$。全省用水量与供水量基本持平，其中生活用水9.61亿$m^3$、生产用水84.94亿$m^3$（含农田灌溉用水、林牧渔畜用水、工业用水、建筑业用水、服务业用水），生态环境用水量0.53亿$m^3$，总耗水量36.52亿$m^3$。

可见，贵州充沛的降水和丰富的径流是洪水资源化的物质前提，加之经过几十年的治理，贵州省拥有较为完善的防洪工程体系，工程性和非工程性体系具备一定的规模。这些条件的具备，使贵州省实现洪水资源化成为可能。

# 9.4　贵州省实现洪水资源化的途径

## 9.4.1　洪水资源化的基础条件

1. 水文地质

受地形和气候影响，我国各流域，特别是南方喀斯特流域的降水分布极不均衡：年际降水差别大，并呈明显的丰枯交替特征；年内主要分布在汛期几次集中的降水过程中，导致汛期洪涝灾害严重，枯水期干旱缺水严重的现象。20世纪80年代，我国社会经济进入高速发展时期，用水量急剧增加，一些流域的地下水补给平衡被打破。喀斯特流域都存在包气带岩性比较粗大的河段和地质带，有利于地表水和地下水的交换。降雨年内集中、年际变化大、丰枯交替和大洪水时有发生等，为洪水资源化提供了可能的水源条件。地下水位深和包气带岩性比较粗大的河段和地质带，则为地下水回补提供了库容和地质条件。

2. 社会、经济和生态

进入20世纪80年代，我国生活、生产、生态缺水问题愈演愈烈，严重制约了社会经济发展，并使生态环境状况日趋恶化。国家为此不惜投入巨资建设各种规模的水资源开发和配置(包括调水)工程，水资源价值不断提高，使得各类洪水资源化措施逐步成为经济上和生态上可行的选择。

3. 工程

目前，我国主要流域已经形成的由水库、堤防、蓄滞洪区、分洪道和闸坝组成的洪水调控体系，以及已经完成或正在进行的水库大坝除险加固和蓄滞洪区进退水工程和分区建设为有控制地适度转化、利用洪水资源提供了工程条件。

4. 政策

根据我国防洪法第三十二条“对居住在经常使用的蓄滞洪区的居民，有计划地组织外迁”的规定和1998年国家出台的“32字方针”，许多流域已经开始或规划了对使用频率较高的蓄滞洪区实施移民，特别是一些分区使用的蓄滞洪区，其经常运用的子区移民后将基本上成为无人区。

## 9.4.2　洪水资源化的途径

1. 工程措施

(1)防洪安全工程与拦蓄工程。水库、河道等在防洪安全工程及洪水资源化利用中担负着蓄水、调洪、泄洪等重要作用，其防洪安全对社会稳定和经济发展具有十分重要的意义。通过水库蓄水和水闸拦水，将汛期洪水转化为非汛期供水，拦蓄更多的水资源，提高对洪水资源的调控能力。

(2)用于灌溉和补源。当发生洪水时，利用防洪工程将洪水调配到渠系网络，使洪水从雨水丰沛地区向水资源缺乏地区转移，一方面可将洪水用于灌溉；另一方面可延长洪水的停留时间，将洪水输送到干旱地区补源，通过回灌工程补充当地地下水资源，发挥洪水的生态调节功能。此外，还可将洪水输送到渠道下游引水较少的地区储备起来，以备引水不足出现供需矛盾时使用。

(3)雨洪工程的利用。一是充分利用好城市的排水管网，回收洪水、雨水；二是利用城市周边的湖泊、湿地、水库作为利用洪水的“仓库”；三是做好其他综合集水措施、水利保持措施，利用作物或树木之间的空间来富集雨水，增加作物区或树木生长区根系的水分，涵养水源；四是雨水集蓄利用，采取人工措施，高效收集雨水，辅以蓄存和调节利用的微型水利工程。

2. 非工程措施

非工程途径是指在现有工程的基础上，通过科学规划和合理调度，最大限度地拦蓄洪水资源，延长其在陆地的停留时间，以满足经济社会和生态环境的需水要求，补充回灌地下水。实现洪水资源化在非工程途径上，要应用先进科学技术，提高预报精度，延长预见期。在调度上，完善调度方案和运作规程，加强调度的科学性。洪水资源化的非工程措施包含水利工程调度与管理的大多数措施，主要措施如下。

(1)水库合理调整汛限水位，实现分期洪水调度。

(2)利用洪水预报，实现水库实时预报调度。

(3)利用蓄滞洪区主动分洪，恢复湿地。

洪水资源化的工程和非工程措施是相辅相成的，在实际工作中常联合运用。这样，洪水资源的可开发性将大大提高。

### 9.4.3 洪水资源化面临的问题

1. 防洪风险

调整水库调度方式转化洪水资源将面临大坝安全问题，引标准以下洪水入蓄滞洪区转化洪水资源，将占用部分蓄滞洪区库容，若随后发生超标准洪水，可能会影响蓄滞洪区防洪能力的发挥。与水库的情况类似，在蓄滞洪区有排水设施的情况下，只要前期蓄洪量适度，以现有防洪系统的综合调控能力和洪水预报水平，可以基本保证在超标准洪水来临前泄掉已蓄的水量。

2. 经济损失

无论是利用田间、蓄滞洪区，还是湿地引洪回补地下水或蓄留洪水资源，对于已开发的地区，都可能造成作物和其他经济损失。国家颁布的《蓄滞洪区运用补偿暂行办法》(国务院令第 286 号)是对超过河道泄洪能力，在防御洪水方案中明确规定需启用蓄滞洪区的洪水而言的，而对蓄滞洪区启用标准以下的洪水和引入田间、湿地的洪水，在将其转化为水资源获取资源效益过程中造成的相应损失，是否需要补偿，如何补偿，目前尚无明确说法。即使对按防御超标准洪水方案正常启用的蓄滞洪区，从洪水资源化的角度考虑，也可以在洪水过后不像以往那样立即排入河道，而是将其长时间滞留在蓄滞洪区内，或回补地下水或作为地表水资源储备，但这种做法通常会与当地群众尽快恢复生产的愿望相冲突。

### 3. 环境问题

在长期干涸的河道，平时生产和生活所排放的污染物积累较多，偶发的洪水会沿程洗携输送这些污染物，即使有计划地放过高污染的洪水前锋，引洪水过程中的中间或靠后部分入田间、蓄滞洪区或湿地，也难免会引入一定量的污染物，可能会对引洪区的生态环境造成负面影响。

洪水资源化会减少入海水量，影响到河口生态环境，如果将资源化后的洪水全部或大部会用于生产和生活，则对河道和河口生态的影响会更大。因此，资源化后的洪水如何在生产、生活和生态用途间合理配置，是洪水资源化工作中面临的主要挑战之一，也是各方面对洪水资源化效果存疑的焦点所在。

### 4. 工程问题

现有水利工程体系多是以防洪或供水为目标建设的，并未考虑到洪水资源化的需求，虽然这些工程为可控制地适度利用洪水资源提供了基础条件，但为高效的洪水资源化所用尚不尽完备，如水系间的沟通难以满足调洪互济的要求，蓄滞洪区、湿地或田间的引洪设施不具备，缺少回补地下水的配套工程，应急排洪设施能力不足或缺乏等，在很大程度上制约了洪水资源化效率。

### 5. 政策问题

任何政府行为必须以政策为先导和基础。对我国而言，甚至在世界范围内，洪水资源化基本上是一项全新的事业，针对洪水资源化的政策、法规、规范、标准、规划等尚处于空白状态。没有水利工程的洪水资源化调度规程规范，相应的洪水资源化调度便无章可循，不可能顺利开展；洪水资源化的补偿机制不建立，则难以利用蓄滞洪区、湿地或田间引洪回补地下水或蓄留洪水资源，如若强行利用，则可能引发社会问题；缺乏流域间和流域内综合的洪水资源化规划，则可能出现各行其是、相互矛盾、利用率低、利用模式和用途不合理的局面。

### 6. 利益分配问题

无论是将洪水资源回补为地下水还是转化为地表水的形式蓄存，遭受损失和影响的地区或利益相关者本身所用的只是转化了的一部分洪水资源，如果周边地区或其他地区无偿使用其余部分洪水资源，对于在洪水资源化过程中受损者而言是不公平的。

# 第 10 章　贵州典型喀斯特地貌空间配置的洪水资源化机理

长期以来，洪水被等同于洪灾，与猛兽一同被视为人类的大敌，人类把聪明才智花在如何尽快将洪水排入大海，持“入海为安”的观念，而水资源短缺已成为制约我国喀斯特地区经济、社会发展的瓶颈。主要表现在：喀斯特地区地表破碎，水资源开发利用难度大，导致工程性缺水；水资源开发利用不合理，水质污染严重；喀斯特石漠化严重，生态环境恶化；干旱缺水与洪涝灾害频繁，水资源供需矛盾尖锐等问题。而洪水具有资源、灾害双重特性，即洪水在造成淹没、冲刷、侵蚀等灾害的同时，也是重要的淡水、生态、肥力、动力资源，因此，要解决我国喀斯特地区的水资源危机，有效利用洪水即洪水资源化是必要的也是必须的。

近年来国内许多学者针对洪水资源化开展了大量研究工作。李景宜等(2011)采用效益分摊系数法，计算了渭河中下游干流洪水资源化的综合效益；王翠平利用水量平衡方程，提出洪水资源利用策略；胡庆芳和王银堂(2009)通过分析实现洪水资源化的四个基本问题，建立了洪水资源利用的评价方法；方红远等(2009a)、刘招等(2009)采用系统分析法、遗传算法，研究了洪水资源可利用量的计算与开发；方红远等(2009b)运用模糊综合评价法和层次分析法，研究了区域洪水资源利用综合风险评价模型；宿辉等(2009)利用模糊集分析法，对汛限水位进行了动态分析计算，研究水库洪水调度优化方案；冯峰等(2008)从微观经济学角度与边际等值原理，研究了洪水资源最优利用决策模型；董前进等(2007)、丁涛等(2007)应用多目标模糊优化法，研究了三峡水库洪水资源化多目标决策汛限水位组合调控方案；曹永强等(2005)研究水库优化调度理论与技术，计算洪水资源利用中的关键问题。目前为止，洪水资源化研究仍主要以定性的理论描述和论证为主，定量研究还处于探索阶段，探讨在非喀斯特流域采用工程和非工程措施实现洪水资源化的方法。

本章以贵州省为例，选择 40 个研究样区，利用面向对象技术的监督分类方法，提取典型喀斯特地貌；利用系统聚类方法，探讨地貌类型的空间配置方式，分析地貌空间配置对洪水径流特征的影响、对洪水的分配及其承载；从流域结构角度，研究地貌空间配置对洪水资源化的实现。本研究可为解决喀斯特水资源短缺提供理论基础和技术指导。

## 10.1　研究区概况

贵州省地处我国西南部，东连湖南、南邻广西、西接云南、北濒四川和重庆，位于云贵高原东斜坡地带，介于东经103°36′~109°35′，北纬24°37′~29°13′，全省面积 176167km$^2$。

贵州地貌深受地质构造控制，山脉高耸、切割强烈、岭谷高差明显，以盆地、丘陵和山地为主；贵州是岩溶极为发育的省份，岩溶地貌类型齐全，分布广泛，碳酸盐岩石出露面积占全省总面积的 73%。贵州省位于副热带东亚大陆季风区内，气候类型属中国亚热带高原季风湿润气候。全省大部分地区气候温和，冬无严寒、夏无酷暑，四季分明；常年雨量充沛，时空分布不均，全省各地多年平均降水量为1100~1300mm；光照条件差，降雨日数较多，相对湿度较大，全省大部分地区年日照时数为 1200～1600h。贵州境内的河流密布，总长度 11270km；其中长度在 50km 以上的河流有 93 条；贵州的河流以乌蒙山—苗岭为分水岭，分属于长江流域和珠江流域，即北部为长江流域的金沙江水系、长江上游干流水系、乌江水系和洞庭湖水系；南部为珠江流域的南盘江水系、北盘江水系、红水河水系和都柳江水系。

## 10.2　数据与方法

### 10.2.1　水文与遥感数据

(1) 水文资料。考虑到研究样区的典型性、代表性和水文资料的连续性、均一性，本章采用位于贵州省内 40 个水文站的逐月实测径流量和逐月观测降雨量数据。资料来自贵州省水文总站整编的贵州省历年各月平均流量统计资料以及参考贵州省水文水资源局整编的《贵州省水资源公报》，时间范围自 2000 年 1 月至 2010 年 12 月每年的最大月平均径流量以及当月平均降雨量(表 10-1)。

(2) 遥感资料。考虑到地貌形态的演变是个漫长的地质过程，因此，2000～2010 年的地貌类型及形态基本不变。本节综合考虑，选用 2006 年最大月平均径流量所对应月份的 TM 影像为基准(时间为 2006 年 1～12 月)，进行相关校正处理，提取样区遥感数据。数字高程模型(DEM)采用美国地质调查局(USGS)提供的数据，空间分辨率为 30m。

**表 10-1　地貌类型面积百分比及降雨量**

| 样区 | | 编号 | 各地貌类型面积百分比/% | | | | | | 降雨量/mm | 径流量/($m^3$/s) |
|---|---|---|---|---|---|---|---|---|---|---|
| 站名 | 县名 | | 峰丛洼地 | 峰丛谷地 | 峰林盆地 | 峰林谷地 | 丘陵洼地 | 喀斯特低中山 | | |
| 巴铃 | 兴仁 | C1 | 0 | 37.52 | 0 | 31.87 | 0 | 30.61 | 308.45 | 4.04 |
| 把本 | 三都 | C2 | 12.72 | 11.20 | 11.53 | 10.40 | 11.24 | 42.91 | 325.68 | 130.90 |
| 草坪头 | 普安 | C3 | 38.36 | 0 | 0 | 34.69 | 0 | 26.95 | 288.24 | 67.74 |
| 岔江 | 兴义 | C4 | 29.73 | 0 | 23.25 | 47.02 | 0 | 0 | 255.36 | 159.32 |
| 长坝 | 道真 | C5 | 22.64 | 21.77 | 17.61 | 22.48 | 15.5 | 0 | 188.53 | 72.50 |
| 大菜园 | 镇远 | C6 | 0 | 54.08 | 0 | 0 | 0 | 45.92 | 141.38 | 266.45 |
| 大渡口 | 水城 | C7 | 38.15 | 0 | 13.14 | 16.42 | 13.12 | 19.17 | 227.82 | 74.29 |
| 大田河 | 册亨 | C8 | 32.64 | 34.02 | 0 | 0 | 0 | 33.34 | 228.70 | 61.85 |

续表

| 样区 | | 编号 | 各地貌类型面积百分比/% | | | | | | 降雨量/mm | 径流量/($m^3$/s) |
|---|---|---|---|---|---|---|---|---|---|---|
| 站名 | 县名 | | 峰丛洼地 | 峰丛谷地 | 峰林盆地 | 峰林谷地 | 丘陵洼地 | 喀斯特低中山 | | |
| 对江 | 大方 | C9 | 17.52 | 16.68 | 15.22 | 18.08 | 0 | 32.50 | 159.94 | 146.79 |
| 高车 | 关岭 | C10 | 58.06 | 0 | 10.71 | 12.39 | 0 | 18.84 | 322.98 | 134.72 |
| 构皮滩 | 余庆 | C11 | 14.55 | 15.18 | 14.84 | 14.68 | 15.21 | 25.54 | 240.60 | 39.80 |
| 黄猫树 | 平坝 | C12 | 17.66 | 0 | 24.69 | 23.78 | 0 | 33.87 | 272.15 | 266.69 |
| 雷公滩 | 罗甸 | C13 | 17.54 | 0 | 15.67 | 18.44 | 0 | 48.35 | 289.19 | 103.79 |
| 荔波 | 荔波 | C14 | 15.07 | 18.85 | 14.61 | 19.51 | 16.60 | 15.36 | 287.59 | 17.77 |
| 龙里 | 龙里 | C15 | 57.77 | 0 | 42.23 | 0 | 0 | 0 | 264.75 | 154.27 |
| 马岭河 | 兴义 | C16 | 23.66 | 0 | 23.73 | 28.26 | 0 | 24.35 | 303.61 | 10.66 |
| 麦翁 | 平坝 | C17 | 45.60 | 0 | 0 | 0 | 0 | 54.40 | 246.76 | 715.82 |
| 盘江桥 | 关岭 | C18 | 0 | 22.71 | 0 | 31.17 | 0 | 46.12 | 277.16 | 101.27 |
| 七星关 | 毕节 | C19 | 0 | 13.39 | 15.26 | 18.24 | 13.73 | 39.38 | 141.13 | 121.85 |
| 湾水 | 凯里 | C20 | 0 | 17.66 | 16.70 | 0 | 20.76 | 44.88 | 225.01 | 84.57 |
| 五家院子 | 道真 | C21 | 0 | 25.29 | 0 | 29.74 | 17.38 | 27.59 | 186.89 | 115.99 |
| 下司 | 麻江 | C22 | 0 | 13.78 | 18.06 | 17.84 | 0 | 50.32 | 208.27 | 98.95 |
| 下湾 | 贵定 | C23 | 23.39 | 30.83 | 26.17 | 0 | 0 | 19.61 | 244.85 | 27.40 |
| 新桥 | 安龙 | C24 | 0 | 0 | 0 | 0 | 35.30 | 64.70 | 278.72 | 112.89 |
| 阳长 | 纳雍 | C25 | 20.50 | 18.96 | 21.46 | 0 | 0 | 39.08 | 225.45 | 306.91 |
| 册亨 | 册亨 | C26 | 0 | 41.01 | 0 | 24.89 | 0 | 34.10 | 229.96 | 9.66 |
| 岑巩 | 岑巩 | C27 | 18.07 | 15.42 | 18.04 | 15.65 | 16.22 | 16.60 | 228.51 | 68.71 |
| 二郎坝 | 习水 | C28 | 14.55 | 15.36 | 0 | 0 | 16.11 | 53.98 | 211.51 | 144.16 |
| 禾丰 | 开阳 | C29 | 0 | 0 | 29.41 | 0 | 33.33 | 37.26 | 222.49 | 11.89 |
| 旧州 | 黄平 | C30 | 22.20 | 14.48 | 21.38 | 21.74 | 0 | 20.20 | 171.52 | 11.53 |
| 茅台 | 仁怀 | C31 | 17.02 | 16.74 | 13.36 | 22.40 | 0 | 30.48 | 140.92 | 276.36 |
| 盘县 | 盘县 | C32 | 31.95 | 0 | 32.78 | 0 | 0 | 35.27 | 297.40 | 3.19 |
| 平湖 | 平塘 | C33 | 14.19 | 0 | 15.74 | 16.26 | 14.55 | 39.26 | 296.07 | 110.59 |
| 沙坝 | 务川 | C34 | 16.83 | 44.62 | 0 | 0 | 0 | 38.55 | 261.45 | 160.18 |
| 松坎 | 桐梓 | C35 | 26.83 | 22.31 | 24.57 | 0 | 0 | 26.29 | 217.02 | 35.25 |
| 乌江渡 | 遵义 | C36 | 10.64 | 11.38 | 10.94 | 10.69 | 10.66 | 45.69 | 115.48 | 980.09 |
| 湘江 | 红花岗 | C37 | 18.40 | 18.15 | 0 | 0 | 21.54 | 41.91 | 184.89 | 24.18 |
| 修文 | 修文 | C38 | 0 | 0 | 60.34 | 0 | 17.09 | 22.57 | 227.65 | 10.69 |
| 鸭池河 | 清镇 | C39 | 12.78 | 12.42 | 12.76 | 12.65 | 13.15 | 36.24 | 149.55 | 669.45 |
| 洪家渡 | 织金 | C40 | 15.19 | 14.93 | 14.67 | 14.59 | 0 | 40.62 | 141.56 | 114.91 |

(3)地貌类型提取。以 1∶50 万贵州省综合地貌图为基础，首先进行几何校正和投影校正，提取研究样区，与 TM 影像进行融合；其次，根据贵州省综合地貌图，将喀斯特地貌划分为六种类型，即峰丛洼地、峰丛谷地、峰林溶原(盆地)、峰林谷地、丘陵洼地和喀斯特低中山；再次，利用面向对象技术的监督分类方法，提取典型喀斯特地貌类型遥感信息；最后，统计地貌类型的面积，计算面积百分比。

### 10.2.2　洪水资源化方法

洪水具有灾害和资源的双重属性，洪水资源利用涉及因素众多、关系复杂多变；洪水资源化的本质就是实现由灾害水向资源水和环境水的转化。喀斯特流域具有地表与地下双重储水介质(储水空间)，是一个超大型天然水库。本节将探讨流域下垫面介质(如地貌类型)的空间耦合关系，分析其空间储水规律，从流域介质结构角度去研究洪水资源化的机理。

1. 洪水径流量

一场降雨，一部分消耗于流域蒸发、植物蒸腾；另一部分产生地表及地下径流，即形成洪水。在风险度可承受的条件下，采用工程和非工程措施将洪水拦截以备利用，即洪水资源化。假设一场降雨产生的洪水，可以被利用的洪水资源用向量形式表示为

$$\boldsymbol{W}_T=\left(W_{T1},W_{T2},\cdots,W_{Tm}\right) \tag{10-1}$$

式中，$\boldsymbol{W}_T$ 为可利用洪水径流量；$W_{Ti}(i=1,2,\cdots,m)$ 为可利用的洪水元素，表示 $T$ 时期的第 $i$ 种地貌类型产生的洪水径流量。

2. 洪水利用程度

根据降雨在喀斯特流域的径流特征，洪水可利用程度 $\alpha_T$，可用向量表示为

$$\boldsymbol{\alpha}_T=\left(\alpha_{Ti1},\alpha_{Ti2},\cdots,\alpha_{Tij}\right) \tag{10-2}$$

式中，$\alpha_{Tij}(i=1,2,\cdots,m;\ j=1,2,\cdots,n)$ 为洪水利用度因子，表示某一喀斯特流域在 $T$ 时期第 $i$ 种地貌类型的第 $j$ 种洪水利用程度，它受喀斯特地貌空间配置的影响；本章先计算地貌类型与洪水径流系数的相关系数($R_i$)，再计算相关系数与相关系数绝对值之和的比，作为洪水利用度因子，如式(6-3)，则 $-1\leqslant\alpha_T\leqslant1$，正值说明喀斯特地表地貌空间配置有利于洪水资源利用；负值说明喀斯特地下储水空间有利于洪水资源利用。

$$\alpha_T=\frac{R_i}{\sum_{i=1}|R_i|} \tag{10-3}$$

3. 流域承载度

洪水资源化一方面是高效地拦截洪水，另一方面是有效储存洪水。假设 $T$ 时期某喀斯特流域能承载洪水或能储存洪水的共有 $m$ 个对象(方面)，则令矩阵 $\boldsymbol{WU}_{m\times n}$ 表示流域介质对洪水的最大支持能力，即

$$\boldsymbol{WU}_{m\times n}=\begin{vmatrix} WU_{11} & WU_{12} & \cdots & WU_{1n} \\ WU_{21} & WU_{22} & \cdots & WU_{2n} \\ \vdots & \vdots & & \vdots \\ WU_{m1} & WU_{m2} & \cdots & WU_{mn} \end{vmatrix} \tag{10-4}$$

式中，$\boldsymbol{WU}_{m\times n}$为$T$时期喀斯特流域功效矩阵；$WU_{ij}(i=1,2,\cdots,m;\ j=1,2,\cdots,n)$为喀斯特流域功效因子，表示第$i$种流域介质(地貌类型)对第$j$种洪水的最大支持能力。本章以单位面积地表起伏度与地貌空间配置面积百分比之积来表示。

4. 流域配水系数

不同地貌类型，对降雨的地表及地下径流影响很大，决定降雨的空间分配方案。则配水方案可用下列矩阵表示：

$$\boldsymbol{B}_{m\times n}=\begin{vmatrix} B_{11} & B_{12} & \cdots & B_{1n} \\ B_{21} & B_{22} & \cdots & B_{2n} \\ \vdots & \vdots & & \vdots \\ B_{m1} & B_{m2} & \cdots & B_{mn} \end{vmatrix} \tag{10-5}$$

式中，$\boldsymbol{B}_{m\times n}$为喀斯特流域配水系数矩阵，代表不同地貌空间配置的配水方案；$B_{ij}(i=1,2,\cdots,m;\ j=1,2,\cdots,n)$为配水系数，表示第$i$种流域介质(如地貌类型)分配到第$j$种洪水的比例，即$0\leqslant B_{ij}\leqslant 1$。在喀斯特流域，流域配水主要受地形坡度的影响，因此本章取地形坡度的余弦值来表示流域配水系数。

5. 流域承载能力

喀斯特流域的第$i$种流域介质(地貌类型)对洪水的承载力，可以表示为

$$WZ_i=\sum_{j=1} WB_{ij}\cdot WU_{ij} \tag{10-6}$$

而喀斯特流域所有储水介质对洪水的承载能力为

$$\boldsymbol{WZ}=(WZ_1,WZ_2,\cdots,WZ_m) \tag{10-7}$$

显然，随着地貌空间配置方式及地形坡度的变化，流域配水方案$\boldsymbol{B}_{n\times m}$的不同，$\boldsymbol{WZ}$是变化的，即表现出不同地貌空间配置方式的喀斯特流域承载洪水能力的变化。由此可建立如下喀斯特流域对洪水资源承载力的计算模型：

$$\mathrm{FRC}=\sum_{j=1}\left(\sum_{i=1} W\alpha_{ij}\cdot WU_{ij}\cdot B_{ij}\right)，或\ \mathrm{FRC}=-\sum_{j=1}\left(\sum_{i=1} W\alpha_{ij}\cdot WU_{ij}\cdot B_{ij}\right) \tag{10-8}$$

式中，FRC为喀斯特流域洪水资源承载力，正值表示通过地貌空间配置实现洪水资源化，负值表示通过流域地下储水空间实现洪水资源化。

# 10.3　地貌空间配置与洪水资源化分析

## 10.3.1　地貌空间配置分析

通过对流域样区的基础数据进行统计、分析可知，很少有单一地貌类型，通常表现为以某一类或两类地貌类型为主，有的流域甚至有几种地貌类型共存，如把本、平湖等。对于喀斯特流域而言，各流域样区内的岩性基本是碳酸岩(白云岩、石灰岩)、碳酸岩夹碎屑岩、碎屑岩夹碳酸岩等，由于岩性与构造决定了岩石孔隙、裂隙、溶隙发育状况，影响流域储水能力，从而制约流域实现洪水资源化的程度。为了探索地貌空间配置对洪水资源化的影响，首先对地貌类型面积百分比进行标准化处理；其次通过 SPSS 软件，采用系统聚类法对流域样区的地貌类型进行分类，绘出聚类谱系图(图 10-1)。

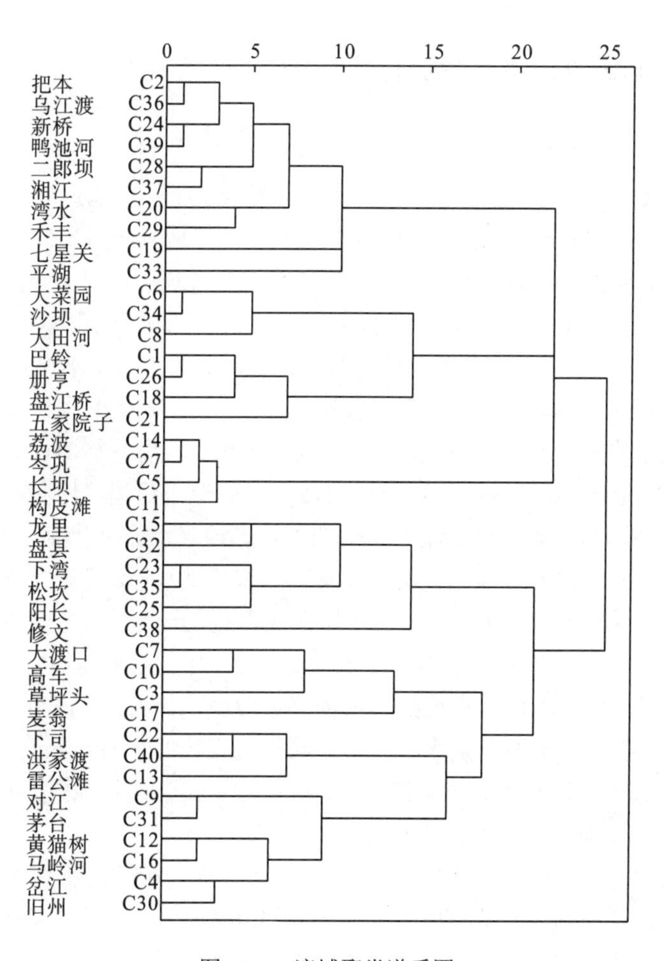


图 10-1　流域聚类谱系图

从图 10-2 中可以看出各流域的相似性，按标刻距离等于 17，流域样区可分为以下 6 类。

Ⅰ(C2，C19，C20，C24，C28，C29，C33，C36，C37，C39)，喀斯特低中山面积占 44.62%，其次是丘陵洼地，面积占 19.04%，最小是峰林谷地(6.82%)，即表现为喀斯特低中山为主的流域。

Ⅱ(C1，C6，C8，C18，C21，C26，C34)，峰丛谷地面积占 37.04%，其次是喀斯特低中山，面积占 36.6%，最小是丘陵洼地(2.48%)，即表现为峰丛谷地为主的流域。

Ⅲ(C5，C11，C14，C27)，该组的流域地貌类型比较全，没有一组地貌类型占明显的优势。暂且称为混合型地貌。

Ⅳ(C15，C25，C32，C33，C35，C38)，峰林溶原(盆地)面积占 34.59%，其次是峰丛洼地，面积占 26.74%，最小是丘陵洼地(2.85%)，即表现为峰林溶原(盆地)为主的流域。

Ⅴ(C3，C7，C10，C17)，峰丛洼地面积占 45.04%，即表现为峰丛洼地为主的流域。

Ⅵ(C4，C9，C12，C13，C16，C22，C30，C31，C40)，峰林地貌面积占 42.46%，即表现为峰林地貌为主的流域。

### 10.3.2 地貌空间配置的洪水径流特征分析

从单一地貌类型上分析(图 10-2(a))：①峰林谷地对洪水径流模数影响最大($R$=0.37)，其次是峰丛谷地($R$=0.18)，而影响相对较小的是峰林溶原(盆地)($R$=−0.09)和峰丛洼地($R$=−0.04)。峰林谷地和峰丛谷地，即是峡谷型地貌，其地表相对破碎、地形起伏度大，地表水流快、洪水径流时间短，表现出地貌形态对洪水过程影响显著，导致洪水径流模数大；而峰林溶原、峰丛洼地，即为洼地型(盆地型)地貌，流域地表相对平整、地形起伏度相对小，地表水流相对较慢，洪水径流时间相对较长，表现出地貌对洪水过程影响不显著，导致洪水径流模数小。②对洪水径流系数影响最大的是丘陵洼地($R$=0.21)和峰丛谷地($R$=−0.2)，其次是峰林谷地($R$=0.1)和峰丛洼地($R$=−0.1)，而峰林溶原(盆地)($R$=0.04)和喀斯特低中山($R$=−0.03)对洪水径流系数影响最小。同理，丘陵洼地和峰丛谷地，即是洼地型或峡谷型地貌，其地势是整个流域的最低处，则地表水流是从流域四周向中心汇集，导致降雨均产生较大的洪水径流量，表现出流域地貌对洪水径流系数影响显著；而峰林溶原(盆地)是洪水滞流区或流域蓄洪区，对于降雨时段内的流域洪水径流量反而较小，表现出流域地貌对洪水径流系数影响较小；喀斯特低中山，即是山地地貌，其地表水流是从流域中心向四周分流，导致流域内汇集的洪水径流量较少，表现出流域地貌对洪水径流系数影响也较小。③不同地貌类型对洪水径流模数或径流系数的影响差异很大，但所有地貌类型对洪水径流模数或径流系数的影响都很小，这可能是在喀斯特地区，很少有单一地貌类型的流域，而通常表现为某一类或某两类为主的流域。

从地貌空间配置上分析(图 10-2(b))：①洪水径流模数和径流系数及其 $C_v$ 值曲线，呈“双峰形”分布，且分别在峰丛谷地为主的流域(Ⅱ)和峰丛洼地为主的流域(Ⅴ)，其径流模数和径流系数及其 $C_v$ 值达极大值，说明在峰丛地貌为主的流域(Ⅱ、Ⅴ)，其径流模数和径流系数都很大，其 $C_v$ 值也很大。峰丛地貌为主的流域，地形起伏度较大，地表水流速较快，且流域侵蚀基准面浅，渗入地下的洪水很快流出，因此，洪水汇流时间短，洪水径流量大，洪水流量变化也大；②以峰林地貌为主的流域(如Ⅳ、Ⅵ)，其洪水径流模数和径流系数较小，其 $C_v$ 值也较小。峰林地貌为主的流域，地形起伏度也较大，地表水流速也较快，但流域侵蚀基准面较深，渗入地下的洪水流出相对较晚，因此，洪水汇流时间相对较长，洪水径流量相对较小，洪水流量变化也较小；③以混合型为主的流域(Ⅲ)，其洪水径流模数和径流系数都较小，其 $C_v$ 值也较小。在混合型流域，可能由于地貌类型较多，地貌形态及其流域侵蚀基准面影响洪水径流的关系复杂多变，从而导致径流模数和径流系数较低、$C_v$ 值较小。

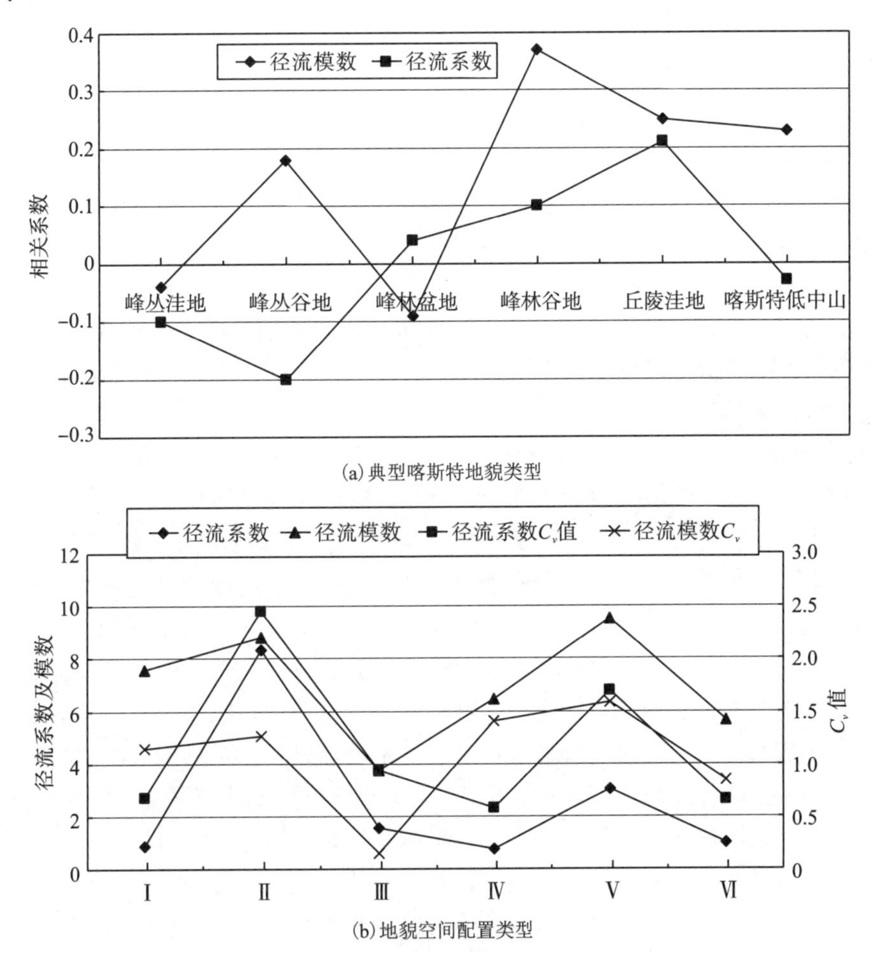


图 10-2　典型喀斯特地貌及其空间配置与洪水径流特征的关系

### 10.3.3　地貌空间配置的洪水资源化分析

首先，以表 10-1 为基础，利用式(10-1)～式(10-3)，计算不同地貌空间配置的可利用洪水径流量(图10-3(a))；其次，根据喀斯特流域地貌特征，利用式(10-4)，计算地貌空间配置对洪水资源的最大支持能力(图 10-3(b))；再次，利用式(10-5)，计算喀斯特流域配水系数(图10-3(c))；最后，利用式(10-6)～式(10-8)，计算单一地貌类型对洪水资源的支持能力，以及不同地貌空间配置对洪水资源的承载能力(图 10-3(d))。

(1)地貌空间配置的洪水流量分析。在喀斯特流域，一场降雨，一部分消耗于流域蒸发、植物蒸腾，另一部分产生流域的地表径流和地下径流，因此喀斯特洪水径流量是由地表洪水径流量和地下洪水径流量两部分组成。假设流域产生的洪水径流量均是可以被利用的水体，则由图 10-3(a)可知：①以峰丛洼地为主的流域(Ⅴ)，可以被利用的地表洪水流量为 0.24 亿 $m^3$、地下洪水流量为-0.41 亿 $m^3$，其中分别在峰林谷地和峰林盆地区域达最大值，即 0.24 亿 $m^3$、-0.16 亿 $m^3$；②喀斯特低中山为主的流域(Ⅰ)，可以利用的地表洪水流量为 0.34 亿 $m^3$、地下洪水流量为-0.27 亿 $m^3$，而在峰丛谷地和丘陵洼地分别达最大值，即 0.15 亿 $m^3$、-0.14 亿 $m^3$；③在混合型流域(Ⅲ)，可利用的地表洪水流量和地下洪水流量都较小，即 0.09 亿 $m^3$、-0.04 亿 $m^3$。

(2)地貌空间配置对洪水的承载力分析。地貌空间配置对洪水的承载力是指喀斯特地表的地貌空间组合及其地下的地貌形态为洪水径流提供了滞留空间和场所，能最大限度地容纳洪水滞留量；而喀斯特流域地表常分布丘陵洼地、溶蚀盆地，地下多发育溶隙、溶孔及溶洞等，形成了流域储水空间，对洪水具有一定的储存能力。图 10-3(b)说明：①峰丛洼地为主的流域(Ⅴ)，对洪水支持能力最大，其次是喀斯特低中山为主的流域(Ⅰ)，而对洪水支持能力最小的是混合型流域(Ⅲ)；②峰丛洼地、喀斯特低中山和峰林溶原(盆地)，分别是Ⅴ型、Ⅰ型和Ⅲ型流域对洪水的最大支持能力区；③在不同类型的流域，丘陵洼地对洪水的支持能力都较小。

(3)地貌空间配置的降雨二次分配分析。降雨的二次分配，主要取决于流域坡度，即坡度越大(小)，降雨在流域地表的流速越快(慢)、滞留时间越短(长)，滞留的洪水量越少(多)、对洪水分配能力越弱(强)。因此，图 10-3(c)说明：①Ⅲ型流域，对洪水的分配能力最强，且不同地貌类型对洪水的分配能力差异小。在混合型流域，地貌类型齐全，可能不同地貌类型坡度较小且差异性也小，有助于洪水的滞留，能分配到的洪水径流量最多；②Ⅰ型流域，对洪水的分配能力较强，且不同地貌类型对洪水的分配能力差异明显，如峰丛洼地对洪水的分配能力最强，其次是喀斯特低中山，峰林谷地的分配能力最小。喀斯特低中山为主的流域的地形坡度总体较大，地表洪水流速较快，对洪水分配能力较弱、滞留水量较少；而峰丛洼地地形坡度相对较小，洪水流速较慢、滞留水量较多，对洪水的分配能力相对较强，而峰林谷地则相反；③Ⅵ型流域，对洪水的分配能力最小，且不同地貌类型区分配能力差异明显，如峰林溶原(盆地)对洪水的分配能力最强，其次是峰丛洼地，丘陵洼地的分配能力最弱。峰林地貌为主的流域的坡度相对较大，地表水流速较快、滞留水量较少，对洪水的分配能力相对较弱；同时，因地貌类型面积百分比的差异，造成了不同地貌类型滞留水量多少、对洪水的分配能力强弱等变化。

(4)地貌空间配置的洪水资源量分析。地貌空间配置的洪水资源化是指通过利用不同地貌类型的空间配置组合所形成的流域储水空间，最大限度地拦截、储存洪水，实现洪水的资源化利用。从图 10-3(d)可知：①以峰丛洼地为主的流域(Ⅴ)，可实现洪水资源化利用的总量最大(6.22 亿 $m^3$)，其次是喀斯特低中山为主的流域(Ⅰ)(2.88 亿 $m^3$)，而混合型为主的流域(Ⅲ)实现洪水资源化利用的总量最小(0.55 亿 $m^3$)；②Ⅴ型流域，地表洪水资源总量为 0.62 亿 $m^3$、地下洪水资源总量为-5.6 亿 $m^3$；Ⅰ型流域，地表洪水资源总量为 0.83 亿 $m^3$、地下洪水资源总量为-2.05 亿 $m^3$；Ⅲ型流域，地表洪水资源总量为 0.42 亿 $m^3$、地下洪水资源总量为-0.13 亿 $m^3$；③在Ⅴ型流域，峰林谷地和峰丛洼地分别是地表和地下洪水资源的最大储存区；在Ⅰ型流域，峰丛洼地和丘陵洼地分别是地表和地下洪水资源的最大储存区；而峰丛洼地和喀斯特低中山分别是Ⅲ型流域地表和地下洪水资源的最大储存区；④除峰丛谷地型（Ⅱ）和混合型（Ⅲ）流域外，所有类型流域的地下洪水资源总量大于地表洪水资源总量。

综上所述，在喀斯特流域，地表具有独特的地貌类型、地下具有特殊的地貌形态，形成了地表与地下双重流域储水空间，生成了超大型的滞洪区与蓄洪区。而喀斯特流域的洪水资源化，深受喀斯特地表的起伏及其流域侵蚀基准面和溶蚀基准面的控制。根据喀斯特流域地表的起伏度，可将喀斯特地貌划分为洼地（盆地）型、山地型和峡谷型；如洼地（盆地）型地貌，流域地表起伏度相对最小、地表相对平坦，滞洪区与蓄洪区的面积相对最大，可拦截、储存的洪水资源量最多；反之，峡谷型地貌，流域地表起伏度相对最大、地表相对破碎，滞洪区与蓄洪区的面积相对最小，可拦截、储存的洪水资源量相对最少；而山地型地貌可储存的洪水资源量介于这两者之间。同理，根据喀斯特流域的侵蚀基准面（溶蚀基准面），可将喀斯特地貌划分为峰丛地貌型、喀斯特低中山型和峰林地貌型；如峰丛地貌型，其流域的侵蚀基准面埋藏相对最浅、溶蚀基准面埋藏相对最深，导致其侵蚀基准面与溶蚀基准面之间的距离相对最大，形成了超大型的地下流域储水空间，可拦截、储存的洪水资源量也最多；反之，峰林地貌型，其流域的侵蚀基准面埋藏相对较深、溶蚀基准面埋藏相对较浅，导致其侵蚀基准面与溶蚀基准面之间的距离相对最小，形成的地下流域储水空间较小，导致可拦截、储存的洪水资源量最少；同理，喀斯特低中山型地貌可储存的洪水资源量也介于这两者之间。但是，喀斯特流域洪水资源化是受流域地表起伏度及其流域侵蚀基准面（溶蚀基准面）的共同作用而决定的，这也是峰丛洼地为主的流域（Ⅴ），可实现洪水资源利用总量最大的原因；但喀斯特流域地表与地下，处处相连、节节相通，导致地表水与地下水交换频繁，因此，表现出喀斯特流域的地下洪水资源总量大于地表洪水资源总量。

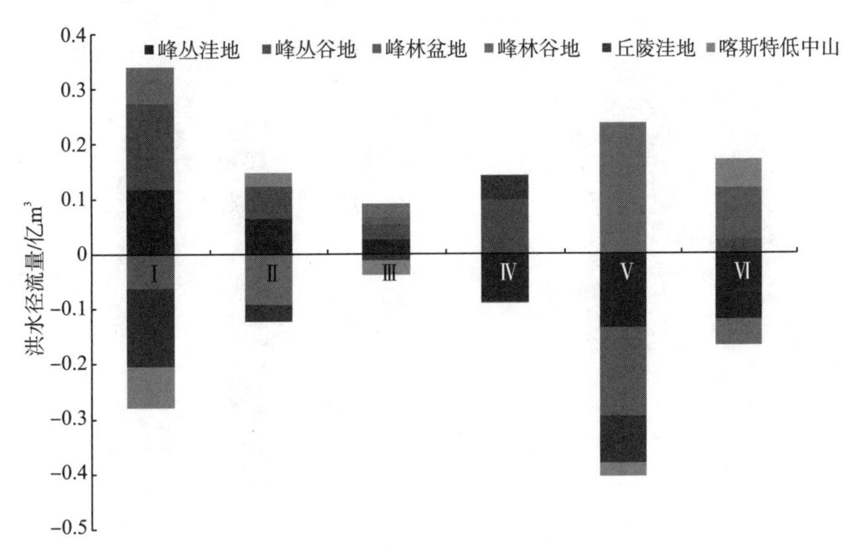


(a) 不同地貌空间配置可利用的洪水径流量

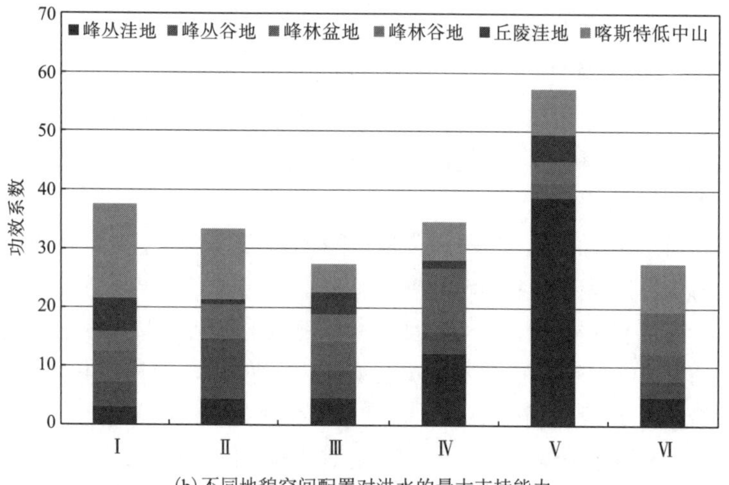


(b)不同地貌空间配置对洪水的最大支持能力

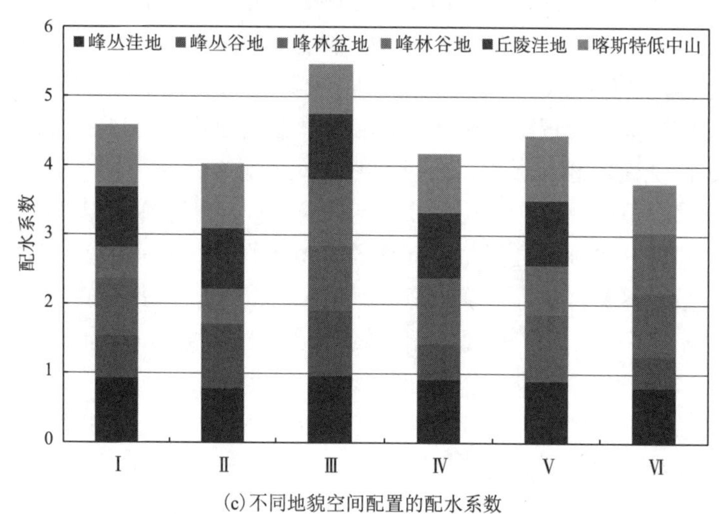


(c)不同地貌空间配置的配水系数

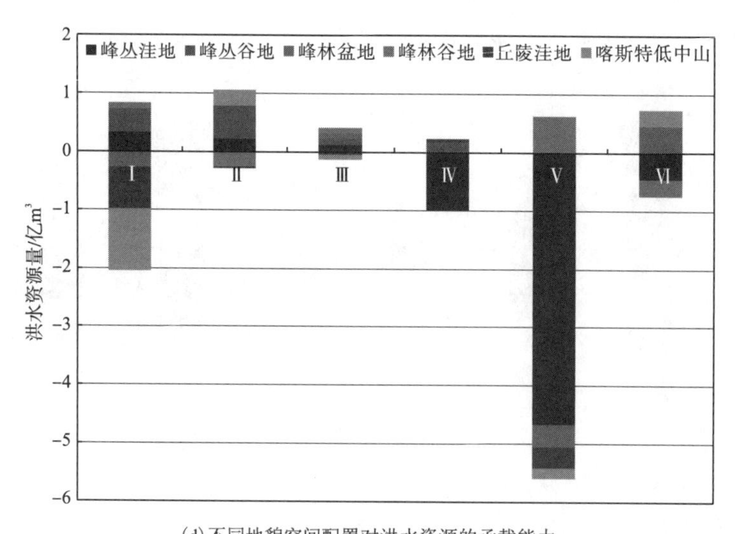


(d)不同地貌空间配置对洪水资源的承载能力

图 10-3　地貌空间配置的洪水资源化实现

## 10.4　小　结

喀斯特流域不同于一般的常态流域，不仅地表具有典型的地貌类型、地下具有特殊的储水空间，形成地表与地下双重储水介质、地表与地下双重水系结构，而且地表与地下一样，对洪水具有导、蓄、排的功能；本章首先分析了典型喀斯特地貌类型特征、探讨空间耦合方式及其形成的流域类型，然后研究了不同流域类型对洪水径流的分配与洪水资源的承载等规律，最后，从流域结构角度实现了洪水资源利用的研究。通过本研究，得出以下结论。

(1)根据流域样区的特殊性与相似性，可将样区划分为六种流域类型，即：喀斯特低中山型流域(Ⅰ)、峰丛谷地型流域(Ⅱ)、混合型流域(Ⅲ)、峰林溶原(盆地)型流域(Ⅳ)、峰丛洼地型流域(Ⅴ)和峰林地貌型流域(Ⅵ)。

(2)单一的典型喀斯特地貌对洪水径流模数或径流系数的影响差异很大，但所有地貌对洪水径流模数或径流系数的影响都很小；在地貌空间配置下，洪水径流模数和径流系数及其 $C_v$ 值曲线呈“双峰形”分布，且分别在峰丛谷地型流域(Ⅱ)和峰丛洼地型流域(Ⅴ)达极大值，混合型流域(Ⅲ)达极小值。

(3)峰丛洼地型流域(Ⅴ)，对洪水支持能力最大，而混合型流域(Ⅲ)则最小；混合型流域(Ⅲ)对洪水径流的分配能力最强，其次是喀斯特低中山型流域(Ⅰ)，而峰林地貌型(Ⅵ)最弱。

(4)通过典型地貌空间配置，从流域结构角度实现洪水资源利用总量从大到小的排序为：峰丛洼地型流域(Ⅴ)(6.22 亿 $m^3$)>喀斯特低中山型流域(Ⅰ)(2.88 亿 $m^3$)>峰林地貌型流域(Ⅵ)(1.49 亿 $m^3$)>峰丛谷地型流域(Ⅱ)(1.34 亿 $m^3$)>峰林溶原(盆地)型流域(Ⅳ)(1.25 亿 $m^3$)>混合型流域(Ⅲ)(0.55 亿 $m^3$)；按地表洪水资源总量排序为：Ⅱ(1.06 亿 $m^3$)>Ⅰ(0.83 亿 $m^3$)>Ⅵ(0.74 亿 $m^3$)>Ⅴ(0.62 亿 $m^3$)>Ⅲ(0.42 亿 $m^3$)>Ⅳ(0.24 亿 $m^3$)；按地下洪水资源总量排序为：Ⅴ(5.6 亿 $m^3$)>Ⅰ(2.05 亿 $m^3$)>Ⅳ(1.01 亿 $m^3$)>Ⅵ(0.75 亿 $m^3$)>Ⅱ(0.28 亿 $m^3$)>Ⅲ(0.13 亿 $m^3$)；总之，除峰丛谷地型(Ⅱ)和混合型(Ⅲ)流域外，其他流域类型的地下洪水资源总量大于地表洪水资源总量。

# 第 11 章　喀斯特流域洪水资源利用评价研究

## 11.1　洪水资源利用评价的基本问题

喀斯特流域洪水资源利用评价首先需要解决 4 个基本问题：①洪水资源利用评价应针对洪水资源量进行评价，即回答喀斯特流域洪水资源量的多少、时空分布和变化规律的问题；②洪水资源利用应当针对洪水资源的开发利用水平进行综合评价，即回答喀斯特流域洪水资源利用规模和程度的问题，同时适当分析洪水资源利用对生态环境和防洪安全的影响等；③洪水资源利用评价需要综合考虑河流生态环境和防洪安全的约束条件，提出喀斯特流域洪水资源利用的总体控制指标，回答洪水资源利用的合理阈值的问题；④洪水资源利用评价，需研究相对于现状利用量可增加的洪水资源利用量，即回答喀斯特流域洪水资源利用潜力的问题。

## 11.2　洪水资源利用评价的基本方法

### 11.2.1　洪水资源利用量和洪水资源利用率

洪水资源利用量和洪水资源利用率是表征流域洪水资源开发利用水平的两个基本指标。前者是指流域洪水资源利用的绝对规模，后者则指洪水资源利用的程度。

在地表水资源评价中，地表水资源利用量一般指当地河道外的地表水资源供水量。为与上述概念一致，本节将洪水资源利用量定义为“流域当地河道外的洪水资源供水量”；而洪水资源利用率则为“当地河道外洪水资源供水量在流域洪水资源量中所占的比例”。但是洪水资源供水量与其他地表水供水量难以截然分开，而且大量汛期洪水经调蓄后在非汛期使用，因此上述定义用于计算或评价时可操作性较差。本研究认为可取流域洪水资源量与洪水期出境水量之差(实际上是流域洪水资源调蓄耗用量)近似代表“洪水资源利用量”，则洪水资源利用量与利用率的计算公式分别为

$$W_{\mathrm{FU}}^{i}=W_{\mathrm{F}}^{i}-W_{\mathrm{FO}}^{i} \tag{11-1}$$

$$R_{\mathrm{FU}}^{i}=W_{\mathrm{FU}}^{i}\big/W_{\mathrm{F}}^{i} \tag{11-2}$$

式中：$W_{\mathrm{FU}}^{i}$、$R_{\mathrm{FU}}^{i}$ 分别为第 $i$ 年内洪水资源的利用量和利用率；$W_{\mathrm{FO}}^{i}$ 为第 $i$ 年洪水期流域的出境水量。

### 11.2.2　洪水资源可利用量

“洪水资源可利用量”是流域洪水资源利用评价的核心概念，其作用是为洪水资源的合理利用提供一个基本的阈值条件和控制性标准，协调好洪水资源利用与防洪安全保障和生态环境保护的关系。

“洪水资源可利用量”可定义为：可预见的时期内，在统筹考虑洪水期河道内的必要需水量(包括必要的生态环境需水量和生产需水量)和其他需水量，保障流域防洪安全的基础上，当地洪水资源量中通过经济合理、技术可行的措施能够调控利用的最大洪水径流量。

洪水资源可利用量兼具“能够利用”和“允许利用”两层含义。“能够利用”是指洪水资源可利用量在流域水利工程调控利用能力范围之内；“允许利用”是指洪水资源可利用量不能超过洪水期河道内必要需水量允许的限度。洪水资源可利用量是一个动态的概念，不同技术水平、工程经济条件及河道功能下，洪水资源可利用量是不同的。

喀斯特流域洪水资源可利用量界定了一定时期内，洪水资源开发利用的合理阈值。对于某一流域，若洪水资源实际利用量超过了洪水资源可利用量，则说明洪水资源利用处于“不合理”状况，对流域生态环境安全或防洪安全会有不利影响；反之，洪水资源利用基本在合理范围内，具有进一步开发利用的余地。洪水资源可利用量的计算涉及“洪水资源调控利用能力”和“洪水期河道内必要需水量”两个概念。前者是指可预见期内，在基本保障流域防洪安全的前提下流域水利工程能够调蓄利用的最大洪水径流量，它反映了流域正常调控利用洪水的阈值；后者则指相对于一定的河流生态环境和生产功能保护目标，洪水期河道内的生态环境和生产需水量。

对于“洪水资源调控利用能力”，可结合流域洪水灾害等方面的资料信息，从偏于防洪安全的角度，选取现状或未来条件下在流域历年洪水资源利用量的“较大值”代表。具体要求是该年洪水资源利用量和洪水资源量均较大，同时流域未发生大规模的洪涝灾害。

$$W_{\mathrm{FC}} = \phi\left(W_{\mathrm{F}}^{i} - W_{\mathrm{FO}}^{i}\right)_{1\leqslant i\leqslant n} \tag{11-3}$$

式中：$W_{\mathrm{FC}}$ 为某阶段流域洪水资源的调控利用能力；函数 $\phi(\ )$ 表示取较大值。与目前有关文献采用的“最大值”方法相比，这一方法也是一种经验性较强的方法，具有一定的不确定性，但可以防止不合理地高估流域洪水资源的调控利用能力，对防洪安全保障比较有利。对于洪水期河道内的必要需水量，其中生态环境需水量可参考 Tenant 法等一些比较成熟的方法计算，生产需水量则需根据具体情况计算。

在确定流域洪水资源调控利用能力和洪水期河道内必要需水量的基础上，得到洪水资源可利用量的计算公式：

$$W_{\mathrm{FA}}^{i} = W_{\mathrm{F}}^{i} - W_{\mathrm{FD}}^{i} - W_{\mathrm{FE}}^{i} + W_{\mathrm{FL}}^{i} \tag{11-4}$$

$$W_{\mathrm{FD}}^{i} = \max(W_{\mathrm{F}}^{i} - W_{\mathrm{FC}}, 0) \tag{11-5}$$

式中：$W_{\mathrm{FA}}^{i}$ 为流域洪水资源的可利用量；$W_{\mathrm{FE}}^{i}$ 为洪水期河道内的必要需水量；$W_{\mathrm{FD}}^{i}$ 为流域汛期不能被调控利用的洪水径流量(可简称为不可控洪水径流量)；$W_{\mathrm{FL}}^{i}$ 为洪水期河道内必要需水量与不可控洪水径流量之间的重复量。

### 11.2.3 洪水资源利用潜力

洪水资源利用潜力评价的主要意义在于确定相对于现状利用量，在洪水资源量中能够进一步利用的最大洪水径流量，它是对流域洪水资源可利用量的进一步划分。本研究将“洪水资源利用潜力”定义为：扣除实际洪水利用量后，在经济合理、技术可行、不破坏河流基本功能的前提下，流域洪水资源中还能够进一步利用的最大洪水径流量。

在洪水资源实际利用量不超过洪水资源可利用量的情况下，洪水资源利用潜力是洪水资源可利用量与实际利用量之差。若流域洪水资源利用潜力大于零，则说明流域洪水资源尚有进一步开发利用的余地，可通过合理的措施增加调蓄利用量。若洪水资源利用潜力为零，则说明流域洪水利用量已达到或超过了洪水资源可利用量，不存在进一步开发利用的空间或余地。

洪水资源利用潜力计算公式为

$$W_{\mathrm{FP}}^{i}=\max(W_{\mathrm{FA}}^{i}-W_{\mathrm{FC}}^{i},0) \tag{11-6}$$

式中：$W_{\mathrm{FP}}^{i}$表示流域洪水资源利用潜力。

## 11.3 实例研究

### 11.3.1 研究区概况

贵阳市是贵州省的省会，位于贵州省中部，东邻黔南布依族苗族自治州的龙里县、福泉市、瓮安县，南靠黔南布依族苗族自治州的惠水县、长顺县，西连安顺市的平坝县、毕节市的织金县和黔西县，北与毕节市的金沙县及遵义市的遵义县接壤。地处东经106°07′～107°17′，北纬26°11′～27°22′。2002～2012年辖区包括云岩区、南明区、花溪区、乌当区、白云区、小河区、清镇市、修文县、息烽县、开阳县，辖区总面积8034km$^2$。贵阳市河流水系属长江流域的乌江水系的思南以上区和珠江流域红水河水系的蒙江上游区，分水岭为花溪区的旧盘、掌克至桐木岭、孟关上板一线。分水岭以北及花溪区的高坡东部属长江流域，面积7568 km$^2$，占全市总面积的94.2%；以南属珠江流域，面积466km$^2$，占全市总面积的5.8%。截至2013年，贵阳市常住人口为452.19万人，全年实现生产总值2085.42亿元；农业耕地面积963.6km$^2$，有效灌溉面积648.6km$^2$，农田实灌面积610.8km$^2$。

### 11.3.2 数据资料

本节用于洪水资源评价的基本数据资料为贵阳市10个辖区2002～2012年汛期(6～9月)的实测径流量和降雨量。资料来自贵州省水文总站整编的贵州省历年各月平均流量统计资料以及参考贵州省水文水资源局整编的《贵州省水资源公报》和《贵阳市水资源公报》。同时还收集了流域大型水库、蓄滞洪区、骨干河道等各类水利工程资料，以及流域历史洪涝灾害、河流生态环境状况等相关资料。

### 11.3.3　评价方法

贵阳市洪水资源利用评价在具体方法上有以下几点需要说明。

(1) 由于暂未掌握贵阳市各辖区的逐日天然洪水径流量序列，只掌握了汛期逐月天然洪水径流量和出入境流量序列，因此评价时将“洪水期”界定为主汛期(6～9 月)，认为主汛期天然洪水径流量即为洪水资源量，评价的时间为整个主汛期。

(2) 贵阳市由 10 个辖区组成，各辖区的洪水资源量时空分布、生态环境状况及保护目标、水利工程调控能力均有差异。因此对贵阳市洪水资源利用的评估需要在 10 个辖区独立评价的基础上汇总得到。贵阳市洪水资源量、洪水资源利用量、洪水资源可利用量、洪水资源利用潜力是 10 个辖区相应量之和。

(3) 根据对贵阳市洪水资源量、水利工程建设和防洪格局阶段性变化的研究，20 世纪 80 年代末贵阳市防洪工程体系基本成型，防洪格局趋于稳定，同时也是贵阳市洪水资源量和河流功能演变的转折点。因此，20 世纪 90 年代初以来的情况代表了贵阳市洪水资源利用的现状，本节主要针对 2002～2012 年的洪水资源利用量、洪水资源可利用量及利用潜力进行评估分析。

### 11.3.4　计算结果分析

1. 洪水资源量

2002～2012 年，贵阳市多年平均洪水资源量为 1175.99 亿 $m^3$，占全市地表水资源量的 60.1%(图 11-1(c)、图 11-1(d))。7～8 月洪水资源量占汛期的 70.0%。在地区组成方面，开阳县多年平均洪水资源量占贵阳市的比例达 23.23%；其次是清镇市、修文县，分别为 17.51%、12.03%；云岩区和小河区所占比例最小，分别为 0.75%、0.71%，这可能是受降雨时空分布不均的影响。

在洪水资源量演化特征方面，2002～2012 年贵阳市洪水资源量具有显著的丰枯振荡和下降趋势。其中，2002 年、2008 年和 2007 年洪水资源量最大，分别为 133.08 亿 $m^3$、127.35 亿 $m^3$ 和 124.3 亿 $m^3$，其次是 2012 年和 2004 年，分别为 107.45 亿 $m^3$ 和 101.88 亿 $m^3$。

2. 洪水资源利用水平

2002～2012 年贵阳市洪水资源利用量均值为 23.67 亿 $m^3$，最大值为 43.87 亿 $m^3$(2012 年)，最小值为 10.82 亿 $m^3$(2006 年)(图 11-1(a)、图 11-1(b))。流域洪水资源量越大，洪水资源利用量也越大，但出境洪水资源量也越多，说明大洪水条件下流域洪水调控利用相对能力仍然不足。贵阳市洪水资源利用水平总体较低，平均洪水资源利用率仅为 23.71%。从时间分布上看，洪水资源利用率相对较高的是 2012 年(40.82%)，其次是 2008 年、2009 年和 2012 年，分别为 25.27%、25.13%和 25.15%，而 2006 年的洪水资源利用率最小(15.02%)；从空间分布上看，云岩区和小河区的洪水资源利用率相对较高(63.61%、58.17%)，其次是南明区(39.79%)，而乌当区最小(25.72%)。由于洪水资源利用率与现有的水利工程设施及用水政策紧密相关。因此，以上结果说明了云岩区和小河区的现有水利工程设施相对完善、用水政策相对较好，而乌当区的现有水利工程设施相对薄弱、用水政策有待进一步完善。

3. 洪水资源可利用量

2002～2012 年贵阳市平均洪水资源可利用量 36.42 亿 $m^3$，最大为 55.49 亿 $m^3$(2012 年)，其次为 44.73 亿 $m^3$(2002 年)和 44.07 亿 $m^3$(2008 年)，最小仅 24.86 亿 $m^3$(2006 年)(图 11-1(a)、图 11-1(b))。洪水资源量大的年份，洪水资源可利用量也大。洪水资源可利用量较大的地区是开阳县(9.24 亿 $m^3$)和清镇市(6.97 亿 $m^3$)，最小的地区是小河区(0.28 亿 $m^3$)和云岩区(0.3 亿 $m^3$)。洪水资源可利用量是在允许风险程度下，最大限度利用的洪水资源量。这说明了开阳县和清镇市，在允许风险程度下，通过水利工程措施以及利用流域储水单元非工程措施，可实现洪水资源利用量是相对最大的，而小河区和云岩区是相对最小的。

4. 洪水资源利用潜力

在当时的洪水资源条件和水利工程条件下，贵阳市洪水资源利用潜力总体较大，且年际分布极不均匀(图 11-1(c)、图 11-1(d))，洪水资源利用潜力集中在少数丰水年份。2002～2012 年，贵阳市平均洪水资源利用潜力为 84.77 亿 $m^3$，最大 119.35 亿 $m^3$(2002 年)。洪水资源利用潜力小于 50 亿 $m^3$ 的年份仅有 1 年(2011 年)，洪水资源利用潜力为 50 亿～80 亿 $m^3$ 的有 4 年，洪水资源利用潜力大于 80 亿 $m^3$ 的有 6 年。

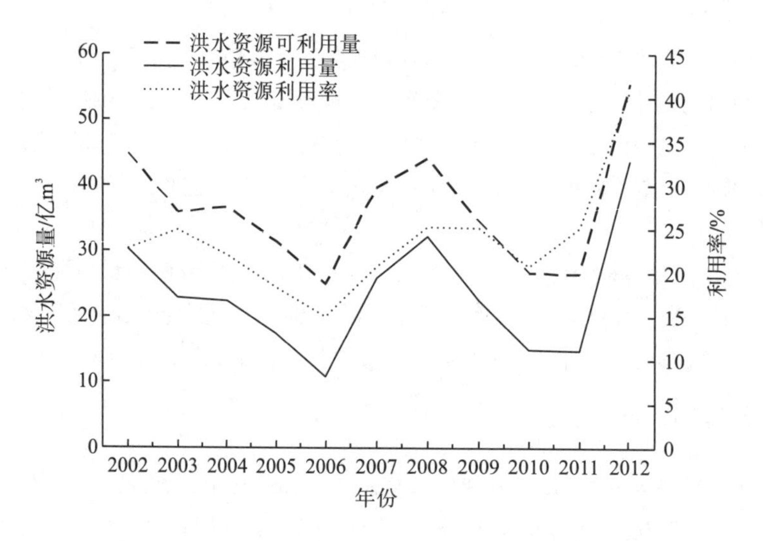


(a)贵阳市洪水资源利用率的时间分布特征

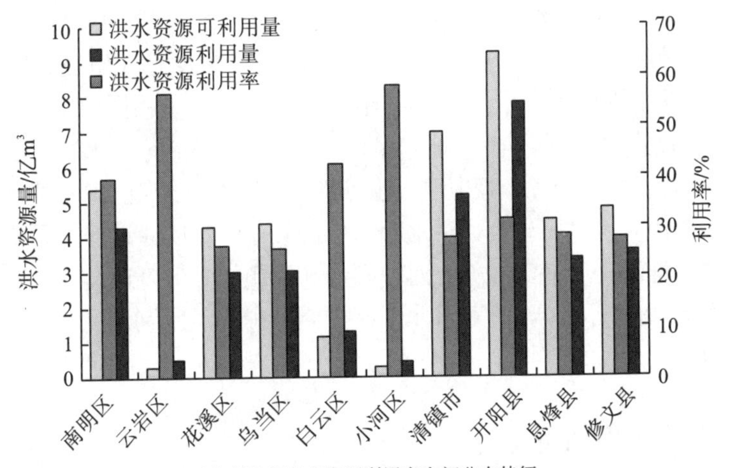

(b) 贵阳市洪水资源利用率空间分布特征

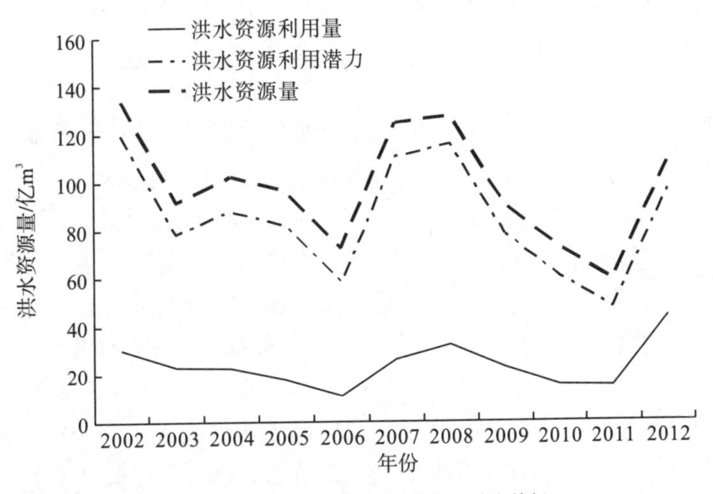

(c) 贵阳市洪水资源利用潜力的时间分布特征

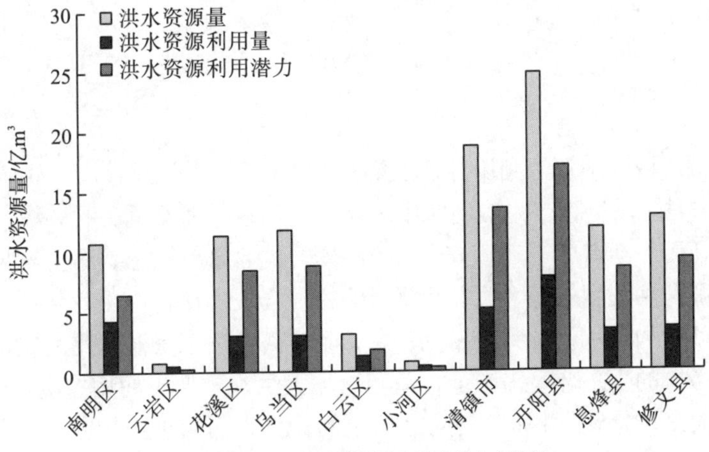

(d) 贵阳市洪水资源利用潜力的空间分布特征

图 11-1　贵阳市洪水资源评价分布图

贵阳市 10 个辖区多年平均洪水资源利用潜力为 74.23 亿 $m^3$，利用潜力最大的分别是开阳县(17.04 亿 $m^3$)和清镇市(13.54 亿 $m^3$)，其次是修文县(9.29 亿 $m^3$)、息烽县(8.51 亿 $m^3$)、乌当区(8.76 亿 $m^3$)和花溪区(8.42 亿 $m^3$)；云岩区和小河区最小，分别为 0.29 亿 $m^3$、0.32 亿 $m^3$。洪水资源利用潜力是指在现有经济和技术条件下，通过工程或非工程措施，能最大限度地开发利用的洪水资源总量，即洪水利用空间。说明云岩区和小河区现有的水利工程设施相对较完善、洪水资源利用水平较高，洪水利用空间较小，难以通过非工程措施实现洪水资源的利用，即洪水资源利用潜力较低；而开阳县和清镇市，可以通过改善现有的水利工程设施，充分利用流域储水功能，即采用非工程措施来提高洪水利用空间，达到增大洪水资源利用潜力的目的。

### 11.3.5 洪水资源合理利用探讨

根据贵阳市洪水资源利用评价结果，现阶段贵阳市洪水资源利用的不合理性比较突出。结合对贵阳市防洪工程体系和水资源供需状况的分析，提出今后流域洪水资源利用的几点建议。

(1)鉴于现阶段贵阳市洪水资源利用强度较低，今后贵阳市洪水资源利用不应盲目以增加洪水资源利用量为目标，而应以真正提高洪水资源利用的合理性为目标，尤其要避免中小洪水的过度利用，以防止加剧河流生态环境恶化的状况。

(2)贵阳市大洪水条件下洪水资源利用潜力的挖掘，需要进一步增强洪水资源调控利用能力。由于目前各区水库有待进一步完善，实现这一目标的关键在于有效利用喀斯斯特溶原(盆地)和丘陵洼地等天然滞洪区或蓄洪区对洪水径流的调蓄作用。

(3)近期中小洪水条件下，贵阳市洪水资源利用潜力挖掘的重点是开阳县和清镇市两个辖区。开阳县应充分利用不同地貌类型的空间配置来实现洪水资源的优化调度，清镇市应通过水利工程来实现洪水资源的优化调度。息烽县、修文县以及乌当区的关键问题是流域水利工程调节能力有限，应通过河系间的沟通实现洪水资源的有效调配利用。

## 11.4 小 结

本章阐述了流域洪水资源利用评价应解决的 4 个基本问题，建立了洪水资源利用的基本框架和评价方法，以贵阳市为实例对洪水资源利用进行了全面评价，从宏观上分析了贵阳市洪水资源利用与河流生态环境安全、防洪安全的合理性关系。评价结果说明，现阶段贵阳市洪水资源利用强度较低，洪水资源利用的不合理性比较突出。今后流域洪水资源利用不能盲目地以增加洪水资源利用量为目标，而应调整洪水资源利用的空间格局，有效保障洪水期河流必要的生态环境需水量，适当增加大洪水条件下的调控利用能力。

需要指出的是，本章在洪水资源可利用量的计算方面应进一步完善，特别是对于喀斯特流域洪水资源调控利用能力的确定，目前采用的方法经验性比较强，具有一定的不确定性，今后需要更好地综合喀斯特流域的洪水特性和水利工程条件，通过水资源系统调度模型建立更定量化、可操作性更强的方法。同时，目前主要着眼于对现状条件下喀斯特流域洪水资源利用状况的分析，在后续研究中仍需要进行规划条件下喀斯特流域洪水资源利用评价的研究。

# 参 考 文 献


曹永强, 2004. 洪水资源利用与管理研究[J]. 资源产业,6(2):21-23.

曹永强, 倪广恒, 胡和平, 2005. 优化调度理论与技术在洪水资源利用中的应用[J]. 水力发电报,24(5):17-21.

曾庆伟, 武红敢等, 2009. 基于 TM 数据的林冠状态变化遥感监测研究[J]. 遥感技术与应用,24(2):186-191.

陈洁, 许长新, 2006. 洪水资源化利用的经济学分析[J]. 生态经济,2:74-75, 82.

陈娜, 曹震, 王江子, 2009. 洪水资源化及其效益分析[J]. 华北水利水电学院学报,30(3):12-14.

陈旺, 邓亚东, 梁虹,等, 2010. 数字化水系辅助 DEM 提取 Karst 地区水系的应用研究[J]. 长江科学院院报,27(8):74-78.

程珂, 周东升, 李铭,等,2013. 大渡河流域近 51 年降水径流特征分析[J]. 水电能源科学, 31(2):5-8.

戴洪刚, 梁虹, 黄法苏, 等, 2005. 基于灰关联熵的喀斯特地区枯水资源演化趋势的探讨——以贵阳地区为例[J]. 中国岩溶,25(1):18-22.

戴洪刚, 梁虹, 张美玲, 2007. 基于多目标决策-理想区间模型的喀斯特地区枯水资源承载力评价[J]. 水土保持研究,14(6):24-27.

丁晶, 邓育仁, 1988. 随机水文学[M]. 成都: 成都科技大学出版社.

丁涛, 楼越平, 马小兵, 2007. 滨海平原河网洪水资源利用研究[J]. 水利学报(增刊): 356-359.

董前进, 王先甲, 吉海, 等, 2007. 三峡水库洪水资源化多目标决策评价模型[J]. 长江流域资源与环境,16(2):260-264.

鄂竟平, 2004. 论控制洪水向洪水管理转变[J]. 中国水利,8:15-21.

范子武, 姜树海, 2005. 允许风险分析方法在防洪安全决策中的应用[J]. 水利学报, 36(5):618-623.

方红远, 曾成锦, 程毅, 等, 2014. DEA 法在区域洪水资源利用评价中的应用[J]. 水力发电学报,33(3):74-80.

方红远, 王银堂, 胡庆芳, 2009a. 区域洪水资源利用综合风险评价[J]. 水科学进展, 20(5):726-731.

方红远, 王银堂, 胡庆芳, 2009b. 区域洪水资源可利用量评价分析[J]. 水利学报, 40(7):776-781.

冯峰, 孙五继, 2005. 洪水资源化的实现途径及手段探讨[J]. 中国水土保持,9:4-6.

冯峰, 许士国, 刘建卫, 等, 2008. 基于边际等值的区域洪水资源最优利用量决策研究[J]. 水利学报,39(9):1060-1065.

冯平, 毛慧慧, 余萍, 2011. 蓄滞洪区洪水资源利用的风险效益分析[J]. 自然灾害学报, 20(6):99-103.

冯学武, 杨化勇, 王金钟, 等, 2005. 潍坊市水资源状况与洪水资源利用对策[J]. 水文, 25(6):62-64.

富曾慈, 2004. 中国水利百科全书・防洪分册[M]. 北京: 中国水利水电出版社.

甘甫平, 陈伟涛, 张绪教, 等, 2006. 热红外遥感反演陆地表面温度研究进展[J]. 国土资源遥感,61(1):6211.

高学平, 涂向阳, 果有娜, 等, 2007. 干旱地区区域内部洪水资源调配研究——以天津市南北水系沟通工程为例[J]. 干旱区资源与环境, 21(3):32-38.

高志旭, 胡东亚,2012. 探讨汛期洪水的资源化利用[J]. 河南水利与南水北调, (21):24-25.

顾慰祖, 1984. 水文学基础[M]. 北京: 水利电力出版社.

郭东辉,2012. 区域洪水资源开发利用研究[J]. 科技风,(8):218.

郭方, 刘国纬, 2004. 海河流域洪水资源化利用初析[J]. 海河水利,1:8-11.

国家防办课题调研组,2004. 洪水资源化调研报告[J]. 中国防汛抗旱,(2):10-14.

国家防汛抗旱总指挥部办公室，水利部南京水文水资源研究所，1997. 中国水旱灾害[M]. 北京：中国水利水电出版社.

韩瑞光，2009. 海河流域洪水资源利用潜力研究[J]. 海河水利，(6)：10-12，19.

韩瑞光，冯平，2010. 流域下垫面变化对洪水径流影响的研究[J]. 干旱区资源与环境，24(8)：27-30.

何隆华，储开华，等，2004. Vegetation 图像植被指数与实测水稻叶面积指数的关系[J]. 遥感学报，8(6)：672-676.

贺向辉，梁虹，戴洪刚，等，2007. 喀斯特地区枯水资源时空演变的探讨——以贵阳地区为例[J]. 贵州师范大学学报：自然科学版，25(3)：29-34.

贺中华，陈晓翔，梁虹，等，2014. 典型喀斯特地貌空间配置的洪水资源化机理——以贵州省为例[J]. 热带地理，34(2)：225-233.

贺中华，梁虹，黄法苏，等，2005. 岩溶地区枯水资源承载力的概念与讨论——以贵阳市为例[J]. 中国岩溶，24(1)：15-22.

贺中华，梁虹，黄法苏，等，2008a. 基于 DEM 的喀斯特流域地貌发育影响因素分析[J]. 测绘科学，33(4)：70-72.

贺中华，梁虹，黄法苏，等，2008b. 基于 DEM 的喀斯特流域地貌类型的识别[J]. 大地测量与地球动力学，28(3)：46-53.

贺中华，梁虹，黄法苏，等，2008c. 喀斯特流域枯水资源遥感反演[J]. 水土保持通报，28(2)：135-139.

贺中华，梁虹，黄法苏，等，2010. 喀斯特地区地下水资源承载力综合评价研究——以贵州省为例[J]. 水文，30 (3)：22-27.

贺中华，梁虹，杨胜天，等，2004. 基于 RS 流域枯水资源的判读识别[J]. 贵州师范大学学报(自然科学版)，22(2)：36.

贺中华，梁虹，黄法苏，等，2004. 基于 GIS 和 RS 的喀斯特流域枯水资源影响因素识别——以贵州省为例[J]. 中国岩溶，23(1)：48-55.

胡庆芳，王银堂，2009. 海河流域洪水资源利用评价研究[J]. 水文，29(5)：6-12.

惠凤鸣，田庆久，李应成，2004. Aster 数据的 DEM 生产及精度评价[J]. 应用技术，1：14-18.

霍树萍，2014. 对洪水资源化的探讨[J]. 内蒙古水利，(4)：145-146.

贾媛媛，李召良，2006. 被动微波遥感数据反演地表温度研究进展[J]. 地理科学进展，25(3)：96-105.

焦树林，梁虹，2001. 喀斯特流域岩性与枯水径流特征值的灰色关联度分析[J]. 中国岩溶，20(4)：274-278.

焦树林，梁虹，2002. 喀斯特地区流域地貌与岩性的统计关系探讨——以贵州省为例[J]. 中国岩溶，21(2)：95-100.

金栋梁，2006. 金栋梁水文水资源论著选[J]. 水资源研究(特刊)：400-408.

李继清，姚志宗，贾怀森，等，2007. 刘家峡水库汛期动态防洪限制水位论证研究[J]. 水力发电学报，5：1-6.

李继清，张玉山，王丽萍，等，2005. 洪水资源化及其风险管理浅析[J]. 人民长江，36(1)：36-37.

李建柱，冯平，2010. 降雨因素对大清河流域洪水径流变化影响分析[J]. 水利学报，41(5)：595-600，607.

李景宜，2012. 洪水管理与洪水资源化研究进展[C]//风险分析和危机反应的创新理论和方法——中国灾害防御协会风险分析专业委员会第五届年会.

李景宜，石长伟，傅志军，等，2008. 渭河关中段洪水资源化潜力评估[J]. 地理研究，27(5)：1203-1211.

李景宜，石长伟，傅志军，等，2011. 渭河中下游干流洪水资源化效益分析与测算[J]. 地理研究，30(8)：1401-1411.

李玉霞，杨武年，童玲，等，2009. 基于光谱指数法的植被含水量遥感定量监测及分析[J]. 光学学报，29(5)：1403-1407.

李裕宏，2007. 北京城郊雨洪资源化可行性分析[J]. 北京水务，2：58-60.

李长安，2003. 长江洪水资源化思考[J]. 地球科学——中国地质大学学报，28(4)：461-466.

李长安，殷鸿福，俞立中，2001. 充分认识和利用洪水的淡水资源属性——解决我国淡水资源紧缺的出路之一[J]. 科技导报，7：3-5.

梁虹，1995. 喀斯特流域地貌产流机制与产流特征[J]. 贵州师范大学学报：自然科学版，14(2)：23-28.

梁虹，1995. 喀斯特流域水文地貌造峰效应分析[J]. 中国岩溶，14(3)：223-228.

梁虹，1997. 喀斯特流域空间尺度对洪，枯水水文特征值影响初探：以贵州河流为例[J]. 中国岩溶，16(2)：121-129.

梁虹，王剑，1998. 喀斯特地区流域岩性差异与洪、枯水特征值相关分析[J]. 中国岩溶,17(1):67-73.

梁虹，王在高，2002. 喀斯特流域枯水径流频率分析——以贵州省为河流为例[J]. 中国岩溶，21(2):106-113.

梁虹，杨明德，1994. 喀斯特流域水文地貌系统及其识别方法初探[J]. 中国岩溶，(1):1-9.

梁虹，杨明德，1995. 喀斯特流域水文地貌系统汇流分析:以喀斯特峰丛洼地谷地流域为例[J]. 中国岩溶，14(2):186-193.

梁树献，杨亚群，徐珉，2002. 淮河流域6-8月旱涝分布特征[J]. 水文，21(2):54-56.

辽宁省水利厅,2007. 防洪调度新方法及应用[M]. 北京：中国水利水电出版社.

刘昌明，陈志恺，2001. 中国水资源现状评价和供需发展趋势分析[A]//中国可持续发展水资源战略研究报告集[C]. 北京:水利水电出版社.

刘德忠，宋少文，1995. 利用非工程措施开发利用洪水资源的探讨[J]. 水文,15(3):26-31.

刘建卫，2007. 平原地区河流洪水资源利用研究[D]. 大连:大连理工大学.

刘建卫，李想，张柏良，等，2014. 白城市水资源现状及洪水资源利用对策[J]. 吉林水利，(7):51-54.

刘建卫，许士国，张柏良，2007. 区域洪水资源开发利用研究[J]. 水利学报，38(4):103-109.

刘庆书，许劲松，1991. 辽南不同岩性地区地下水动态研究[J]. 地理研究,(3):23-29.

刘守杰，杨继政，刘东生，2006. 森林对河川洪水径流的影响[J]. 科技创新导报，(1):92.

刘永华，韩玉冬，王慧，2012. 浅议洪水资源化的必要性和实现途径[J]. 治淮，(5):18-19.

刘招，黄文政，黄强，等，2009. 基于水库防洪预报调度图的洪水资源化方法[J]. 水科学进展，20(4):578-583.

罗书文，梁虹，杨桃，等，2009. 基于分形理论的喀斯特流域枯水资源影响因素分析[J]. 安徽水利水电职业技术学院学报，9(1):8-10.

吕斯骅，1981. 遥感物理基础[M]. 北京：商务印书馆.

麦麦提吐孙・吐尔地，2012. 干旱内陆中小河流洪水资源化研究[J]. 现代农业科技，(5):282.

梅安新，彭望琭，秦其明，2001. 遥感导论[M]. 北京：高等教育出版社.

南京水利科学研究院，2005. 海河流域洪水资源安全利用关键技术研究[R]. 12:1-88.

宁远，钱敏，王玉太，2003. 淮河流域水利手册[M]. 北京:科学出版社.

彭建，梁虹，王剑，2000. 贵州普定后寨河流域喀斯特水文地貌空间耦合分析[J]. 贵州师范大学学报:自然科学版,18 (2):1-5.

彭建，杨明德，梁虹，2002. 基于GIS的路南巴江喀斯特流域地貌演化定量研究[J]. 中国岩溶，21(2):89-94.

清华大学，海河水利委员会，武汉大学，2005. 洪水资源综合利用策略研究[R]. 12:1-50.

任宪韶，户作亮，曹寅白，2007. 海河流域水资源评价[M]. 北京:中国水利水电出版社.

沈强，鄂栋臣，周春霞，2005. ASTER卫星影像自动生成南极格罗夫山地区相对DEM[J]. 测绘信息与工程,30(3):47-19.

水利部海河水利委员会，2006. 海河流域生态环境恢复水资源保障规划[R]. 10:94-103.

水利部淮河水利委员会，2002. 淮河志（第二卷）淮河综述志[M]. 北京:科学出版社.

水利部淮河水利委员会,1990. 淮河水利简史[M]. 北京:水利电力出版社.

宋林华，2000. 喀斯特地貌研究进展与趋势[J]. 地理科学进展，19(3):193-202.

汤奇成，李秀云，1985. 新疆枯水流量的初步计算[J]. 干旱区地理，(4):18-23.

汤义声，2003. 淮河干流洪水资源化效果初步分析[J]. 治淮，9:10-11.

陶国芳，邱红，秦丽杰，2005. 洪水及洪水资源化[J]. 农业与技术,25(2):16-18.

田友，2002. 海河流域水生态恢复与洪水资源化[J]. 中国水利，(7):29-30.

涂向阳，高学平，韩延成，等，2006. 天津市洪沥水资源化存储研究[J]. 自然资源学报，21(3):333-340.

王宝玉，2002. 塔里木河洪水资源化利用初探[J]. 西北水电，4:11-14.

王翠平, 胡维忠, 宁磊, 等, 2011. 长江流域洪水资源利用与策略研究[J]. 人民长江,42(18):85-87.

王登伟, 黄春燕, 马勤建, 等, 2007. 棉花地上各组分干物质积累量的高光谱定量模型研究[J]. 石河子大学学报(自然科学版),25(5):529-533.

王福民, 黄敬峰,唐延林, 等, 2007. 采用不同光谱波段宽度的归一化植被指数估算水稻叶面积指数[J]. 应用生态学报,18(11):2444-2450.

王浩, 殷峻暹, 2004. 洪水资源利用风险管理研究综述[J]. 水利发展研究, 5:4-8.

王建华, 江东, 王浩, 等, 2003. 年尺度下的黄河流域降水遥感反演[J]. 资源科学, 25(6):8-13.

王建生, 钟华平, 耿雷华, 等, 2006. 水资源可利用量计算[J]. 水科学进展, 17(4):549-553.

王明磊, 马林, 高树红, 2011. 1960～2002 年治河流域洪水径流特征及影响因素分析[J]. 安徽农业科学, 39(18):10952-10955,10988.

王文圣, 丁晶, 李跃清, 2005. 水文小波分析[M]. 北京: 化学工业出版社.

王先达, 2003. 浅析淮河流域的防洪体系[J]. 中国水利,10:29-31.

王玉太, 2001. 21 世纪上半叶淮河流域可持续发展水战略研究[M]. 合肥: 中国科技大学出版社.

王在高, 梁虹, 杨明德,2002. 喀斯特流域地貌类型对枯水径流的影响——以贵州省河流为例[J]. 地理研究, 21(4):441-448.

王忠静, 郭书英, 2003. 海河流域洪水资源安全利用关键技术研究[M]. 北京:清华大学出版社.

王宗志, 程亮, 刘友春,等,2014. 流域洪水资源利用的现状与潜力评估方法[J]. 水利学报, 45(4):474-481.

吴培任. 张炎斋. 胡裕明,2006. 淮河流域湿地现状及保护对策[J]. 治淮,2:16-17.

吴湘婷, 江京会, 苏青, 2002. 洪水风险管理和洪水资源化浅议[J]. 人民黄河,24(4):28-29.

席秋义, 2006. 水库(群)防洪安全风险率模型和防洪标准研究[D]. 西安: 西安理工大学.

夏军, 2000. 灰色系统水文学:理论,方法及应用[J]. 武汉: 华中科技大学出版社.

向立云, 2013. 洪水资源化: 概念、途径与策略[J]. 中国三峡,(5):18-23, 4.

向立云, 魏智敏, 2005. 洪水资源化——概念、途径与策略[J]. 水利发展研究, 7:24-29.

向茂森, 2006. 淮河流域水资源开发和利用研究[J]. 治淮, 2:14-15.

宿辉, 李芳, 刘新侠, 2009. 岳城水库汛期洪水资源化分析研究[J]. 水文,29(1):63-65.

徐景起, 杨学凤, 马华倩, 2014. 雪野水库洪水资源利用及供水潜力分析[J]. 山东水利,(2): 57-58.

许士国, 刘建卫, 陈立羽, 2005. 通河湖库在洪水资源化中的补偿作用分析[J]. 水利学报, 36(11):1359-1364.

许自达, 1988. 动态规划在整体防洪优化调度中的应用[J]. 水力发电学报, (1):12-25.

严钦尚, 曾昭璇, 1985. 地貌学[M]. 北京: 高等教育出版社.

杨明德, 1985. 贵州高原喀斯特地貌结构及演化规律[M]. 北京: 科学出版社.

杨明德, 1988. 论喀斯特地貌地域结构及其环境效应[M]. 贵阳: 贵州人民出版社.

杨明德, 谭明, 梁虹, 1998. 喀斯特流域水文地貌系统[M]. 北京:地质出版社.

杨明德, 张英骏, Smart P, 等, 1987. 贵州西部的岩溶地貌[J]. 中国岩溶,(4):345.

杨明德等, 1998. 喀斯特流域水文地貌系统[M]. 北京:地质出版社.

杨曦, 武建军等, 2009. 基于地表温度-植被指数特征空间的区域土壤干湿状况[J]. 生态学报, 29(3):1205-1216.

杨小柳, 周杏雨, 王月玲, 等, 2014. 蓄滞洪区洪水资源化的益损定量分析——以大黄堡洼为例[J]. 水科学进展, 25(005):739-744.

杨秀英, 梁虹, 2006. 基于人工神经网络模型的喀斯特地区枯水资源承载力评价——以贵阳市为例[J]. 贵州师范大学学报(自然科学版),(4):37-41.

杨志峰, 刘静玲, 孙涛, 等, 2006. 流域生态需水规律[M]. 北京:科学出版社.

姚霞, 朱艳等, 2009. 监测小麦叶片氮积累量的新高光谱特征波段及比值植被指数[J]. 光谱学与光谱分析,29(8):2191-2195.

叶正伟, 2007. 淮河流域洪水资源化的理论与实践探讨[J]. 水文,27(4):15-52.

叶正伟, 朱国传, 陈良洪, 2006. 泽湖湿地生态脆弱性的理论与实践[J]. 中国人民大学复印报刊资料, 2:24-29.

叶正伟, 朱国传, 江波, 2005. 过去 100 年来洪泽湖洪涝灾害特性分析[J]. 水利水电技术,36(3):62-65.

佚名, 2008. 洪水资源化多目标决策的风险观控分析[J]. 水力发电学报, (2):6-10.

俞遵典, 2003. 论喀斯特地貌的成因与演化(中文节要)[J]. 云南地质, 22(1):1-15.

詹炳善, 简文彬, 1990. 岩溶泉流量的动态分析及非线性随机模型的应用[J]. 同济大学学报, 18(2): 201-210.

詹道强, 2000. 对沂沭泗流域洪水资源利用的探讨[J]. 治淮, 1:30-31.

张邦琨, 张萍, 2000. 喀斯特地貌不同演替阶段模被小气候特征研究[J]. 贵州气象, 24(3):17-21.

张超, 杨秉赓, 1985. 计量地理学基础[M]. 北京: 高等教育出版社.

张福义, 1993. 枯季径流预报[J]. 水文, (6):57-61.

张建兴, 王君, 2014. 山西晋城市干旱情况及洪水资源化研究[J]. 中国防汛抗旱, (3): 28-31.

张军, 陈升玉, 王华等, 2005. 山东省沂沭河流域洪水资源利用探讨[J]. 山东水利, 2:38-40.

张欧阳, 许炯心, 张红武, 等, 2003. 洪水的灾害与资源效应及其转化模式[J]. 自然灾害学报, 12(1):25-30.

张延坤, 王教河, 朱景亮, 等, 2004. 松嫩平原洪水资源利用的初始水权分配研究[J]. 中国水利, 17:8-10.

张艳敏, 董前进, 王先甲, 2006. 浅议洪水资源及洪水资源化[J]. 中国水运:理论版, (3):192-193.

张祎茗, 2010. 洪水资源化利用探讨[J]. 河南科技,(6):79-80, 82.

张义丰, 1996. 淮河环境与治理[M]. 北京: 测绘出版社.

张泽中, 黄强, 齐青青, 2010. 允许风险约束下水库洪水资源化研究[J]. 水利水电技术, 41(11):7-77.

赵飞, 王忠静, 刘权, 等, 2006. 洪水资源化与湿地恢复研究[J]. 水利水电科技进展, 26(1):6-10.

赵若雨, 隋意, 2009. 洪水资源利用量计算浅议[J]. 东北水利水电,(1):50-53.

郑大鹏, 2001. 跨水系洪水资源调度的初步尝试[J]. 中国水利, (11):75-75.

郑利民, 吴强等, 2007. 黄河洪水资源化的途径与措施[J]. 人民黄河,29(6):23-24.

钟若飞, 郭华东, 王为民, 2005. 被动微波遥感反演土壤水分进展研究[J]. 遥感技术与应用, (1):49-57.

周惠成, 王本德, 王国利, 等, 2006. 水库动态汛限水位控制方法研究[M]. 大连:大连理工大学出版社.

周亮广, 梁虹, 2006. 喀斯特地区水资源承载力评价研究——以贵州省为例[J]. 中国岩溶, 25(1):23-28.

周亮广, 梁虹, 焦树林, 2005. 喀斯特地区的枯水资源承载力研究[J]. 贵州师范大学学报(自然科学版),(4):27-31.

朱俊林, 1993. 汉中盆地枯水径流基本特征和枯水资源利用的主要对策[J]. 湖北大学学报(自然科学版), (1):103-108.

朱俊林,余汉章, 1996. 枯水径流的序列分析和预测[J]. 湖北大学学报(自然科学版), (2):190-194.

朱凌, 秦其明, 孙家骕, 2003. 基于树结构的数字遥感图像存储方法与应用[J]. 地理与地理信息科学, 19(4):74-77.

朱天禄, 杨向东, 2006. NASA TOVAS 卫星遥感反演云南降水资料分析[J]. 云南地理环境研究, 18(4):100-104.

Arnold J G, Allen P M, 1999. Automated methods for estimating baseflow and ground water recharge from streamflow records[J]. JAWRA Journal of the American Water Resources Association, 35(2):411-424.

Arnold J G, Allen P M, Muttiah RS, et al., 1995. Automated base flow separation recession analysis techniques[J]. Ground Water, 33(6): 1010-1018.

Arun Kumar, Rema, 1982. Statistical determination of design low flows — A comment[J]. Journal of Hydrology,58(1):175-177.

Atiya A F, El-Shoura S M, Shaheen S I, et al.,1999.A comparison between neural-network forecasting techniques-case study: river flow forecasting[J]. IEEE Transactions on Neural Networks,10(2): 402-409.

Barnes B S, 1939. The structure of discharge recession curves[J].Trans.Am.Geophys.Union, 20:721-725.

Beran M A, Gusard A, 1977. A study into the low-flow characteristics of British river [J]. Journal of Hydrology, 35: 147-157.

Bethlahmy N, 1977. Flood analysis by smemax transformation[J]. American Society of Civil Engineers, 103(1): 69-78.

Boughton, Walter C, 1980. A Frequency Distribution for Annual Floods[J].Water Resources Research, 16(2):347-354.

Boussinesq J, 1904. Recherches theoretique sur l' ecoulement des nappes d' eau infiltrees dans le sol et sur le debit des sources[J]. Math.Pure Appl,10(5):5-78,363-394.

Box G E P, Cox D R, 1964. An analysis of transformation[J]. Journal of the Royal statistical Society, B26:211-252.

Brath A, Montanari A, Moretti G, 2006. Assessing the effect on flood frequency of land use change via hydrological simulation (with uncertainty) [J]. Journal of Hydrology, 324(1-4):141-153.

Bruen M, Yang J, 2005. Functional networks in real-time flood forecasting—a novel application[J]. Advances in Water Resources, 28(9):899-909.

Brutsaert W, Nieber J L, 1977. Regionalized drought flow hydrographs from a mature glaciated plateau[J]. Water Resources Research, 13(3): 637-643.

Carey, Daniel I,1993. Development based on carrying capacity[J]. Global Environmental Change, 3(2):140-148.

Cervione M A, Melvin R L, Cyr K A, 1982. A method for estimating the 7-day 10-year low flow of streams in Connecticu[J].Connecticut Water Resources Bulletin,34.

Chander G, Markham B, 2003. Revised landsat-5 tm radiometric calibration procedures and postcalibration dynamic ranges[J]. IEEE Transactions on Geoscience & Remote Sensing, 41(11): 2674-2677.

Chander S, Spolia S K, Kumar A, et al., 1978. Flood Frequency Analysis by Power Transformation[J]. Journal of the Hydraulics Division,104(HY11):149-1054.

Chang M, Boyer D G, 1977. Estimates of low flows using watershed and climatic parameters[J]. Water Resources Research, 13(6):997-1001.

Chow V T, 1954. The log-probability law and its engineering applications[J]. American Society of Civil Engineers, 80(536): 1-25.

Chow V T, 1962. Hydrologic determination of waterway areas for the design of drainage structures in small drainage basins[J]. Engineering Experiment Etation Bulletin, 462:104.

Chow V T, Maidment D R, Mays L W, 1988. Applied Hydrology [M]. New York: McGraw-Hill.

Connor V T, 1964. Handbook of Applied Hydrology [M]. New York: McGraw-Hill.

Del F F, Ferrazzoli P, Schiavon G, 2003. Retrieving soil moisture and agricultural variables by microwave radiometry using neural networks[J]. Remote Sensing of Environment ,84(2):174-183.

Dingman S L, 2010. Synthesis of flow - duration curves for unregulated streams in new Hampshire[J]. Jawra Journal of the American Water Resources Association, 14(6): 1481-1502.

Dingman S L, Lawlor S C, 1995. Estimating Low-Flow Quantiles From Drainage-Basin Characteristics in New Hampshire and Vermont[J]. JAWRA Journal of the American Water Resources Association, 31(4):243-256.

Douglas E M, Vogel R M, Kroll C N, 2000. Trends in floods and low flows in the United States: impact of spatial correlation [J].Journal of Hydrology, 240(1-2):90-105.

Durrans S R, Ouarda T B M J, Rasmussen P F, et al., 1999.Treatment of zeroes in tail modeling of low flows[J]. Journal of Hydrologic Engineering,1:19-27.

Durrans S R, Tomic S, 2010. Regionalization of low-flow frequency estimates : an Alabama case study[J]. JAWRA Journal of the American Water Resources Association, 32 (1) :23-37.

Durrans S R,1996. Low - flow analysis with a conditional Weibull Tail Model[J]. Water Resources Research, 32 (6) :1749-1760.

Fennessey N, Vogel R M, 1990.Regional flow-duration curves for ungauged sites in Massachusetts[J]. Water Resour.Plann. Manage., 116 (4) :530-549.

French M N, Krajewski W F, Cuykendall R R, 1992. Rainfall Forecasting in Space and Time Using a Neural network[J]. Journal of Hydrology,137:1-31.

Frye P M, Runner G S, 1970. A proposed streamflow datd program for west-Virginia [C].U.S. Geol. Surv, open-file, Rep, 61.

Futamura N, Takaku J, Suzuki H, 2002.High Resolution DEM Generation from ALOS PRISM Data Algorithm Developmen and Evaluation[J].IEEE,1 (3) :405-407.

Hall F R,1968. Baseflow recessions:A Riview[J]. Water Resources Research, 4 (5) : 973-983.

Hall, Samuel, 1918. Stream-flow and percolation-water[J].Trans. Inst. Water Engrs., 23:92-127.

Helsel D R, Giliom R J, 1986. Estimation of distributinal parameters for censored trace level water quality data.H: Verification and applications[J]. Water Resources Research, 22: 147-155.

Hensley S, Shaffer S, 1994. Automatic DEM Generation Using Magellan StereoData[J].IEEE,3 (3) :1470-1472.

Horton R E, 1933.The relation of hyology to the botanical sciences[J]. Trans.Am. Geophys. Union,14:23-25.

Huete A, Didan K, Miura T, et al., 2002. Overview of the radiometric and biophysical performance of the MODIS vegetation indices[J]. Remote Sensing of Environment,83 (1) :195-213.

Iwasaki, Tomihisi, 1934. A stream-flow study of the Tokyo water supply[J]. Am. Water Works Assoc., 26:163-175.

Joseph E S, 1970. Frequency of design drought[J]. Water Resources Res., 6:1199-1201.

Karnieli, Arnon, Agam, et al., 2010.Use of NDVI and land surface temperature for drought assessment[J].Journal of Climate,23 (3) :618-633.

Kay A L, Reynard N S, Jones R G, 2006. RCM rainfall for UK flood frequency estimation. I. Method and validation[J]. Journal of Hydrology, 318 (1-4) : 163-172.

Kottegoda N T, Natale L, 1994. Two-component log-normal distribution of irrigation-affected low flows[J].Jounal of Hydrology, 58:187-199.

Kottegoda, N T, Natale L, Raiteri E, et al., 2000. Daily streamflow simulation using recession characteristics[J]. Journal of Hydrologic Engineering:17-24.

Kroll C N, Stedinger J R, 1996. Estimation of moments and quantiles using censored data [J]. Water Resour. Res., 3 (2) :1005-1012.

Laurenson E M, 1961. Astudy of hydrograph recession curves of an experimental catchment. The Journal of the Institution of Engineer,33 (7-8) :253-358.

Liong SY, Lim W H, Paudyal G N, 2000. River stage forecasting using artificial neural network approach[J]. Journal of Computing in Civil Eingineering,14 (1) :1-8.

Loganathan G V, Kuo C Y, McCormick T C, 1985. Frequency analysis of low flows[J]. Hydrology Research, 16 (2) : 105-128.

Mark S, 1995. Carrying capacity and ecological economics[J]. BioScience, 5 (9) :610-620.

Markham B L, Barker J L, 1987.Thematic Mapper bandpass solar exoatmospheric irradianees[J]. International Journal of Remote Sensing,8 (3) :517-523.

Marra M, Maurice K E, Ghiglia D C, et al., 1998.Automated DEM Extraction Using RADARSAT ScanSAR Stereo

Data[J].IEEE,5(1):2351-2353.

Maselli1 F, Gregorio A D, Capecchi1V, et al., 2009. Enrichment of land-cover polygons with eco-climatic information derived fromMODIS NDVI imagery[J].Journal of Biogeography (J. Biogeogr.) 36,639-650.

Moran, 1989. Low-flow frequency analysis using probabilitu-plot correlation coefficients [J]. Water Resour. Plann. Manage., ASCE, 115(3): 338-357.

Nathan R J, McMahon T A, 1990. Practical Aspects of Low-Flow Frequency Analysis[J]. Water Resources Research,26(9): 2135-2141.

Nathan, R J, McMahon T A, 1990. Evaluation of automated techniques for base flow and recession analysis[J].Water Resour. Res.,26(7):1465-1473.

Nayak P C, Sudh Ee R K P, Rangan D M, et al., 2005. Short-term flood forecasting with a neurofuzzy model[J]. Water Resources Research, 41(4):99-119.

O' conner, D J, 1964. Comparison of probability distribution in the analysis of drought flow[J].Water and Sewage Works,11:180.

Ostrowski J A, Cheng P, 2000. DEM Extraction from Stereo SAR Satellite Imagery[J].IEEE, 5(3):2176-2178.

Parker G W, 1978. Methods for determining selected flow characteristics for streams in Maine[C]// XII Th Congress of the European Society of Cardiology.

Prakash A, 1981. Statistical determination of design low flows[J]. Journal of Hydrology, 51(1-4):109-118.

Prit J A, Simpson C M, 1982. A study of low flows using data from the Severn Trent catchment[J]. Inst. Water Eng., 36(4):459-469.

Proc, 1988. EPA Stormwater and Water Quality Model User Group Meeting, EPA Rep.No.600/9-89/001, Environmental Protection Agency, Washington, D. C:92-101.

Pu R, Peng G, Yong T, et al., 2008. Using classification and NDVI differencing methods for monitoring sparse vegetation coverage: a case study of Saltcedar in Nevada, USA[J]. International Journal of Remote Sensing, 29(14):3987-4011.

Rifai H S, 2000. Determination of low-flow characteristics for Texas streams[J]. Journal of Water Resources Planning and Management,126(5):310-319.

Riggs H C, 1953. A method of forecasting low-flow of streams[J]. Transactions, American Geophysical Union, 34(3):423-434.

Riggs H C, 1953. Characteristics of low flow, Journal of the hydraulics division[J]. ASCE, 106(5): 717-731.

Roderick M, Smith R, Lodwick G, 1996. Calibrating long-term AVHRR-derived NDVI imagery[J]. Remote Sensing of Environment,58(1):1-12.

Roessel B,1950. Hydrologic problems concerning the runoff in headwater regions[J]. Eos Transactions American Geophysical Union, 31(3):431.

Rufino G, Moccia A, Esposito S, 1988. DEM generation by means of ERS tandem data[J]. Geoscience & Remote Sensing IEEE Transactions on, 36(6):1905-1912.

Sharon Kingsland, 1982. The Refractory Model: The Logistic Curve and The History of Population Ecology[J]. The Quarterly Review of Biology, 57:31-52.

Singh K P, Stall J B, 1974. Hydrology of 7-Day 10-Year Low-flows[J]. Journal of the Hydraulics Division, ASCE, 100(HY12),1753-1771.

Singh V P, 1987. On derivation of the extreme value (EV) type III distribution for low flows using entropy[J]. Hydrological Sciences Journal/Journal des Sciences Hydrologiques, 32(4):521-533.

Slade J J, 1936. An Asymmetric Probability Function[J]. Transactions of the American Society of Civil Engineers, 101(1):35-61.

Sobrino J A, Romaguera M, 2004. Land surface temperature retrieval from MSG1-SEVIRI data[J]. Remote Sensing of Environment,92:247–254.

Stock J H, Watson M W, 2007. Introduction to Econometrics,Second Edition[M]. Shanghai: Shanghai People' s Publishing Press.

Tasker G D, 1972. Estimating low-flow characteristics of streams in southeastern Massachusetts from maps of ground-water availability [M].Washington: U.S.Geol, Surv.

Tasker G D, 1987. A comparison of methods for estimating low flow characteristics of streams[J].Water Resour. Bull., 23 (6):1077-1083.

Thenkabail P S, 2004. Inter-sensor relationships between IKONOS and Landsat-7 ETM+ NDVI data in three ecoregions of Africa[J]. International Journal of Remote Sensing, 25(2):389-408.

Toutin T. 1995. DEM Generation with a Photogrammetric Approach:Examples with VIR and SAR Images[J].EARSeL J.Advances in Remote Sensing,4(2):110-117.

Venturinia V, Bishta G, Islama S, et al, 2004. Comparison of evaporative fractions estimated from AVHRR and MODIS sensors over South Florida[J]. Remote Sensing of Environment,93(1-2):77-86.

Vieux B E, Cui Z, Gaur A, 2004. Evaluation of a physics-based distributed hydrologic model for flood forecasting[J]. Journal of Hydrology, 298(1-4):155-177.

Vogel R M, Kroll C N, 1989. Low-Flow Frequency Analysis Using Probability-Plot Correlation Coefficients[J]. Journal of Water Resources Planning & Management, 115(3):338-357.

Vogel R M, Kroll C N, 1991. The value of streamflow record augmentation procedures in low-flow and flood-flow frequency analysis[J]. Journal of Hydrology, 125(3-4):259-276.

Vogel R M, Kroll C N, 1992 . Regional geohydrologic - geomorphic relationships for the estimation of low - flow statistics[J]. Water Resources Research, 28(9):2451-2458.

Vogel R M, Kroll C N, 2010. Generalized low flow frequency relationships for ungaged sites in Massachusetts [J]. Jawra Journal of the American Water Resources Association, 26(2):241-253.

Wayland E J, 1999. Low-flow frequency exacerbation by irrigation withdrawals in the agricultural midwest under various climate change scenarios[J].Water Resources Research,35(7): 2237- 2246.

Waylen P R, Woo M K, 1987. Annual Low, Flows Generated by Mixed Processes[J]. International Association of Scientific Hydrology Bulletin, 32(3):371-383.

Wright C E, 1970. Catchment characteristics influencing low flows [J]. Water Energy, 74:468-471.

Wright C E, 1974. The influence of catchment characteristics upon low flows in S.E.England[J]. Water Services, 78:227-230.

Zecharias Y B, Brutsaert W, 1988. Recession characteristics of groundwater outflow and base flow from mountainous watersheds[J]. Water Resources Research, 24(10): 1651-1658.

Zecharias Y B, Brutsaert W, 1988. The influence of basin morphology on groundwater outflow[J]. Water Resources Research, 24(10):1645-1650.